钳工工艺与实训

主　编　李良雄

副主编　姚洪升　覃德友

参　编　李经波　刘　波　罗　斌

　　　　李明华　谢　胜

重庆大学出版社

内 容 提 要

本书是中等职业教育机械加工技术系列规划教材之一。主要针对学生学习钳加工技术的特点和要求，对钳工工艺与钳加工技术的基础理论和基本操作方法进行了系统阐述。全书分为 11 个项目，其内容包括：钳工基础知识、划线、锯削、锉削、孔加工、錾削、螺纹加工、刮削、研磨、装配技术应用、综合实训。

本书强调理论知识与实际操作的有机结合，适合理实一体化教学。它可作为中等职业学校机械类钳工专业教材，也可作为企业初、中、高级钳工的培训教材和相关设备维修技术人员的自学用书。

图书在版编目(CIP)数据

钳工工艺与实训/李良雄主编.—重庆：重庆大学出版社，2014.12(2022.7 重印)

国家中等职业教育改革发展示范学校建设系列成果

ISBN 978-7-5624-8560-5

Ⅰ.①钳… Ⅱ.①李 Ⅲ.①钳工—工艺学—中等专业学校—教材 Ⅳ.①TG9

中国版本图书馆 CIP 数据核字(2014)第 199729 号

钳工工艺与实训

主 编 李良雄

副主编 姚洪升 覃德友

策划编辑：鲁 黎

责任编辑：李定群 高鸿宽 版式设计：鲁 黎

责任校对：关德强 责任印制：张 策

*

重庆大学出版社出版发行

出版人：饶帮华

社址：重庆市沙坪坝区大学城西路 21 号

邮编：401331

电话：(023) 88617190 88617185(中小学)

传真：(023) 88617186 88617166

网址：http://www.cqup.com.cn

邮箱：fxk@cqup.com.cn (营销中心)

全国新华书店经销

POD：重庆新生代彩印技术有限公司

*

开本：787mm×1092mm 1/16 印张：14.25 字数：347千

2014 年 12 月第 1 版 2022 年 7 月第 4 次印刷

ISBN 978-7-5624-8560-5 定价：37.00 元

重庆市大足职业教育中心数控技术应用专业
教材编写委员会及工作成员名单

顾　　问:姜伯成　向才毅　谭绍华

主　　任:康道德

副 主 任:刘　强　杨朝均

委　　员:贺泽虎　粟廷富　钟建平　李明华　李良雄

　　　　张雅琪　覃德友　尹经坤　刘洪涛　刘琦琪

　　　　阳文雄　谢　胜　刘　波　李　波　王小洪

校　　对:刘　强　贺泽虎

参与企业:双钱集团(重庆)轮胎有限公司

　　　　北汽银翔汽车有限公司

　　　　上汽依维柯红岩商用车制造有限公司

　　　　重庆市大足区龙岗管件有限公司

　　　　重庆市希米机械设备有限公司

　　　　重庆润格机械制造有限公司

　　　　重庆市琼辉汽车配件制造有限公司

序 言

重庆市大足职教中心是第三批国家中等职业教育改革发展示范学校建设计划项目单位。石雕石刻、数控技术应用和旅游服务与管理是该校实施示范校建设的3个重点建设专业。建设过程中，该校基于《任务书》预设的目标任务，与行业企业和科研机构合作，在广泛开展行业需求调研、深入进行典型工作任务与职业能力分析的基础上，重构了任务型专业技能课程体系，制定了专业技能课程中的核心课程标准，基于新的课程标准进行了教材开发和教学资源建设，取得了丰硕的成果。

在此我要予以肯定的是，大足职教中心的示范校建设工作体现了"以建设促发展，以发展显示范"的理念，坚持把学校发展、教师发展和学生发展作为建设国家中职示范学校的核心人物。学校的发展、教师的发展和学生的发展，重中之重应是狠抓教学改革，而教学改革的基础工程应是课程、教材与教法。因此可以认为大足职教中心教材开发工作的价值和意义，绝不止于完成了示范校建设任务，而是奠基了教学的持续改革和弥久创新。

一是助推学校发展。学校的基本职能是培养人才。教学工作是学校的中心工作，教学模式是影响教学质量的重要因素。中职学校的教学模式应不同于普通中学，但当前的中职学校还没有完全摆脱普通中学教学模式的窠臼。教室里开机器、黑板上种庄稼、口头语言讲实验、一知半解描述工作场景与过程的现象非常普遍。不少学校上课的场景是"多数学生埋头睡或是低头玩"。有研究得出结论，学生在进入中职后，文化水平不仅毫无提升，反而降低。三年光阴虚度过，人生能有几三年。一旦社会对我们的学校给予不能学到"东西"的评价，试问我们的学校还能存活多久？如若学生在他而立之年回顾往事时，得出此生失败在于选读了什么学校，试问我们的学校及教师，该当如何面对？虽然造成的原因多种，改进的策略多种，但我坚信，从改革教学内容入手，是可以立竿见影的捷径。

二是促动教师发展。中职教师需要发展、能够发展，也有不少发展很好的典型；中职教师发展需要社会重视，但更重要的是必须自信、自觉，要有发展的自信目标、自信方法、自信渠道，要有坚持不懈的自觉行动。教师的主要工作是教学，教学是教师展示才华的主要舞台、实现人生价值的主要平台。在一所学校中，一名教师能否迅速脱颖而出，主要靠教学；一名教师能否获得学生的尊重和家长的信赖，主要靠教学。因此，推动教学改革能够促进教师"尚上"。教师之"尚上"，首先是专业的"尚上"。诸多研究把中职教师的发展定位于专业发展，并把成为"双师型"教师作为发展的方向和目标。教育部制定的中职教师专业标准，从3个维度、15个领域提出了60项具体要求。3个维度即专业理念与师德、专业知识和专业能力；其中，专业理念与师德包括职业理解与认识、对学生的态度与行为、教育教学态度与行为、个人修养与行为；专业知识包括教育知识、职业背景与知识、课程教学知识、通识性知识；专业能力包括教学设计、教学实施、实训实习组织、班级管理与教育活动、教育教学评价、合作与沟通、教学研究与专业发展。所有这些要求，大足职教中心的教师在教材建设中都得到了长足的进步。

三是服务学生发展。中职学生的发展面向，首先是就业，这包括及时就业和延期就业。

及时就业即毕业即就业，要提升学生就业的专业对口率，提升就业的质量和薪酬，就必须强化他们的职业能力培养，包括职业技能和职业精神；延时就业即毕业后升学，要实现他们的升学理想，就必须增强他们"技能高考要求"的能力，因此也必须发展他们的职业技能。总之一点，中职学校应把发展学生的职业能力作为头等重要的任务。但必须强调，所谓能力，绝不只是动作技能。应当说从来没有、永远也不会有纯粹的没有任何心智技能的动作技能。而心智技能的发展，除智力外，体能、情感、意志和信念都是重要的影响因素。我所提倡的"尚上教育"，其课程内容或活动主题主要包括强健身体、聪明智慧、健康情感、坚强意志和坚定信念，成为支撑学生能力发展的五大根基。这五大根基的夯实，有赖教师采用能够使人"尚上"的教育教学内容。而这些理念，在大足职教中心编写的教材中都有不同程度的体现。

虽然，大足职教中心在推动教学改革方面才是"万里长征走完第一步"，但"万事开头难"，必定已经开头，这是良好的开端，也一定会有美好的未来。

希望大足职教中心乘风破浪，勇往直前。为了年复一年、成百上千的学生的"尚上至善""尚上至精"。

重庆市教育科学研究院　谭绍华
2014 年 10 月

前言

钳工是机械加工领域中不可缺少的一个工种，也是机械加工技术中最基本的通用工种。随着新技术、新工艺、新材料及新设备的不断发展，为了培养机械工程专业的初、中、高级钳工技术人才，满足广大从事钳工的技术工人业务学习需要，我们编写了本书。

本书从基本理论和基本技术两方面展开叙述，注重理论与实践的紧密结合。在内容安排上，既保留了有价值的经典理论与技术，又反映了近年来钳工技术的新理论、新工艺和新技术，突出了“新颖”和“实用”的特点。本书内容包括钳工基础知识、划线、锯削、锉削、孔加工、錾削、螺纹加工、刮削、研磨、装配技术应用、综合实训，较为全面、系统。

本书的教学内容紧扣国家职业技能鉴定规范，在编写上注重与企业的实际应用相结合，特别是得到了双钱集团（重庆）轮胎有限公司的大力支持。本书通俗易懂，图文并茂，直观明了。每一个项目分成若干个相互关联的具体任务，读者通过对每一个任务的学习，就能逐步掌握钳工的基本操作技能及相关的钳工工艺知识，学习趣味性强。在项目11的综合实训中，阶梯性地布置了初、中、高级钳工技能实训及考核，突出了高级钳工的技能训练，便于读者根据需要选择使用。

在本书的附录中，展示了双钱集团股份有限公司全国技术大比武通用工种专场：《化工检修钳工》（中级）操作技能考核的全部内容，包括：毛坯的图纸及技术要求，工、量、夹、辅具的准备，零件图样和装配图样及技术要求，对应的评分表等一系列完整的资料。便于读者根据自己的实际需要，有针对性地组织钳工技能鉴定考试或进行钳工技能比赛，提供了一个可靠的、企业已经进行了实际验证的优秀范例，具有很强的实用性和指导意义。

本书由重庆市大足职业教育中心李良雄任主编，双钱集团（重庆）轮胎有限公司装备部主任工程师姚洪升、重庆市大足职业教育中心覃德友任副主编。编写的情况如下:双钱集团(重庆)轮胎有限公司钳工工种负责人李经波(项目1中的任务1.1);双钱集团(重庆)轮胎有限公司装备部主任工程师姚洪升(项目1中的任务1.2);大足职业教育中心覃德友(项目2、项目3、项目4),大足职业教育中心刘波(项目5中的任务5.1和任务5.2);大足职业教育中心罗斌(项目5中的任务5.3和任务5.4);大足职业教育中心李明华(项目6、项目7);大足职业教育中心谢胜(项目8);大足职业教育中心李良雄(项目9、项目10、项目11)。

在编写过程中,参阅了有关教材、资料和文献,在此对有关专家、学者和作者表示衷心感谢。

由于编写水平有限,本书难免还存在缺点和错误,恳请广大读者批评指正。

编　者

2014年7月

目录

项目 1

钳工基础知识

钳工是使用钳工工具、钻床等，按技术要求对工件进行加工、修整、装配的工种。它是起源最早、技术性最强的工种之一，具有灵活性强、工作范围广、技艺性强的特点。操作者的技能水平直接决定加工质量。本项目主要介绍钳工的一些基础知识，包含钳工工作场地、布局、常用设备、量具、量仪等以及钳工安全文明生产的知识。

任务 1.1　钳工基础知识

【知识目标】

★ 知道钳工的工作任务及其分类。

★ 知道钳工的场地布局情况。

【技能目标】

★ 能正确使用及保养钳工常用设备。

★ 能按照钳工的安全文明生产要求进行生产。

【态度目标】

★ 树立安全文明生产的意识。

★ 培养爱岗敬业的思想。

活动 1　了解钳工的用途

钳工主要用于以机械加工方法不适宜或难以解决的场合，如零件在加工前的划线；机械设备在受到磨损或精度降低或产生故障而影响使用时，要通过钳工来维护和修理。另外，装配调试、安装维修、工具制造等都离不开钳工。

活动 2　了解钳工的工作范围及分类

(1)钳工的基本内容

包括划线、錾削、锯削、锉削、钻孔、扩孔、铰孔、攻螺纹和套螺纹、矫正和弯曲、铆接、刮削、研磨、技术测量、简单的热处理等，并能对部件或机器进行装配、调试、维修等。

(2)钳工的分类

钳工按工作内容性质来分，主要有以下3种：

①装配钳工，是指使用钳工工具、钻床，按技术要求对工件进行加工、维修、装配的工种。

②机修钳工，是指使用钳工工具、量具及辅助设备，对各类设备的机械部分进行维护和修理的工种。

③工具钳工，是指使用钳工工具、钻床等设备，对刃具、量具、模具、夹具等进行加工和修整，组合装配，调试与修理的工种。

活动3　认识钳工的工作场地

钳工的工作场地是指钳工的固定工作地点。为工作方便，钳工的工作场地布局一定要合理，要符合安全文明生产的要求。

(1)布局合理

钳台要放在便于工作和光线适宜的地方，台式钻床和砂轮机一般应安装在场地的边沿，以保证安全。

(2)材料与工件分开放置

材料与工件要分别摆放整齐，工件尽量放在搁架上，避免磕碰，防止发生事故。

(3)工具、量具合理摆放

工具、量具应放在工作位置附近，便于随时取用，用后应及时放回原处，避免损坏。

(4)工作场地要保持整洁

每天工作完成后，应按要求对设备进行整理、保养，并把工作场地打扫干净。

活动4　认识钳工常用设备

钳工常用设备有钳台、台虎钳、砂轮机、台式钻床、立式钻床及摇臂钻床等。

(1)钳台

钳台也称钳工台或钳桌，它的主要作用是安装台虎钳，如图1.1所示。钳台用木材或钢材制成，其式样可根据具体要求和条件决定。台面一般是长方形，长、宽尺寸由工作需要确定。高度一般以800~900 mm为宜，以便安装台虎钳后，使钳口的高度与操作者的手肘平齐，使操作方便省力。

(2)台虎钳

台虎钳是专门夹持工件用的通用夹具，如图1.2所示。

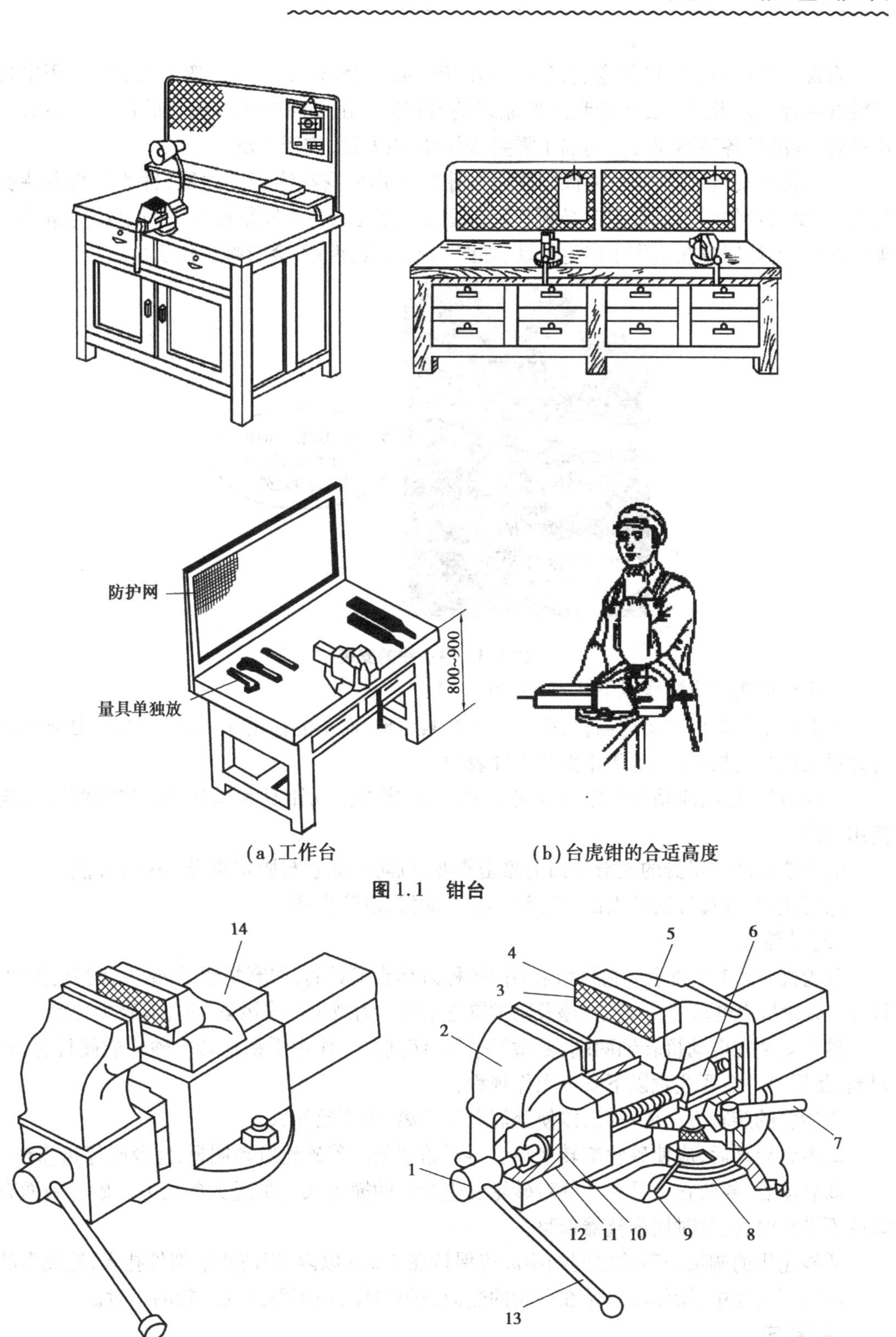

(a)工作台　　(b)台虎钳的合适高度

图1.1　钳台

(a)固定式台虎钳　　(b)回转式台虎钳

图1.2　台虎钳

1—丝杠;2—活动钳身;3—螺钉;4—钳口;5—固定钳身;6—螺母;7—手柄;8—夹紧盘;9—转座;10—销钉;11—挡圈;12—弹簧;13—手柄;14—砧板

台虎钳的规格指钳口的宽度,常用的有 100 mm,125 mm,150 mm 等。其类型有固定式和回转式两种。两者的主要构造和工作原理基本相同。由于回转式台虎钳的钳身可相对于底座回转,能满足各种不同方位的加工需要,因此使用方便,应用广泛。

在钳台上安装台虎钳时,使固定钳身的钳口工作面露在钳台的边缘,目的是当夹持长工件时,不受钳台的阻碍。台虎钳必须牢固地固定在钳台上,即拧紧钳台上固定台虎钳的两个夹紧螺钉,不让钳身在工作中产生松动,如图 1.3 所示;否则,会影响工作质量。

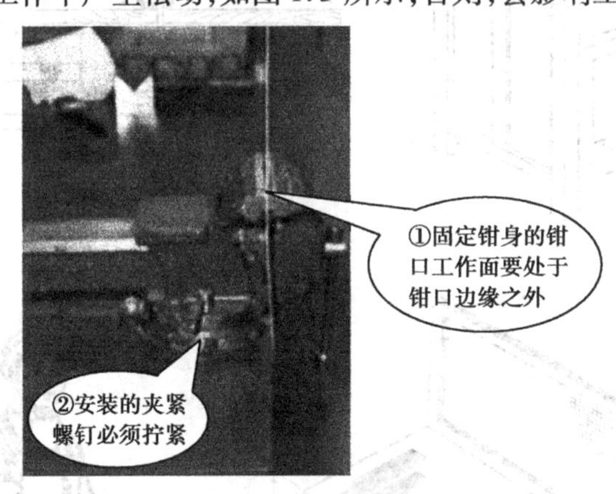

图 1.3　台虎钳的安装

使用台虎钳时应注意以下 4 点(见图 1.4):

①夹紧工件时松紧要适当,只能用手力拧紧手柄,而不能借助于工具加力,一是防止丝杠与螺母及钳身受损坏,二是防止夹坏工件表面。

②强力作业时,应朝固定钳身方向发力,以免增加活动钳身和丝杠、螺母的载荷,影响其使用寿命。

③不能在活动钳身的光滑平面上敲击作业,以防破坏它与固定钳身的配合性能。

④对丝杠、螺母等活动表面,应经常清洁、润滑,以防生锈。

(3)砂轮机

砂轮机如图 1.5 所示。它是用来磨削各种刀具或工具的,如磨削錾子、钻头、刮刀、样冲、划针等。砂轮机由电动机、砂轮、机座及防护罩等组成。为减少尘埃污染,应配有吸尘装置。

砂轮安装在电动机转轴两端,要做好平衡,使其在工作中平衡运转。砂轮质硬且脆,转速很高,使用时一定要注意以下安全操作规程:

①砂轮的旋转方向要正确,以使磨屑向下飞离,而不致伤人。

②砂轮启动后,应使砂轮旋转平稳后再开始磨削。若砂轮跳动明显,应及时停机修整。

③启动后,要防止工具和工件对砂轮发生剧烈的撞击或施加过大的压力。砂轮表面有明显的不平整时,应及时用修整器修整。

④砂轮机的搁架与砂轮之间的距离应保持在 3 mm 以内,以防止磨削件扎入,造成事故。

⑤磨削过程中,操作者应站在砂轮的侧面或斜对面,而不要站在砂轮的正对面。

(4)钻床

钻床是加工孔的设备。钳工常用的钻床有台式钻床和立式钻床以及摇臂钻床。

1)台式钻床

台式钻床是一种小型钻床,一般用来钻直径 13 mm 以下的孔。钻床的规格是指所钻孔的

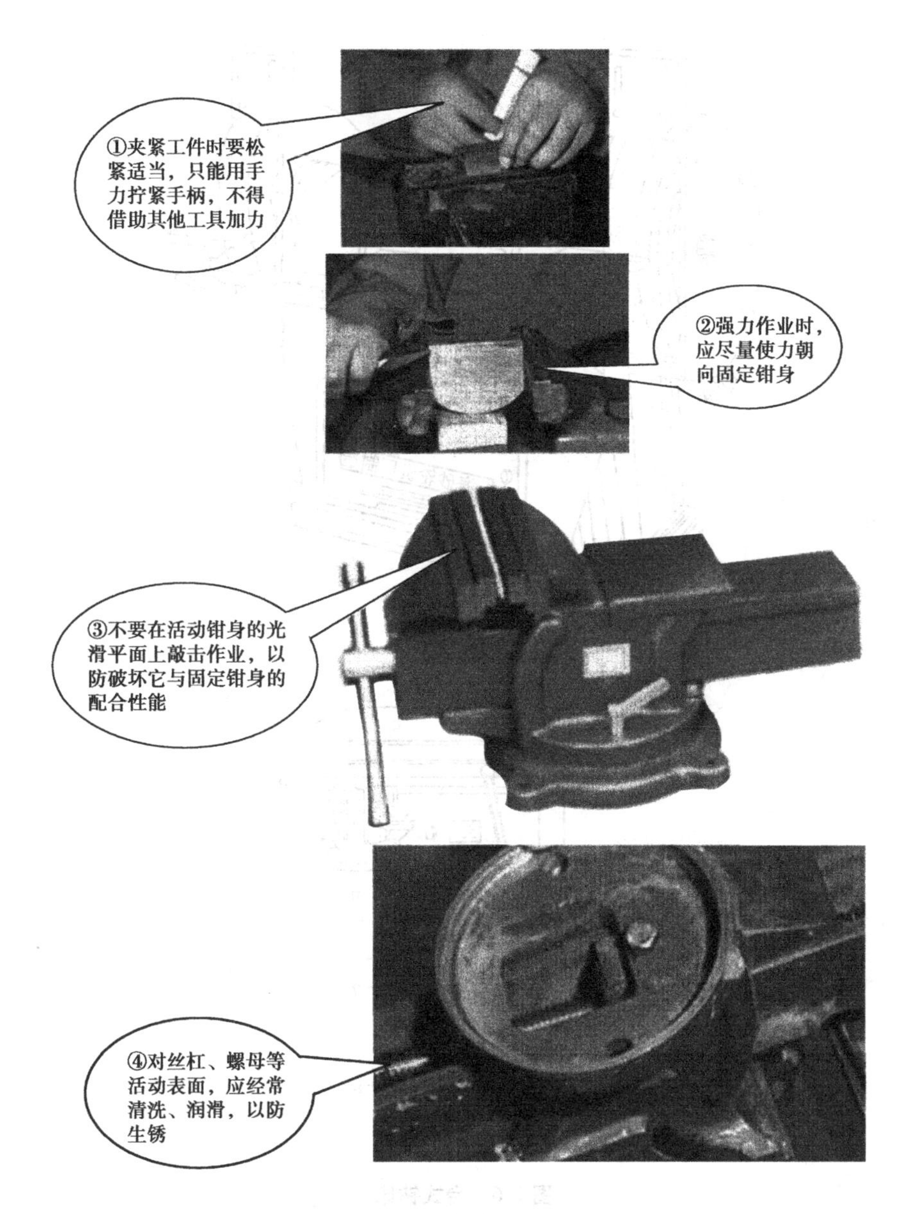

图1.4　台虎钳使用注意事项

最大直径。常用6 mm和12 mm等几种规格。

如图1.6所示为一种常见的台式钻床。电动机5通过五级V带,可使主轴获得5种转速。工件较小时,可将工件放在工作台上钻孔。当工件较大时,可把工作台1转开,直接放在钻床底座8上钻孔。由于台式钻床的最低转速较高(一般不低于400 r/min),不适于锪孔、铰孔。

使用台式钻床时应注意以下几点：

①在使用过程中,工作台面必须保持清洁。

②钻通孔时必须使钻头能通过工作台面上的让刀孔,或在工件下垫上垫铁,以免钻坏工作台面。

③用毕后必须将机床外露滑动面及工作台面擦净,并对各滑动面及各注油孔加注润滑油。

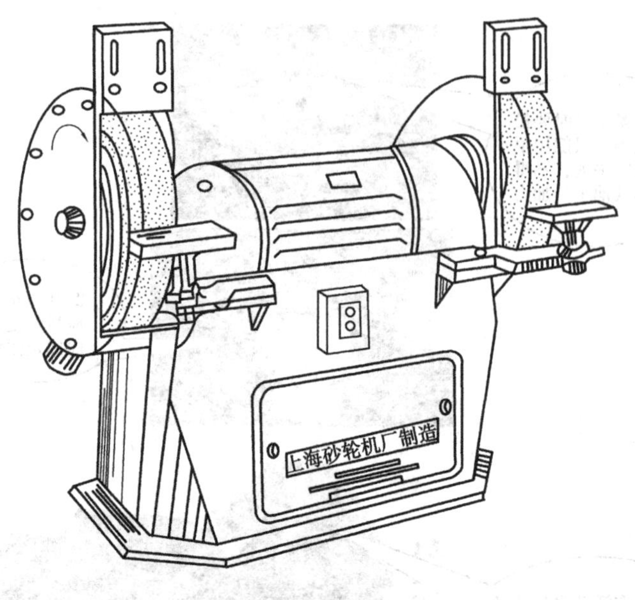

图 1.5　砂轮机

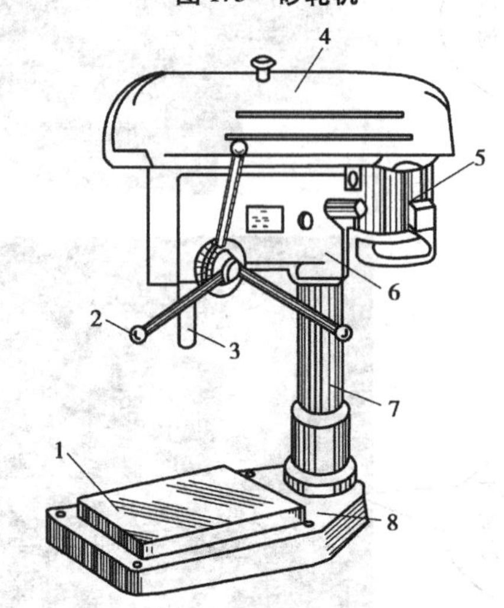

图 1.6　台式钻床

1—工作台;2—进给手柄;3—主轴;4—带罩;

5—电动机;6—主轴;7—立柱;8—底座

2)立式钻床

立式钻床一般用来钻中小型工件上的孔,其规格有 25 mm,35 mm,40 mm,50 mm 等几种。它的功率较大,可实现机动进给,因此,可获得较高的生产效率和加工精度。另外,它的主轴转速和机动进给量都有较大变动范围,因而可适应于不同材料的加工和进行钻孔、扩孔、锪孔、铰孔及攻螺纹等多种工作。

如图 1.7 所示为一种应用较广泛的立式钻床。床身固定在底座 7 上,主轴变速箱 4 固定在箱形床身的顶部,进给变速箱 3 装在床身的导轨面上。床身内装有平衡用的链条,链条绕过滑轮与主轴套筒相连,以平衡主轴质量。工作台 1 装在床身导轨下方,旋转手柄工作台可沿床身导轨上下移动。如果在缺少设备的情况下钻削大工件时,可拆走工作台,将工件固定在底座上。立钻的进给变速箱也可沿床身导轨上下移动，以适应特殊需要。

其使用及维护保养规则如下：

①使用立钻前必须先空转试车，待机床各机构能正常工作时方可操作。

②工作中不采用机动进给时，必须将三星手柄端盖向里推，断开机动进给传动。

③变换主轴转速或机动进给量时，必须在停车后进行。

④经常检查润滑系统的供油情况。

3）摇臂钻床

如图1.8所示为摇臂钻床。它用于大工件及多孔工件的钻孔。它需通过移动或转动钻轴对准工件上孔的中心来钻孔。主轴变速箱能沿摇臂左右移动，摇臂又能回转360°，因此，摇臂钻床的工作范围很大，摇臂的位置由电动涨闸锁紧在立柱上，主轴变速箱可用电动锁紧装置固定在摇臂上。

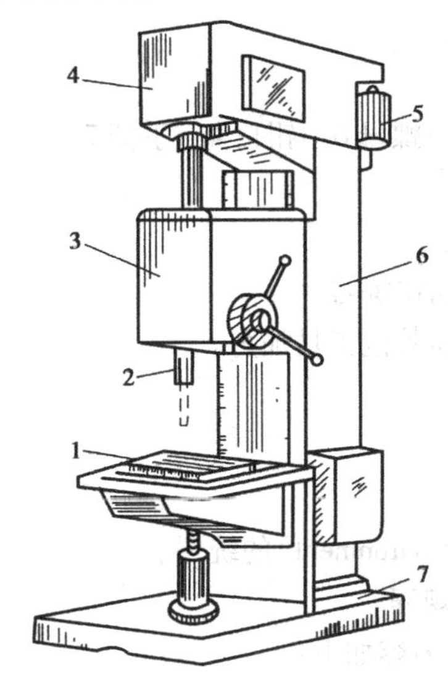

图1.7 立式钻床

1—工作台；2—主轴；3—进给箱；4—变速箱；
5—电动机；6—立柱；7—底座

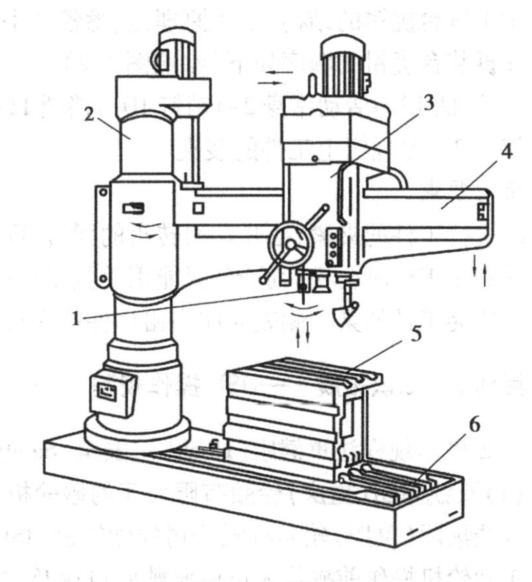

图1.8 摇臂钻床

1—主轴；2—立柱；3—主轴箱；
4—摇臂；5—工作台；6—底座

工件不太大时，可将工件放在工作台上加工。如工件很大，则可直接将工件放在底座上加工。摇臂钻床除了用于钻孔外，还能扩孔、锪平面、锪孔、铰孔、镗孔及攻螺纹等。

活动5 了解钳工安全文明生产的内容

钳工安全文明生产的基本要求如下：

①使用电动工具时，要有绝缘防护和安全接地措施，发现损坏应及时上报，在未修复前不得使用。

②使用砂轮时，要戴好防护眼镜。钳台上要有防护网。清除切屑要用刷子，不要直接用手清除或用嘴吹。

③毛坯和加工零件应放在规定位置，要排列整齐平稳，便于取放，避免碰伤已加工面。

④为取用方便，右手取用的工、量具放在右边，左手取用的工、量具放在左边，并且排列整齐，不能使其伸到钳台边以外。

⑤量具不能与工具或工件混放在一起，应放在量具盒内或专用板架上。精密的工、量具更要轻拿轻放。

⑥工、量具要整齐地放入工具箱内，不应任意堆放，以防受损和取用不便。工、量具用后要及时维护、存放。

⑦保持工作场地的整洁。工作完毕后，对所用过的设备都应按要求清理、润滑，对工作场地要及时清扫干净，并将切屑及污物及时运送到指定地点。

⑧工作时应按规定穿工作服，要做到“三紧”，即领口紧、袖口紧、衣角下摆紧。

活动6　钳工常用设备操作及保养练习

练习1　台虎钳的拆装及保养

练习要求：

①了解台虎钳的结构、工作原理，熟悉各个手柄的作用。

②拆装台虎钳的顺序如下（参照图1.2）：

手柄13→活动钳身2→销钉10→挡圈11→弹簧12→螺母6→钳口4→手柄7

练习2　台虎钳上工件的装夹

练习要求：

①进行工件的夹紧、松开及回转盘的回转、固定等基本动作练习。

②夹紧工件时要松紧适当，只能用手扳紧手柄，不得借助其他工具加力。

③装夹工件的某一侧表面应与钳口保持平行或垂直。

活动7　知识拓展——HSE操作规程

HSE操作规程注重健康（Health）、安全（Safety）、环境（Environment）的统一。

（1）双钱集团（重庆）轮胎有限公司的砂轮机HSE操作规程

双钱集团（重庆）轮胎有限公司的砂轮机HSE操作规程内容如下：

①砂轮机操作前操作人员应佩戴好口罩及护目镜（见图1.9）。检查砂轮是否有碎裂、缺口；检查砂轮与防护罩之间是否有杂物。如有问题不准使用并立即整改或报修。

②砂轮机的防护罩壳任何人不准拆除，罩壳开口不得大于1/3。

③砂轮磨削时，操作人员应站立在砂轮机侧面，不得站立于正面，防止砂轮破裂飞溅伤人。

④砂轮机开动后，待转速稳定后方可使用；磨工件时，不得用力过猛；也不可将笨重工件或细小物件放到砂轮机上磨。

⑤严禁两人同时使用一个砂轮。

⑥使用手提砂轮机和砂轮切割机时，严禁在砂轮片平面上磨削任何物件，防止砂轮破碎飞出伤人。

⑦砂轮切割机使用应有防火花挡板。

⑧砂轮磨掉三分之一后应调换砂轮片，调换时应使用专用工具。

⑨不得将含有油类、腐蚀类、毒类等物质直接排入雨水管网或大气。

⑩工业废弃物、生活废弃物、危险废弃物应分类存放。

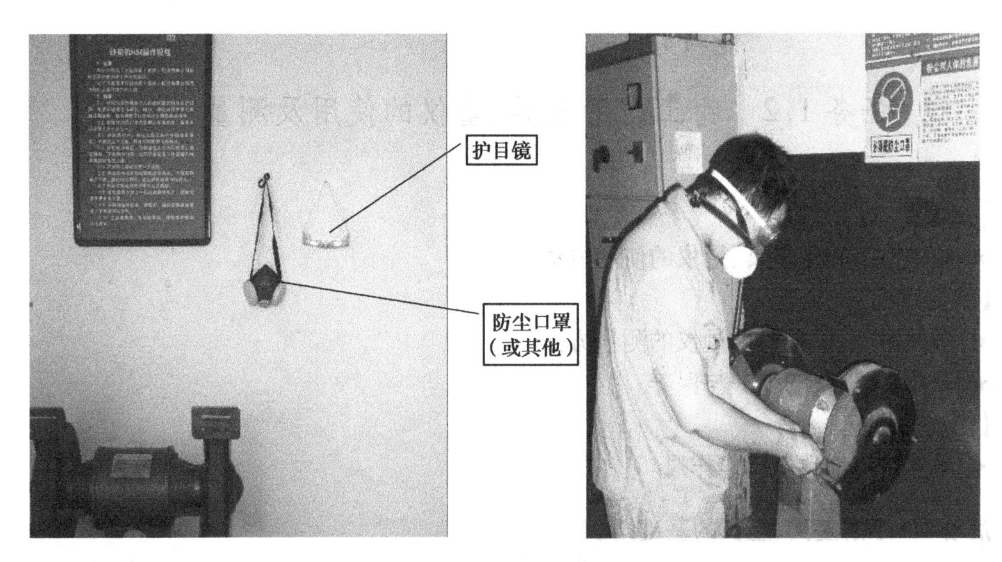

图1.9　砂轮机操作规程及防护用品

(2)双钱集团(重庆)轮胎有限公司的钻床HSE操作规程

双钱集团(重庆)轮胎有限公司的钻床HSE操作规程内容如下：

①钻床操作前，首先要检查设备是否完好，确认完好再开车。

②操作人员要正确穿戴劳防用品，上衣要符合三紧(领口紧、衣角下摆紧、袖口紧)要求。

③开动钻床钻孔时，严禁戴手套。

④钻小物件时应用钢丝钳夹牢。严禁用手握物件钻孔。大物件应用压板、螺栓紧固牢靠后方可钻孔。

⑤钻出的铁屑不准用嘴吹、用手拉，防止伤人。

⑥在工作台上装卸工件时，应将钻头拆除，并时刻注意工件滑下伤脚。

⑦小钻床只许单人操作，思想要集中。

⑧不得将含有油类、腐蚀类、毒类等物质直接排入雨水管网或大气。

⑨工业废弃物、生活废弃物、危险废弃物应分类存放。

活动8　展示与评价

分组进行自评、小组间互评、教师评，在学习活动评价表相应等级的方格内画"√"。

学习活动评价表

学生姓名＿＿＿＿＿＿　教师＿＿＿＿＿＿　班级＿＿＿＿＿＿　学号＿＿＿＿＿＿

评价项目	自评			组评			师评		
	优秀	合格	不合格	优秀	合格	不合格	优秀	合格	不合格
台虎钳的拆装及保养情况评价									
台虎钳上工件的装夹情况评价									
钳工安全文明生产的遵守情况评价									
总评									

任务1.2　钳工常用量具、量仪的使用及测量练习

【知识目标】

★ 知道钳工常用量具、量仪的使用方法。

【技能目标】

★ 掌握钳工常用量具、量仪的测量方法。

★ 会量具、量仪的维护与保养。

【态度目标】

★ 培养严谨细致的工作作风。

活动1　了解量具、量仪的基础知识

用来测量、检验工件及产品尺寸和形状的工具称为量具。

(1)量具的种类

量具的种类很多,根据其用途和特点不同,可分为以下3种类型:

1)万能量具

这一类量具一般都有刻度,能对不同工件、多种尺寸进行测量。在测量范围内可测量出工件或产品的形状、尺寸的具体数值。常用量具有游标卡尺、千分尺、百分表和万能角度尺等。

2)专用量具

这一类量具不能测量出实际尺寸,只能测定工件和产品的形状及尺寸是否合格,如卡规、量规、塞尺等。

3)标准量具

这一类量具只能制成某一固定尺寸,通常用来校对和调整其他量具,也可作为标准与被测量件进行比较,如量块。

(2)量具的维护与保养

为了保证量具的精度,延长量具的使用期限,在工作中应对量具进行必要的维护与保养。在维护与保养中,应注意以下7个方面:

①测量前应将量具的各个测量面和工件被测量表面擦净,以免脏物影响测量精度和对量具的磨损。

②量具在使用过程中,不要和其他工具、刀具放在一起,以免碰坏。

③在使用过程中,注意量具与量具不要叠放在一起,以免相互损伤。

④机床开动时,不要用量具测量工件,否则会加快量具磨损,而且容易发生事故。

⑤温度对量具精度影响很大,因此,量具不应放在热源(电炉、暖气片等)附近,以免受热变形。

⑥量具用完后,应及时擦净、上油,放在专用盒中,保存在干燥处,以免生锈。

⑦精密量具应实行定期鉴定和保养,发现精密量具有不正常现象时,应及时送交计量室检修。

活动2　认识游标类量具

凡利用尺身和游标刻线间长度之差原理制成的量具,统称为游标类量具。

(1)游标卡尺

游标卡尺是一种中等精度的量具。常用游标卡尺的测量范围分为0~125,0~200,0~500 mm等。

1)游标卡尺的结构

游标卡尺的结构如图1.10所示。

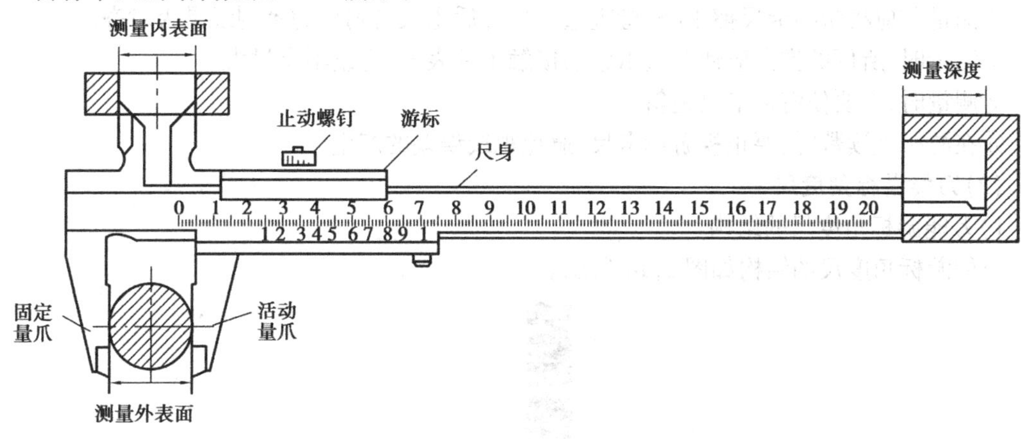

图1.10　游标卡尺

2)游标卡尺的刻线原理

0.05 mm游标卡尺刻线原理:主尺上每一格的长度为1 mm,副尺总长为39 mm,并等分为20格,每格长度为39/20=1.95 mm,则主尺2格与副尺1格长度之差为2 mm-1.95 mm=0.05 mm,因此,它的精度为0.05 mm,如图1.11所示。

0.02 mm游标卡尺刻线原理:主尺上每一格的长度为1 mm,副尺总长为49 mm,并等分为50格,每格长度为49/50=0.98 mm,则主尺1格与副尺1格长度之差为1 mm-0.98 mm=0.02 mm,因此,它的精度为0.02 mm,如图1.12所示。

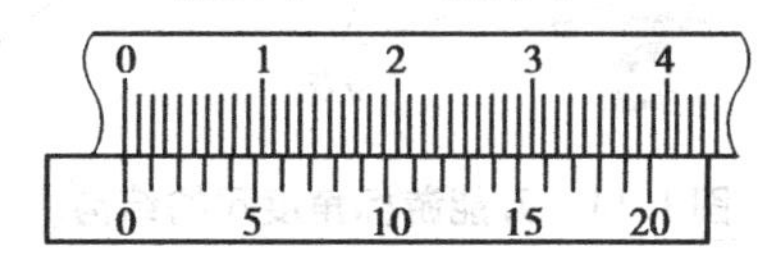

图1.11　0.05 mm游标卡尺刻线原理

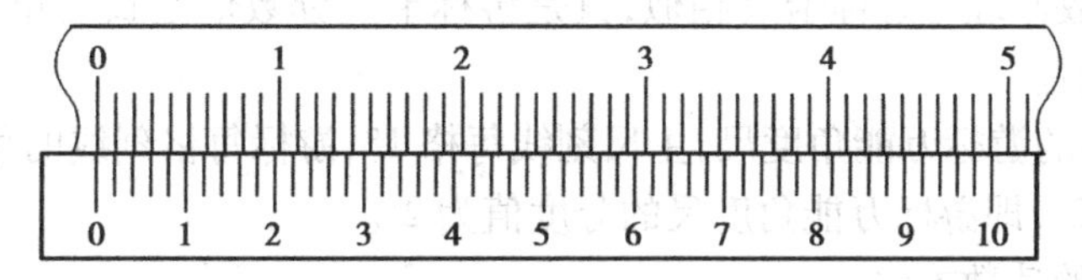

图1.12　0.02 mm游标卡尺刻线原理

3)游标卡尺的读数方法

首先读出游标副尺零刻线以左主尺上的整毫米数,再看副尺上从零刻线开始第几条刻线与主尺上某一刻线对齐,其游标刻线数与精度的乘积就是不足1 mm的小数部分,最后将整毫米数与小数相加就是测得的实际尺寸。游标卡尺读数方法的示意如图 1.13 所示。

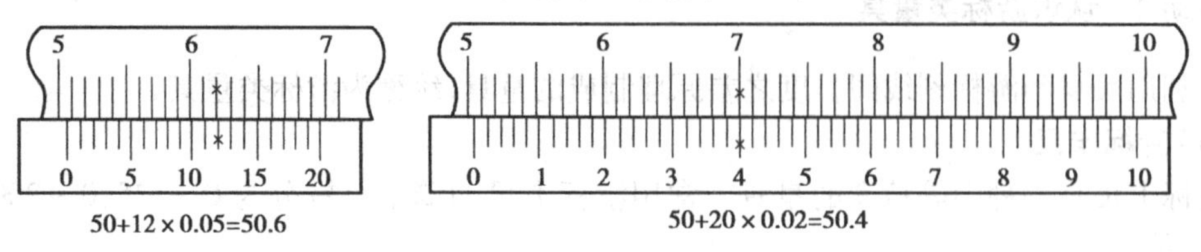

图 1.13　游标卡尺读数方法

4)注意事项

①测量前应将游标卡尺擦干净,检查量爪贴合后主尺与副尺的零刻线是否对齐。

②测量时,所用的推力应使两量爪紧贴接触工件表面,力量不宜过大。

③测量时,不要使游标卡尺歪斜。

④在游标上读数时,要正视游标卡尺,避免视线误差的产生。

(2)万能游标角度尺

1)万能游标角度尺的结构

万能游标角度尺的结构如图 1.14 所示。

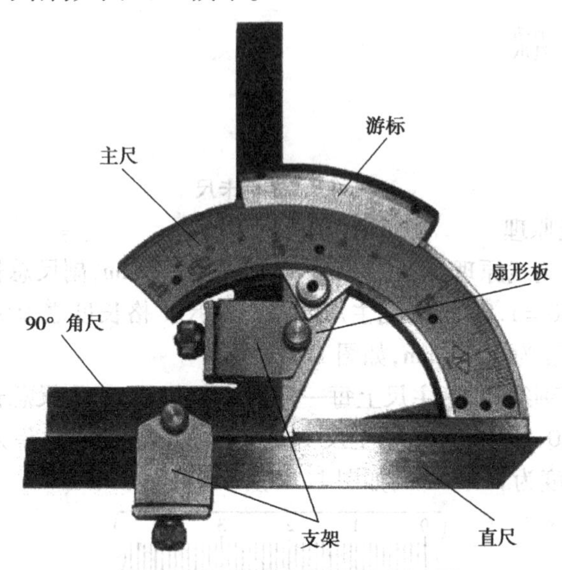

图 1.14　万能游标角度尺的结构

2)万能角度尺的读数原理

万能角度尺读数原理与游标卡尺相似,只是游标卡尺读数值是长度单位数值,而万能角度尺分度值是角度值。

如图 1.15 所示的游标万能角度尺,主尺刻线每格 1°,游标每格刻线的角度是 58′,游标每格与主尺每格相差 2′,即游标万能角度尺的分度值为 2′。

3)万能角度尺的读数方法

万能角度尺的读数方法也与游标卡尺相似,首先读出游标零线左边主尺上的刻线值,即度数;然后再看游标与主尺对准线的分值,两者相加即为整个读数值。

4)游标万能角度尺的使用方法

万能角度尺的测量方法如图 1.16 所示。

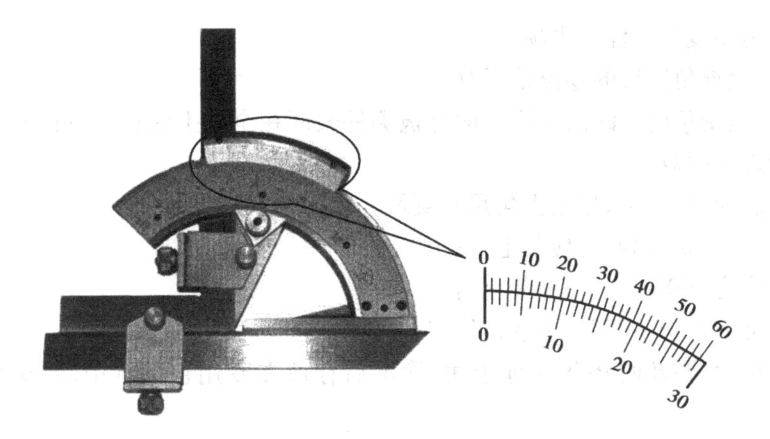

图1.15　万能游标角度尺的读数原理

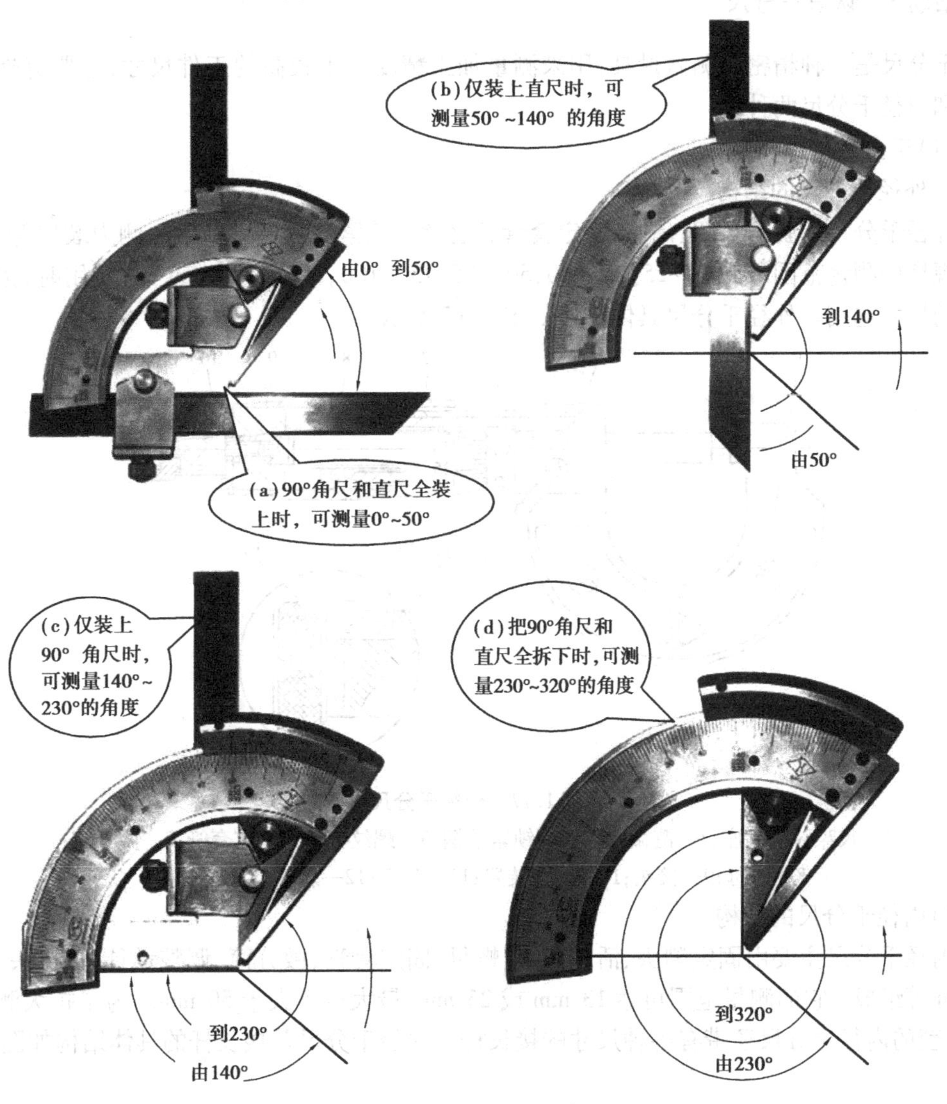

图1.16　万能角度尺的测量方法

5）游标万能角度尺的注意事项

①使用前，检查角度尺的零位是否对齐。

②测量时，应使角度尺的两个测量面与被测件表面在全长上保持良好的接触，然后拧紧制动器上螺母进行读数。

③测量角度为0°～50°，应装上角尺和直尺。

④测量角度为50°～140°，应装上直尺。

⑤测量角度为140°～230°，应装上角尺。

⑥测量角度为230°～320°，不装角尺和直尺。

⑦使用完毕后，要及时将各处理干净，涂油后存放在专用包装盒中，要保持干燥，以免生锈。

活动3　认识千分尺

千分尺是一种精密的测微量具，用来测量加工精度要求较高的工件尺寸，主要有外径千分尺和内径千分尺两种。

（1）千分尺的结构

1）外径千分尺的结构

外径千分尺主要由尺架、砧座、固定套管、微分筒、锁紧装置、测微螺杆、测力装置等组成。它的规格按测量范围分为0～25，25～50，50～75，75～100，100～125 mm等，使用时，按被测工件的尺寸选用。外径千分尺具体结构如图1.17所示。

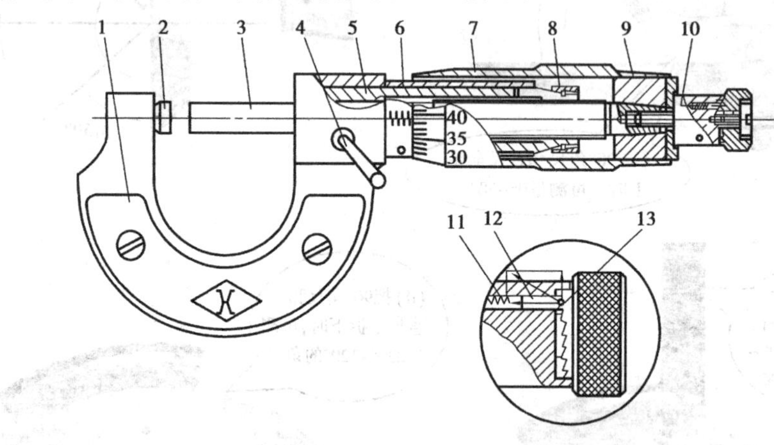

图1.17　外径千分尺

1—尺架；2—砧座；3—测微螺杆；4—锁紧手柄；5—螺纹套；6—固定套管；7—微分筒；8—螺母；9—接头；10—测力装置；11—弹簧；12—棘轮爪；13—棘轮

2）内径千分尺的结构

内径千分尺主要由固定测头、活动测头、螺母、固定套管、微分筒、调整量具、管接头、套管及量杆等组成。它的测量范围可达13 mm或25 mm，最大也不大于50 mm。为了扩大测量范围，成套的内径千分尺还带有各种尺寸的接长杆。内径千分尺及接长杆的具体结构如图1.18所示。

（2）千分尺的刻线原理

千分尺测微螺杆上的螺距为0.5 mm，当微分筒转一圈时，测微螺杆就沿轴向移

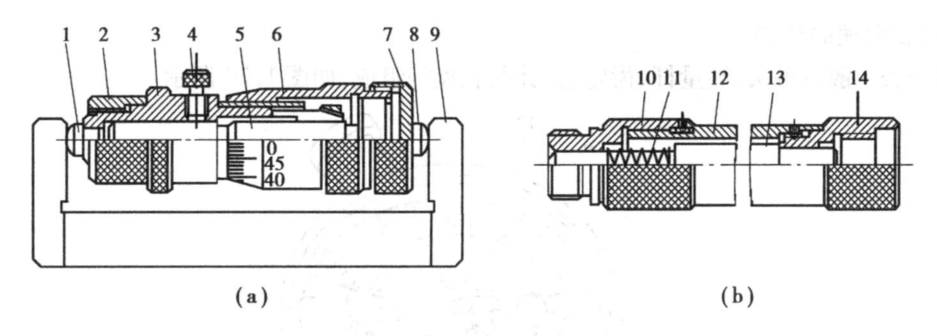

图1.18　内径千分尺

1—固定测头;2—螺母;3—固定套管;4—锁紧装置;5—测微螺母;
6—微分筒;7—螺母;8—活动测头;9—调整量具;
10,14—管接头;11—弹簧;12—套管;13—量杆

动0.5 mm。

固定套管上刻有间隔为0.5 mm的刻线,微分筒圆锥面上共刻有50个格,因此微分筒每转一格,螺杆就移动0.5 mm/50=0.01 mm,因此,该千分尺的精度值为0.01 mm。

(3)千分尺的读数方法

首先读出微分筒边缘在固定套管主尺的毫米数和半毫米数,然后看微分筒上哪一格与固定套管上基准线对齐,并读出相应的不足半毫米数,最后把两个读数相加起来就是测得的实际尺寸。千分尺的读数方法示意如图1.19所示。

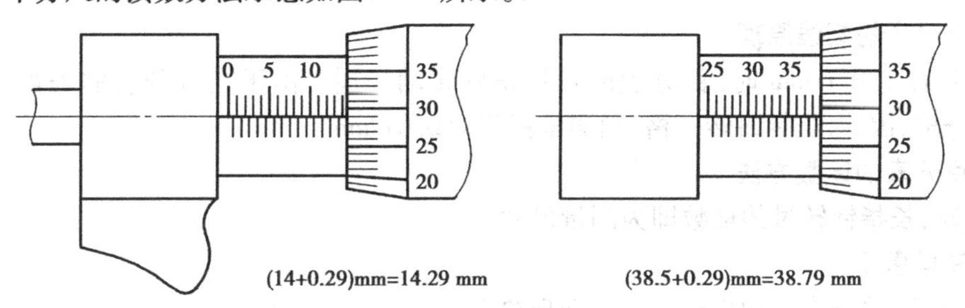

图1.19　千分尺读数方法

(4)注意事项

①测量前,转动千分尺的测力装置,使两侧砧砧面贴合,并检查是否密合;同时,检查微分筒与固定套管的零刻线是否对齐。

②测量时,在转动测力装置时,不要用大力转动微分筒。

③测量时,砧面要与被测工件表面贴合并且测微螺杆的轴线应与工件表面垂直。

④读数时,最好不要取下千分尺进行读数,如确需取下,应首先锁紧测微螺杆,然后轻轻取下千分尺,防止尺寸变动。

⑤读数时,不要错读0.5 mm。

活动4　认识百分表

百分表是一种指示式测量仪。它是用来检验机床精度和测量工件的尺寸、形状和位置误差,它的测量精度为0.01 mm。

(1)百分表的结构

百分表一般由触头、测量杆、齿轮、指针及表盘等组成,如图 1.20 所示。

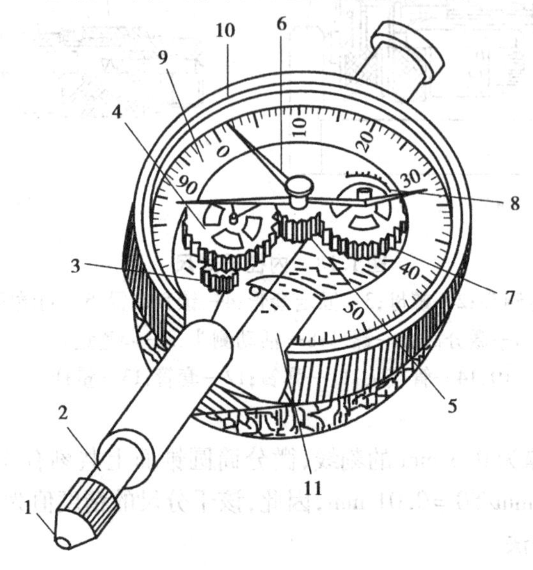

图 1.20　百分表

—触头;2—测量杆;3—小齿轮;4,7—大齿轮;5—中间小齿轮;6—长指针;
8—短指针;9—表盘;10—表圈;11—拉簧

(2)百分表的刻线原理

当测量杆上升 1 mm 时,百分表的长针正好转动一周。由于在百分表的表盘上共刻有 100 个等分格,因此,长针每转一格,则测量杆移动 0.01 mm。

(3)百分表的读数方法

测量时,长指针转过的格数即为测量尺寸。

(4)注意事项

①测量前,检查表盘和指针有无松动现象。

②测量前,检查长指针是否对准零位,如果未对齐要及时调整。

③测量时,测量杆应垂直工件表面。如果测量柱体,测量时测量杆应对准柱体轴心线。

④测量时,测量杆应有 0.3 ~ 1 mm 的压缩量,保持一定的初始测力,以免由于存在负偏差而测不出值来。

⑤测量时,百分表一般与磁性表座配合使用。

活动 5　认识塞尺

塞尺是用来检验两个接合面之间间隙大小的片状量规。

(1)塞尺的结构

塞尺有两个平行的测量面,其长度有 50,100,200 mm 等。塞尺一般由 0.01 ~ 1 mm 厚度不等的薄片所组成,如图 1.21 所示。

(2)注意事项

①使用时,应根据间隙的大小选择塞尺的薄片数,可用一片或数片重叠在一起使用。

②使用时,由于塞尺的薄片很薄,容易弯曲和折断,因此,测量时不能用力太大。

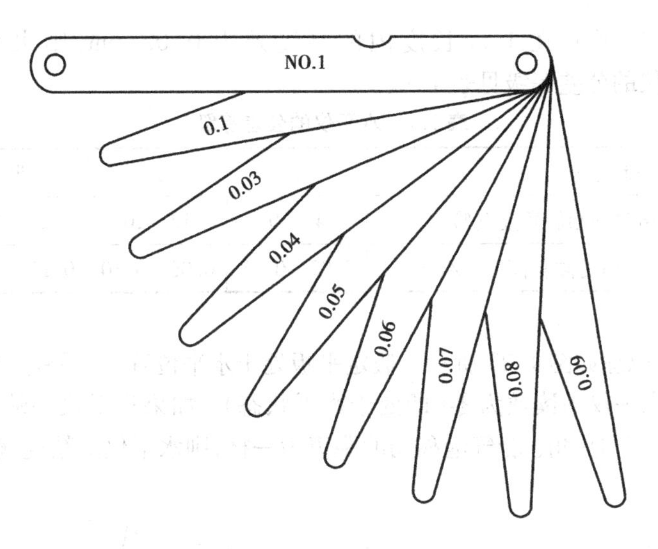

图1.21　塞尺

③使用时,不要测量温度较高的工件。

④塞尺使用完后要擦拭干净,并及时放到夹板中去。

活动6　认识水平仪

水平仪是一种测量小角度的精密量具,用来测量平面对水平面或竖直面的位置偏差,是机械设备安装、调试和精度检验的常用量具之一。

(1)方框式水平仪的结构

方框式水平仪由正方形框架、主水准器和调整水准器(也称横水准器)组成。其结构如图1.22所示。

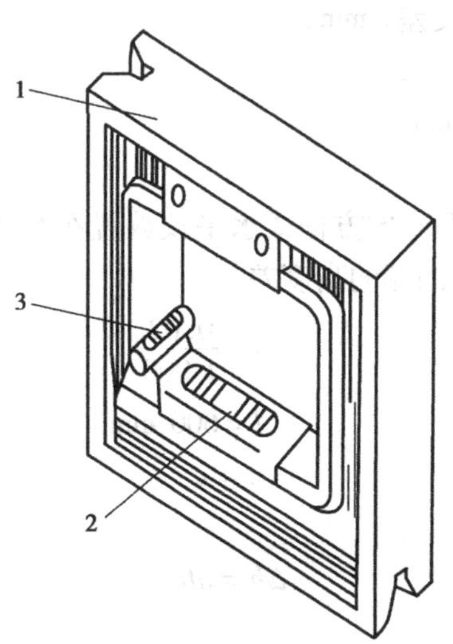

图1.22　方框式水平仪

1—正方形框架;2—主水准器;3—调整水准器

(2)方框式水平仪的精度与刻线原理

方框式水平仪的精度是以气泡偏移一格时,被测平面在1 m长度内的高度差来表示的。

如水平仪偏移一格，平面在 1 m 长度内的高度差为 0.02 mm，则水平仪的精度就是 0.02/1 000。水平仪的公差等级见表 1.1。

表 1.1 水平仪的公差等级

公差等级	Ⅰ	Ⅱ	Ⅲ	Ⅳ
气泡移动一格时的倾斜角度/(″)	4 ~ 10	12 ~ 20	25 ~ 41	52 ~ 62
气泡移动一格 1 m 内的倾斜高度差/mm	0.02 ~ 0.05	0.06 ~ 0.10	0.12 ~ 0.20	0.25 ~ 0.30

水平仪的刻线原理如图 1.23 所示。假定平板处于水平位置，在平板上放置一根长 1m 的平行平尺，平尺上水平仪的读数为零(即处于水平状态)。如果将平尺一端垫高 0.02 mm，相当于平尺与平板成 4″的夹角。若气泡移动的距离为一格，则水平仪的精度就是 0.02/1 000，读为 0.02/1 000。

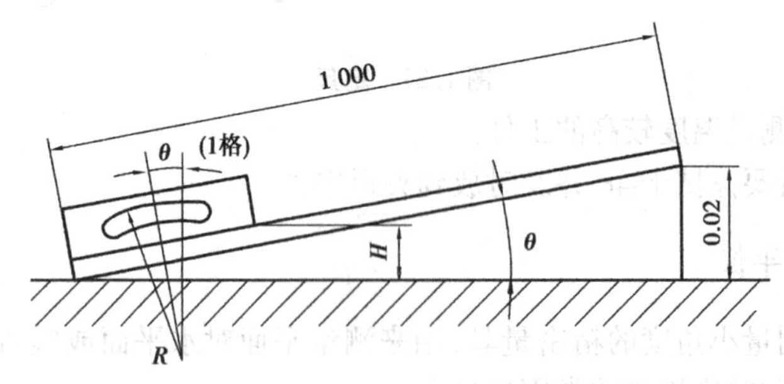

图 1.23 水平仪刻线原理

根据水平仪的刻线原理，可以计算出被测平面两端的高度差，其计算式为

$$\Delta h = nli$$

式中 Δh——被测平面两端高度差，mm；

n——水准器气泡偏移格数；

l——被测平面的长度，mm；

i——水平仪的精度。

例 1.1 将精度为 0.02/1 000 的方框式水平仪放置在 600 mm 的平行平尺上，若水准器中的气泡偏移两格，试求出平尺两端的高度差。

解 由题中已知

$$i = \frac{0.02}{1\,000}$$

$$l = 600 \text{ mm}$$

$$n = 2$$

根据公式

$$\Delta h = nli$$

得

$$\Delta h = 2 \times 600 \text{ mm} \times \frac{0.02}{1\,000} = 0.024 \text{ mm}$$

故平行尺两端的高度差为 0.024 mm。

(3)方框式水平仪的读数方法

1)直接读数法

水准器气泡在中间位置时读为零。以零刻线为基准,气泡向任意一端偏离零刻线的格数,就是实际偏差的格数。一般在测量中,都是由左向右进行测量,把气泡向右移动作为“+”,反之则为“-”。如图1.24所示为+2格偏差。

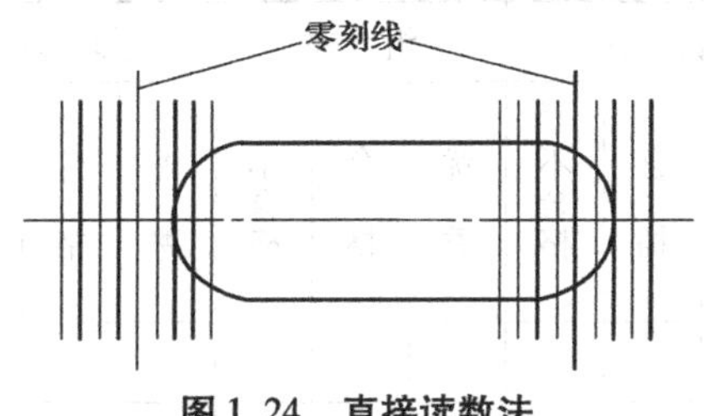

图1.24　直接读数法

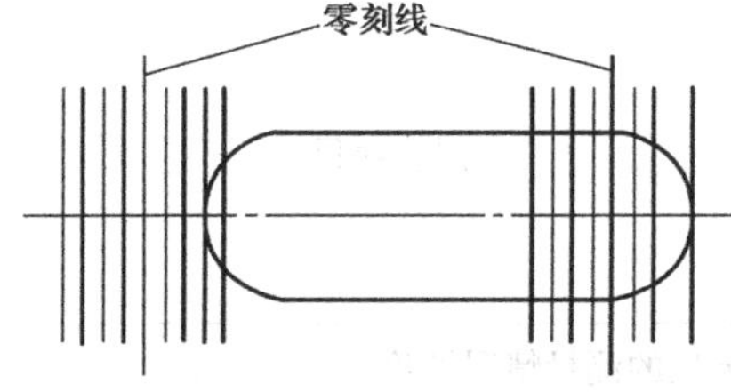

图1.25　间接读数法

2)间接读数法

当水准器的气泡静止时,读出气泡两端各自的偏离零刻线的格数,然后将两格数相加除以2,所得的平均值即为读数,如图1.25所示。

(4)注意事项

①零值的调整方法:将水平仪的工作底面与检验平板或被测表面接触,读取第一次读数;然后在原地旋转水平仪180°,读取第二次读数;两次读数的代数差的1/2为水平仪零值误差。

②普通水平仪的零值正确与否是相对的,只要水平仪的气泡在中间位置,就表明零值正确。

③测量时,一定要等气泡稳定不动后再读数。

④读数时,由于间接读数法不受温度影响,因此读数时尽量用间接读数法,这样可以使读数值更准确。

活动7　测量练习

练习1　游标卡尺的测量

练习要求:

①用游标卡尺测量内径、外径、孔深、台阶中心等尺寸。

②通过实物测量达到熟悉游标卡尺结构,掌握游标卡尺的用法,达到快速准确地读出读数的目的。

练习2　万能游标角度尺的测量

练习要求:

①用万能游标角度尺测量不同的角度、锥度等。

②通过实物测量达到熟悉万能游标角度尺结构,掌握万能游标角度尺的用法,达到快速准确地读出读数的目的。

练习3　千分尺的测量

练习要求:

①用千分尺测量内径、外径、孔深、台阶中心等尺寸。

②通过实物测量达到熟悉千分尺结构,掌握千分尺的用法,达到快速准确地读出读数的目的。

活动8 展示与评价

分组进行自评、小组间互评、教师评，在学习活动评价表相应等级的方格内画“√”。

学习活动评价表

学生姓名______ 教师______ 班级______ 学号______

评价项目	自评			组评			师评		
	优秀	合格	不合格	优秀	合格	不合格	优秀	合格	不合格
游标卡尺的测量情况评价									
万能游标角度尺的测量情况评价									
使用千分尺的情况评价									
使用百分表的情况评价									
使用水平仪的情况评价									
总评									

练习题

1. 试述钳工的基本内容。

2. 试述钳工工作场地的常用设备。

3. 钳工常用量具、量仪有哪些？

4. 参观钳工实习车间，熟悉场地环境，强化安全文明生产意识。参观钳工产品，培养爱岗敬业的思想。

5. 在教师指导下，对台式钻床进行空运转操作练习。

项目 2
划　线

划线是钳工的基本技能之一，是确定工件加工余量，明确尺寸界限的重要方法。本项目主要介绍划线的一些基础知识，包括划线工具的使用、划线基准的选择；划线时的找正和借料；基本线条的划法；平面划线和立体划线。

任务 2.1　平面划线

【知识目标】

★ 了解划线工具。

★ 理解划线基准的作用。

【技能目标】

★ 掌握划线工具的使用。

★ 会钳工平面划线和立体划线。

【态度目标】

★ 培养一丝不苟，严谨的工作态度。

活动 1　了解划线的基本知识

根据图样或技术文件要求，在毛坯或半成品上用划线工具划出加工界线，或作为找正检查依据的辅助线，这种操作称为划线。

划线可分为平面划线和立体划线。平面划线是指只在工件某一个表面内划线，如图 2.1 所示。

划线不仅能使加工时有明确的界线和加工余量，还能及时发现不合格的毛坯，以免因采用不合格毛坯而浪费工时。当毛坯误差不大时，可通过划线借料得到补偿，从而提高毛坯的合格率。

对划线的要求是线条清晰均匀，定形、定位尺寸准确。考虑到线条宽度等因素，一般要求划线精度能达到 0.25 ~0.5 mm。工件的完工尺寸不能完全由划线确定，而应在加工过程中，通过测量以保证尺寸的准确性。

活动2　了解划线工具

熟悉并能正确使用划线工具，是做好划线工作的前提。

(1)划线平台

划线平台如图2.2所示。它是用来安放工件和划线工具，并在其工作面上完成划线过程的基准工具，其材料一般为铸铁。它的工作面即上表面经精刨或刮削而成为平面度较高的平面，以保证划线的精度。划线平台一般用木架支承，高度在1 m左右。

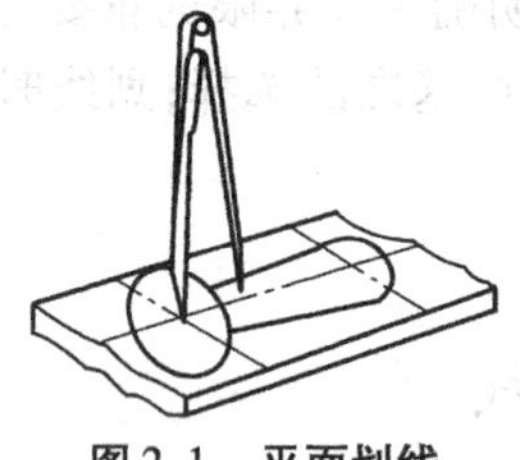

图2.1　平面划线

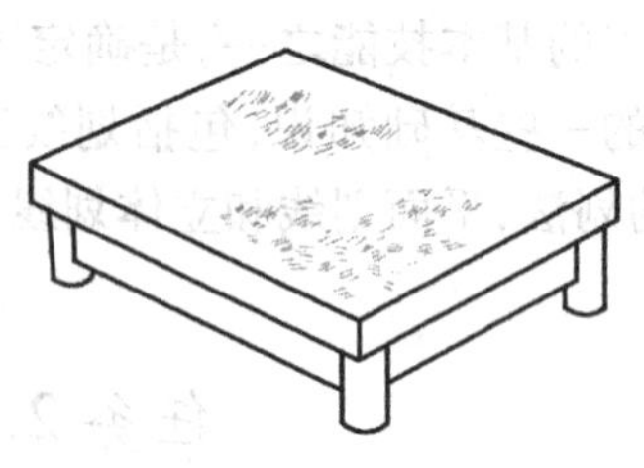

图2.2　划线平台

划线平台的正确使用和保养方法如下：

①安装时，使工作面保持水平位置，以免日久变形。

②要经常保持工作面的清洁，防止铁屑、砂粒等划伤平台表面。为防止平台受撞击，使用工件、工具时要轻放。

③平台工作面各处要均匀使用，以免局部磨损。

④划线结束后要把平台表面擦净，上油防锈。

⑤按有关规定定期检查，并给予及时调整、研修，以保证工作面的水平状态及平面度。

(2)划针

划针是直接在工件上划线的工具。一般在已加工面内划线时，使用3～5 mm的弹簧钢丝或高速钢制成的划针，如图2.3(a)、(b)所示。将尖端磨成15°～20°，并淬硬，以提高耐磨性。同时保证划出的线条宽度为0.05～0.1 mm。在铸件、锻件等加工表面划线时，可用尖端焊有硬质合金的划针，以便保持划针的长期锋利，此时划线宽度应在0.1～0.15 mm范围内。

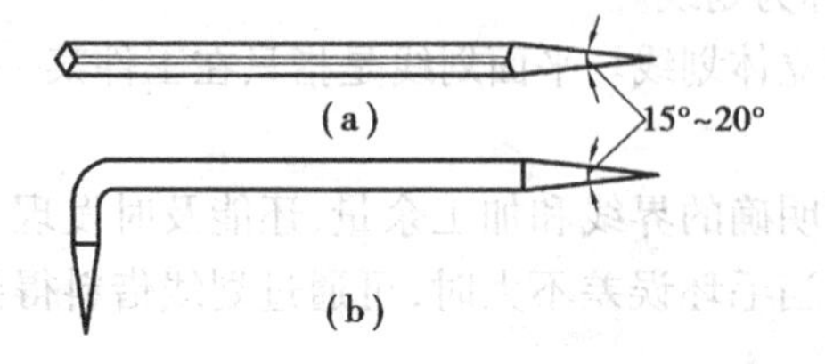

图2.3　划针

划针通常与钢直尺、90°角尺、三角尺、划线样板等导向工具配合使用，使用方法和注意事项如下：

①用划针划线时,一手压紧导向工具,防止其滑动;另一手使划针尖紧靠导向工具的边缘,并使划针上部向外倾斜15°~20°,同时向划针前进方向倾斜45°~75°,如图2.4(a)所示。这样既能保证针尖紧贴导向工具的基准边,又能方便操作者观察。水平线应自左向右划,竖直线自上到下划,倾斜线的走向趋势是自左下向右上方划,或自左上向右下划。

②划线时用力大小要均匀适宜。一根线条应一次划成,既要保持线条均匀清晰,又要控制线条宽度。

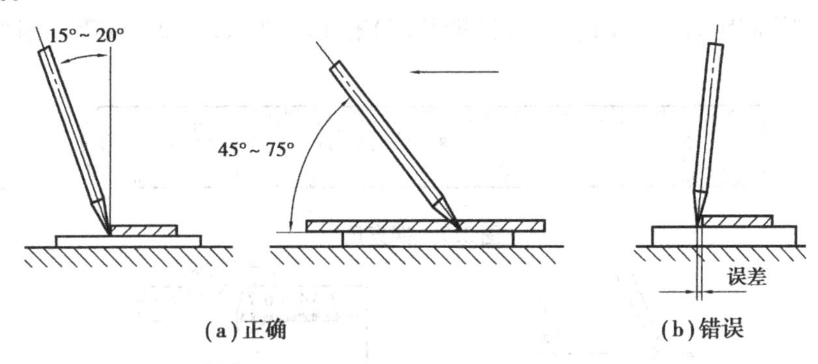

(a)正确　　(b)错误

图2.4　划针的用法

(3)划规

划规如图2.5所示。它是用来划圆和圆弧、等分线段、量取尺寸的工具。划规一般用中碳钢或工具钢制成,两脚尖端淬硬并刃磨,有的在两脚端部焊有一段硬质合金。

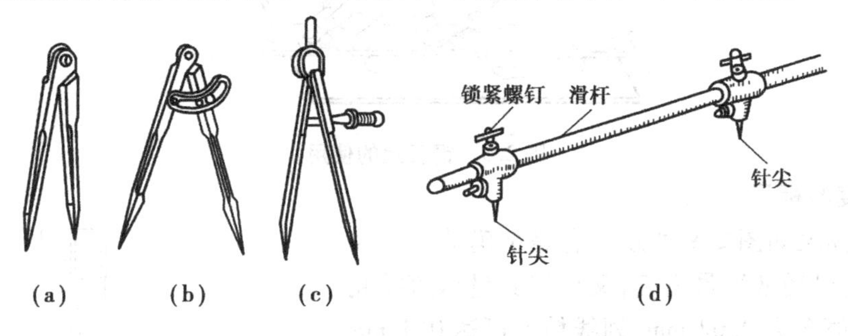

图2.5　划规

常用的划规有普通划规、扇形划规、弹簧划规及长划规等,如图2.5(a)—(d)所示。其中,普通划规因结构简单、制造方便而应用较广,但要求两脚铆接处松紧适度,过松,在测量和划线时易使两脚活动,使尺寸不稳定;过紧,又不便调整。扇形划规因有锁紧装置,两脚间的尺寸较稳定,结构也较简单,常用于粗毛坯表面的划线。弹簧划规易于调整尺寸,但用来划线的一脚易滑动,因此,只限于在半成品表面上划线。长划规专用于划大尺寸圆或圆弧,它的两个划规脚位置可调节。

使用划规前,应将其脚尖磨锋利。除长划规外,其他划规在使用前,须使两划脚长短一样,两脚尖能合紧,以便划出小尺寸圆弧。划圆弧时,应将手力的重心放在作为圆心的一脚,防止中心滑移。

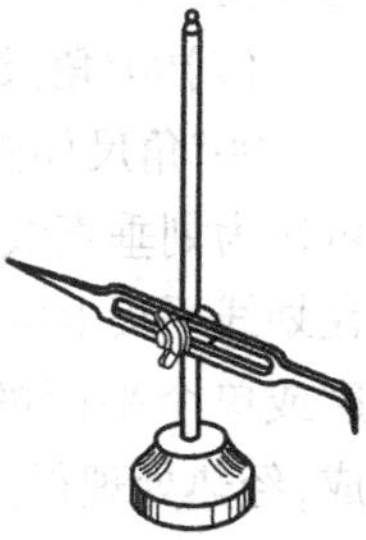

(4)划线盘

划线盘如图2.6所示。它是直接划线或找正工件位置的常用工具。一

图2.6　划线盘

般情况下,划针的直头用于划线,弯头用于找正工件位置。通过夹紧螺母,可调整划针的高度。使用时,应使划针基本处于水平位置,划针伸出端应尽量短,以增大其刚性,防止抖动。划针的夹紧要可靠。用手拖动盘底划线时,应使盘底始终贴紧平台移动。划针移动时,其移动方向与划线表面之间成75°左右,以使划针顺利运行。

(5)钢直尺

钢直尺如图2.7所示。它是一种简单的测量工具和划直线的导向工具,在尺面上刻有尺寸刻线,最小刻线间距为0.5 mm,其规格(即长度)有150,300,1 000 mm等。钢直尺的使用如图2.8所示。

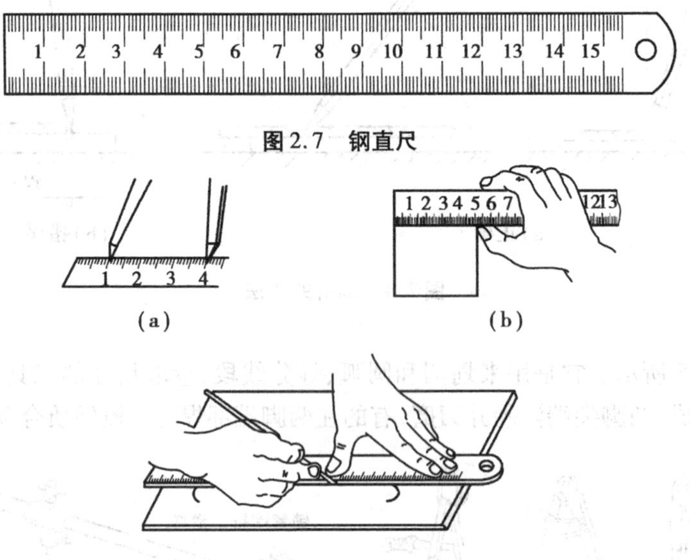

图2.7 钢直尺

(a) (b)

图2.8 钢直尺的使用

(6)高度游标尺

高度游标尺如图2.9所示。它是精确的量具及划线工具,它可用来测量高度,又可用其量爪直接划线。其读数值多为0.02 mm,划线精度可达0.1 mm左右,一般限于半成品划线。若用高度游标尺的量爪直接在工件毛坯上划线,易碰坏其硬质合金的划线脚。使用时,应使量爪垂直于工件表面一次划出,而不能用量爪的两侧尖划线,以免侧尖过度磨损,降低划线精度。

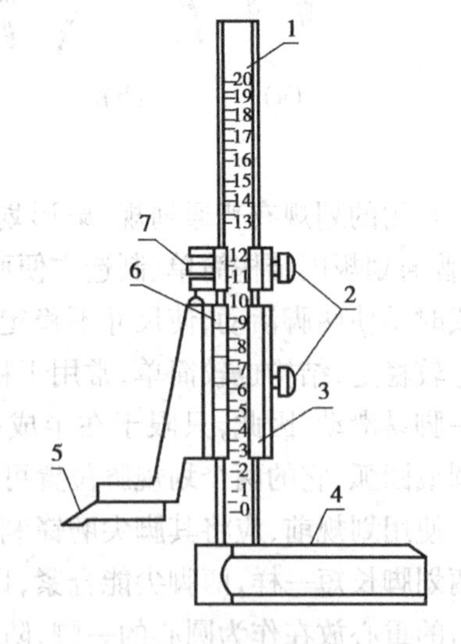

图2.9 高度游标尺

1—主尺;2—紧固螺钉;3 尺框;4—基座;5—量爪;6—游标;7—微动装置

(7)90°角尺

90°角尺如图2.10所示。它在钳工中应用很广,可作为划垂直线及平行线的导向工具,还可找正工件在划线平板上的垂直位置,并可检查两垂直面的垂直度或单个平面的平面度。90°角尺一般用中碳钢制成,经热处理得到一定硬度,经精加工使基准面具有较高的形状、位置精准度及表面粗糙度。

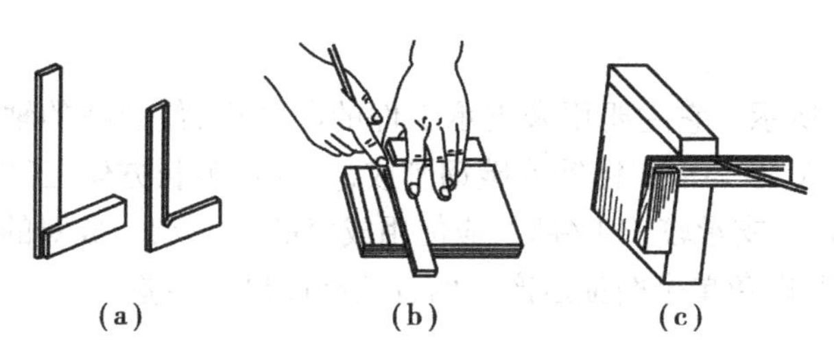

图2.10　90°直尺

(8)样冲

工件划线后,在搬运、装夹等过程中可能将线条磨擦掉,为保持划线标记,通常要用样冲在已划好的线上打上小而均布的冲眼。样冲由工具钢制成。在工厂,可用旧的丝锥、铰刀等改制而成。其尖端和锤击端经淬火硬化,尖端一般磨成45°~60°,划线用样冲的尖端可磨锐些,而钻孔用样冲可磨得钝一些。

样冲的使用方法和注意事项如下:

①冲眼时,将样冲尖朝向操作者,斜着放在划线上,如图2.11(a)所示;锤击前再竖直,如图2.11(b)所示;以保证冲眼的位置准确。

②冲眼应打在线宽的正中间,并且间距要均匀。冲眼间距由线的长短及曲直来决定。在短线上冲眼间距应小些,而在长的直线上间距可大些,在曲线上冲眼间距应小些,在线的交接处间距也应小些。另外,在曲面凸出的部分必须冲眼,因为此处更易磨损。在用划规划圆弧的地方,要在圆心上冲眼,作为划规脚尖的立脚点,以防划规滑动。

③冲眼的深浅要适当。薄工件冲眼要浅,以防变形;软材料不需冲眼;较光滑表面冲眼要浅或不冲眼;孔的中心眼要冲深些,以便钻孔时钻头对准中心。

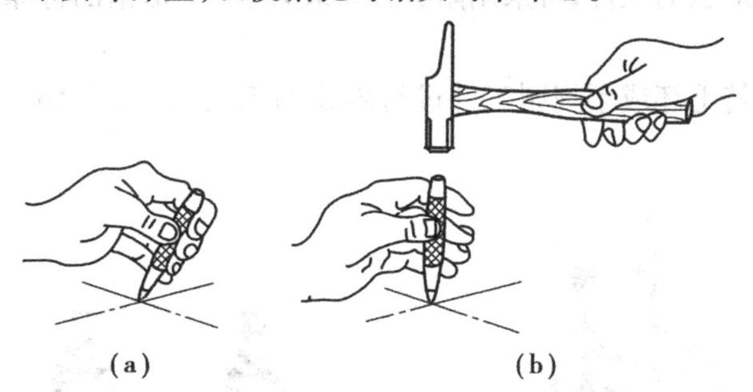

图2.11　样冲的使用方法

(9)支持工件的工具

1)垫铁

垫铁是用来支持、垫平和升高毛坯工件的工具。常用的有平垫铁、斜垫铁两种,如图2.12所示。斜垫铁能对工件的高低作少量调节。

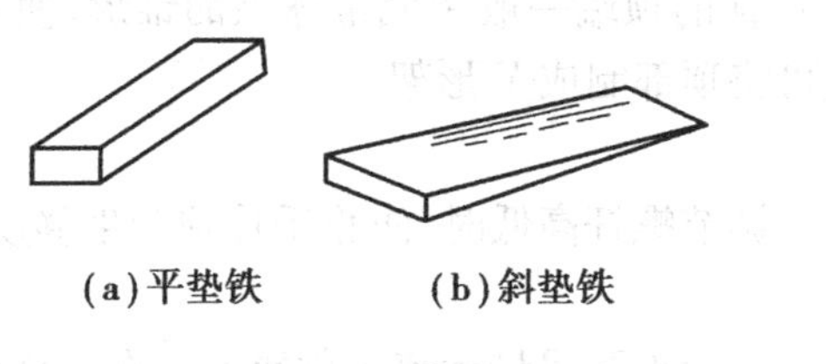

(a)平垫铁　(b)斜垫铁

图2.12　垫铁

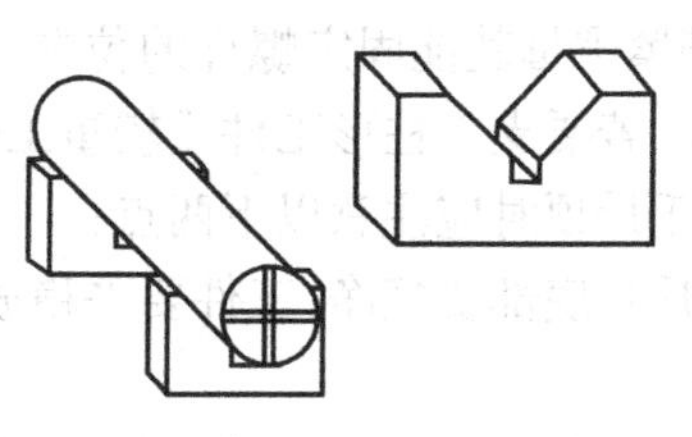

图2.13　V形架

2)V 形架

V 形架如图 2.13 所示。它主要用来支承工件的圆柱面,使圆柱的轴线平行于平台工作面,便于找正或划线。V 形架常用铸铁或碳钢制成,其外形为长方体,工作面为 V 形槽,两侧面互成 90°或 120°夹角。支承较长工件时,应使用成对的 V 形架。成对的 V 形架必须成对加工,并且不可单个使用,以免单个磨损后产生两者的高度尺寸误差。

3)角铁

角铁如图 2.14 所示。它常与夹头、压板配合使用,以夹持工件进行划线。角铁一般用铸铁制成,它有两个互相垂直的工作平面。其上的孔或槽是为搭压板时用螺钉联接而设。对质量较轻、面积较大的工件,可用 C 形夹头将工件夹在角铁的垂直面上划线。例如,要在工件上划垂直于底面的线时,用 C 形夹头或压板将底板压紧在角铁的垂直面上,就可很方便地用划线盘划线了。

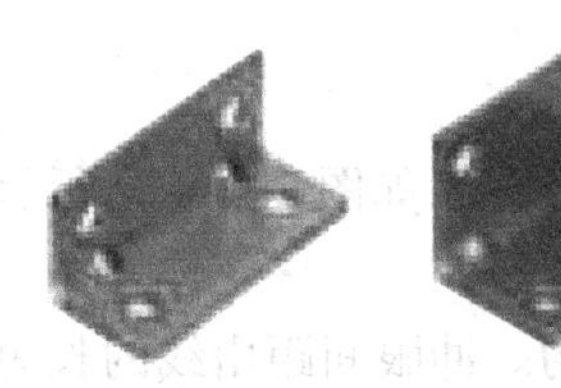
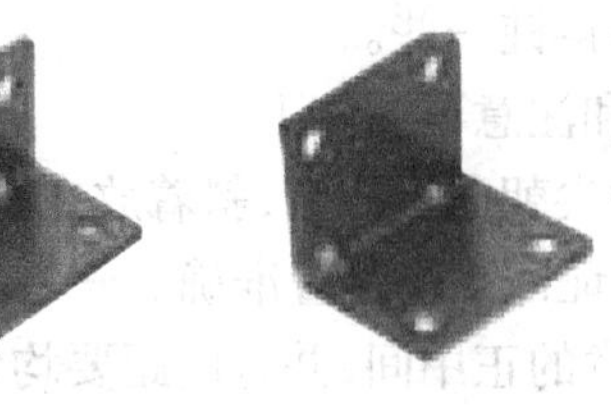

图 2.14　角铁

4)方箱

带有方孔的立方体或长方体的方箱如图 2.15 所示,它是由铸铁制成。较小或较薄的工件可被夹持在方箱孔中,翻转方箱就可一次划出全部互相垂直的线。

为便于夹持不同形状的工件,可采用附有夹持装置、带 V 形槽的特殊方箱。

5)千斤顶

千斤顶是用来支持毛坯或不规则工件进行划线的工具,如图 2.16 所示。它可较方便地调整工件各处的高度。

图 2.15　方箱

图 2.16　千斤顶

常用的螺旋千斤顶由螺杆、螺母、底座、锁紧螺母等组成,旋转螺母就能调节千斤顶螺杆的高度,锁紧螺母就能固定螺杆的位置。千斤顶的顶端一般制成带球顶的锥形,使支承既可靠又灵活。若要支承柱形工件或较重工件,可将顶部制成 V 形架。

使用千斤顶时应注意以下两点:

①千斤顶底部要擦净,工件要平稳放置。调节螺杆高低时,防止千斤顶产生移动,以防工件滑倒。

②一般工件用 3 个千斤顶支承,并且 3 个支承点要尽量远离工件重心。在工件较重部分

用两个千斤顶，另一个千斤顶支承在较轻的部位。

活动3　划线前的准备工作

划线前，首先要看懂图样和工艺文件，明确划线的任务，其次是检查工件的形状和尺寸是否符合图样要求，然后选择划线工具，最后对划线部位进行清理和涂色等。

（1）工件的清理

工件的清理就是除去工件表面的氧化层、毛边、毛刺、残留污垢等，为涂色和划线作准备。

（2）工件的涂色

工件的涂色是在工件需划线的表面涂上一层涂料，使划出的线条更清晰。常用的涂料有石灰水、蓝油等。

石灰水用于铸件和锻件毛坯。为增加吸附力，可在石灰水中加适量牛皮胶水，划线后白底黑线，很清晰。

蓝油是由2%～4%龙胆紫、3%～5%虫胶漆和91%～95%酒精配制而成。蓝油常涂于已加工表面，划线后蓝底白线，效果较好。涂色时，涂层要涂得薄而均匀。太厚的涂层反而容易脱落。

（3）在工件的孔中装中心塞块

当在有孔的工件上划圆或等分圆周时，为了在求圆心和划线时能固定划规的一脚，须在孔中塞入塞块。常用的塞块有铅条、木块或可调塞块。铅条用于较小的孔，木块和可调塞块用于较大的孔。

活动4　基本线条的划法

（1）平行线的划法

1）用钢直尺或钢直尺与划规配合划平行线

划已知直线的平行线时，用钢直尺或划规按两线距离在不同两处的同侧划一短直线或弧线，再用钢直尺将两直线相连，或作两弧线的切线，即得平行线，如图2.17所示。

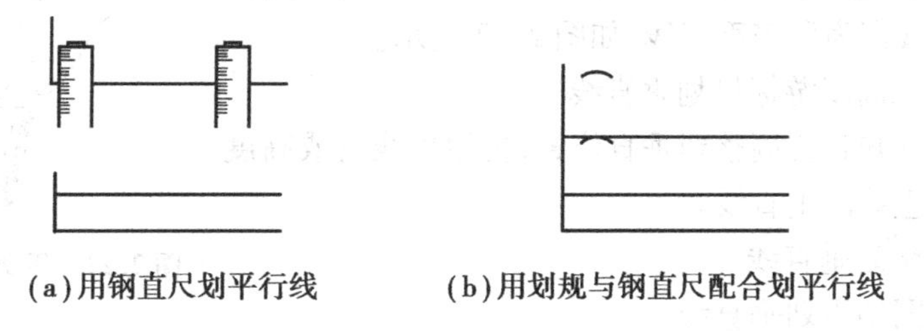

（a）用钢直尺划平行线　　（b）用划规与钢直尺配合划平行线

图2.17　划平行线

2）用单脚规划平行线

用单脚规的一脚靠住工件已知直边，在工件直边的两端以相同距离用另一脚各划一短线，再用钢直尺连接两短线即成，如图2.18所示。

3）用钢直尺与90°角尺配合划平行线

如图2.19所示，用钢直尺与90°角尺配合划平行线时，为防止钢直尺松动，常用夹头夹住钢直尺。当钢直尺与工件表面能较好地贴合时，可不用夹头。

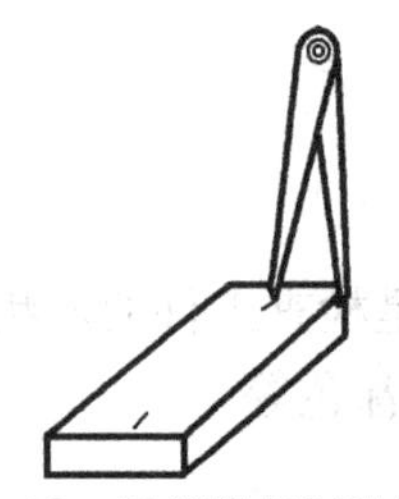

图 2.18　用单脚规划平行线

图 2.19　用钢直尺与 90°角尺配合划平行线

4)用划线盘或高度游标尺划平行线

若工件可垂直放在划线平台上,可用划线盘或高度游标尺度量尺寸后,沿平台移动,划出平行线,如图 2.20、图 2.21 所示。

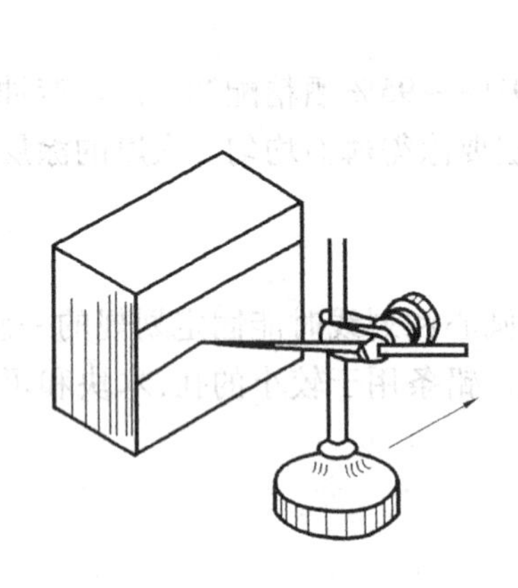

图 2.20　用划线盘划平行线

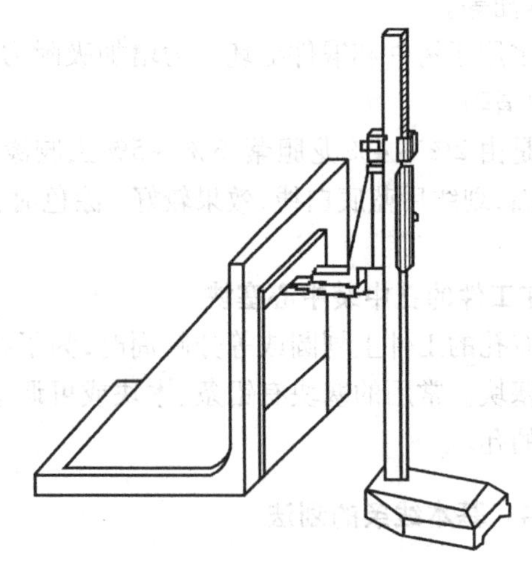

图 2.21　用高度游标尺划平行线

(2)垂直线的划法

1)用 90°角尺划垂直线

将 90°角尺的一边对准或紧靠工件已知边,划针沿尺的另一边垂直划出的线即为所需垂直线,如图 2.22 所示。

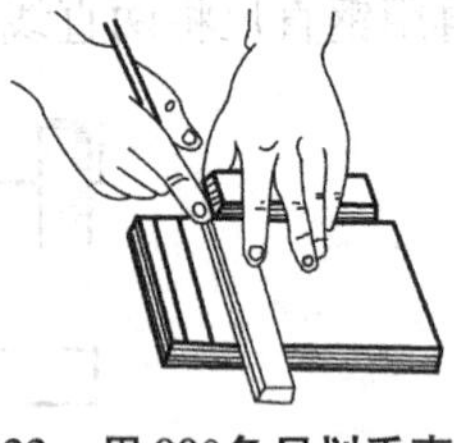

2)用划线盘或高度游标尺划垂直线

先将工件和已知直线调整到垂直位置,再用划线盘或高度游标尺划出已知直线的垂直线。

3)几何作图法划垂直线

根据几何作图知识划垂直线。

图 2.22　用 90°角尺划垂直线

(3)圆弧形划法

划圆弧线前要先划中心线,确定中心点,在中心点打样冲眼,然后用划规以一定的半径划圆弧。

划圆弧前,求圆心的方法有以下两种:

1)用单脚规求圆心

将单脚规两脚尖的距离调到大于或等于圆的半径,如图 2.23(a)所示;然后把划规的一只脚靠在工件侧面,用左手大拇指按住,划规另一脚在圆心附近划一小段圆弧。划出一段圆弧后再转动工件,每转 1/4 周就依次划出一段圆弧,如图 2.23(b)所示;当划出第四段后,就可在4段弧的包围圈内由目测确定圆心位置,如图2.23(c)所示。

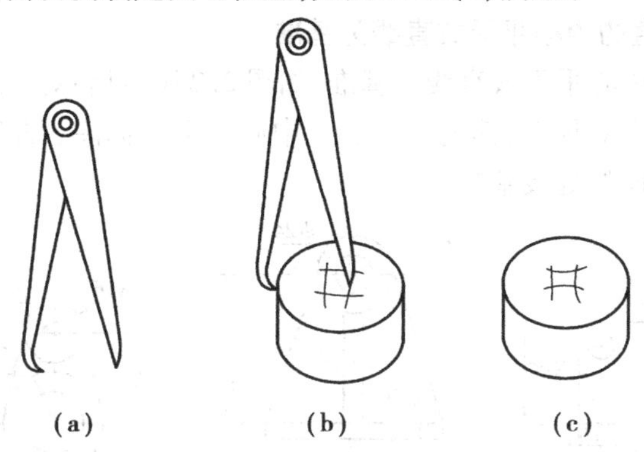

图2.23 用单脚规求圆心

2)用划线盘求圆心

把工件放在V形架上,如图2.24所示。将划针尖调到略高或略低于工件圆心的高度。左手按住工件,右手移动划线盘,使划针在工件端面上划出一短线。再依次转动工件,每转过1/4周,便划一短线,共划出4根短线,再在这个"#"形线内目测出圆心位置。

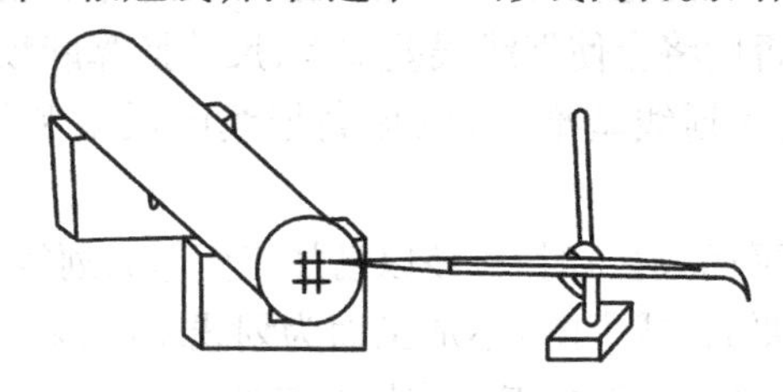

图2.24 用划线盘求圆心

在掌握了以上划线的基本方法及划线工具的使用方法后,结合几何作图知识,可以划出各种平面图形,如划圆的内接或外切正多边形、圆弧连接等。

活动5 划线基准的确定

基准是用来确定生产对象上各几何要素间的尺寸大小和位置关系所依据的一些点、线、面。在设计图样上采用的基准为设计基准。在工件划线时所选用的基准称为划线基准。基准的确定要综合考虑工件的整个加工过程及各工序间所使用的检测手段。划线作为加工中的第一道工序,在选用划线基准时,应尽可能使划线基准与设计基准一致,这样可避免相应的尺寸换算,减少加工过程中的基准不重合误差。

平面划线时,通常要选择两个相互垂直的划线基准,而立体划线时,通常要确定3个相互垂直的划线基准。划线基准一般有以下3种类型:

(1)以两个相互垂直的平面或直线为基准

以两个相互垂直的平面或直线为基准,如图2.25(a)所示。该零件有相互垂直两个方向的尺寸。可以看出,每一方向的尺寸大多是依据它们的外缘线确定的(个别的尺寸除外)。此时,就可把这两条边线分别确定为这两个方向的划线基准。

(2)以一个平面或直线和一个对称平面或直线为基准

以一个平面或直线和一个对称平面或直线为基准,如图2.25(b)所示。该零件高度方向的尺寸是以底面为依据而确定的,底面就可作为高度方向的划线基准;宽度方向的尺寸对称于中心线，故中心线就可作为宽度方向的划线基准。

(3)以两个互相垂直的中心平面或直线为基准

以两个互相垂直的中心平面或直线为基准，如图2.25(c)所示。该零件两个方向的许多尺寸分别与其中心线具有对称性，其他尺寸也从中心线起始标注。此时，就可把这两条中心线分别确定为这两个方向的划线基准。

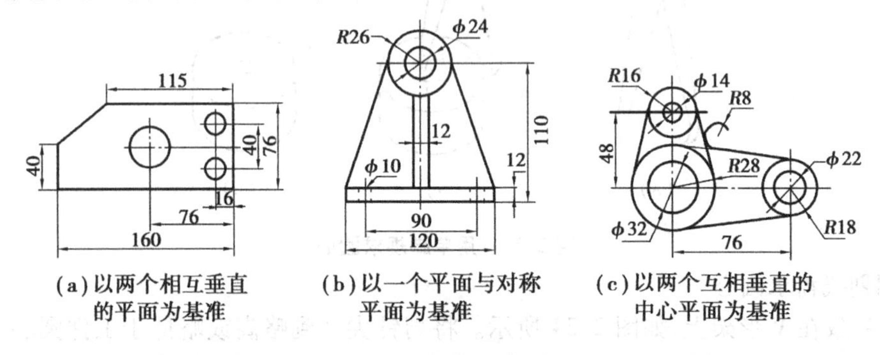

(a)以两个相互垂直的平面为基准　(b)以一个平面与对称平面为基准　(c)以两个互相垂直的中心平面为基准

图2.25　平面基准的确定

一个工件有很多线条要划，究竟从哪一根线开始，常要遵守从基准开始的原则，即要使得设计基准与划线基准重合；否则将会使划线误差增大，尺寸换算麻烦，有时甚至使划线产生困难，工作效率降低。正确选择划线基准，可以提高划线的质量和效率，并相应提高毛坯合格率。

当工件上有已加工面(平面或孔)时，应该以已加工面作为划线基准。若毛坯上没有已加工面，首次划线应选择最主要的(或大的)不加工面为划线基准(称为粗基准)，但该基准只能使用一次，在下一次划线时，必须用已加工面作划线基准。

活动6　划线的找正与借料

(1)找正

找正就是用划线盘、90°角尺等划线工具，通过调节支承工具，使工具的有关表面处于合适的位置，将此表面作为划线时的依据。如图2.26所示的轴承座，由于其底板的厚度不均，底板上表面A为不加工面；所以，以表面A为依据，划出下底面加工线，使底板上、下两面基本保持平行。

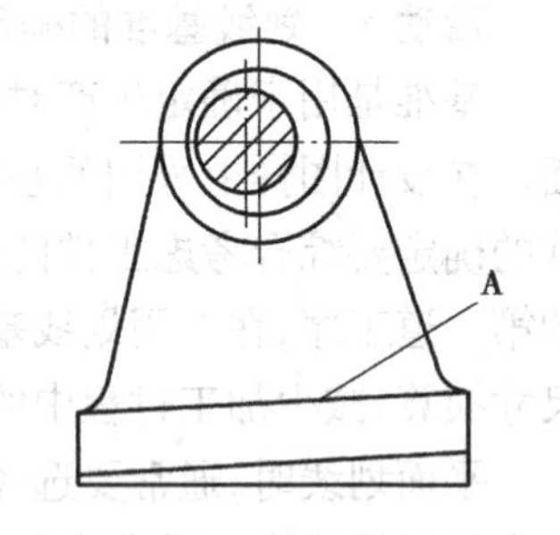

图2.26　毛坯件划线时的找正

找正的要求和方法如下：

①毛坯上有不加工表面时，应按不加工面找正后再划线，使待加工表面与不加工表面各处尺寸均匀。

②工件上若有几个不加工表面时，应选重要的或较大的不加工表面作为找正的依据，使误差集中到次要的或不显眼的部位。

③若没有不加工表面时，可以将待加工的孔毛坯和凸台外形作为找正依据。

(2)借料

当毛坯工件存在尺寸和形状误差或缺陷，使某些待加工面的加工余量不足，用找正的方法也不能补救时，就可通过试划和调整，重新分配各个待加工面的加工余量，使各个待加工面都能顺利加工，这种补救性的划线方法称为借料。

如图2.27(a)所示的圆环,如果毛坯精度高,内孔与外圆柱面无偏心,则可直接按图样划线,不需借料,如图2.27(b)所示。

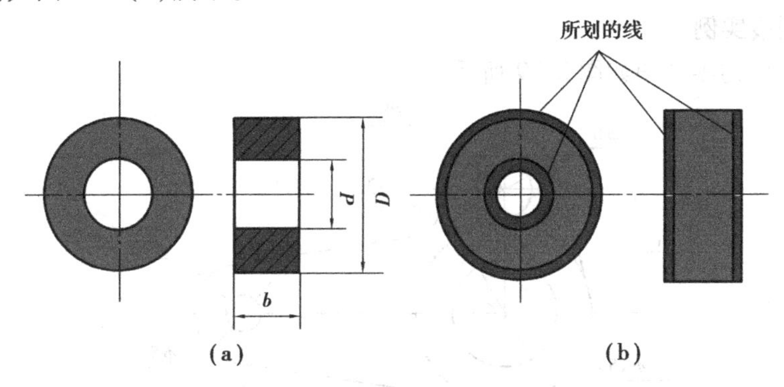

图2.27 圆环图样及其划线

划线对于待借料的工件,首先要详细测量,根据工件各加工面的加工余量判断能否借料。若能借料,再确定借料的方向及大小,然后从基准开始逐一划线。若发现某一加工面余量不足,则再次借料,重新划线,直到各加工面都有允许的最小加工余量为止。

如图2.28所示,若不顾及内孔而先划外圆,则再划内孔时加工余量就不够,如图2.28(a)所示。相反,如果不顾及外圆而先划内孔,则同样会使划外圆时加工余量不够,如图2.28(b)所示。通过适当借料后,发现内、外圆可以兼顾,如图2.28(c)所示。

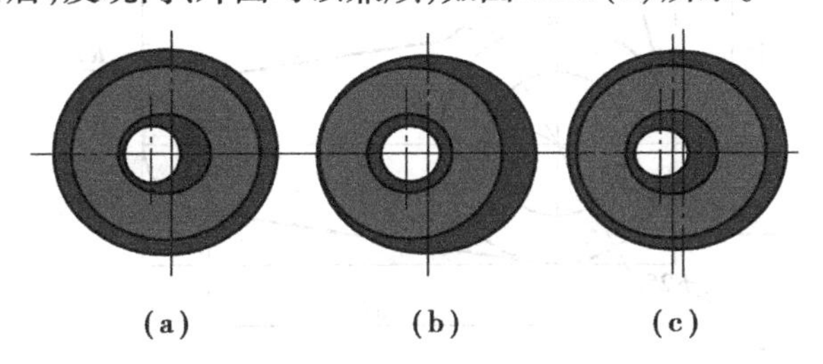

图2.28 圆环借料

活动7 平面划线实训

(1)平面划线的步骤

①看清图纸,了解工件上需要划线的部位,明确工件及划线有关部分的作用和要求,了解有关的加工工艺,确定平面划线的基准。

②初步检查毛坯的外观质量和尺寸是否满足划线要求。

③正确安放工件并选择好划线基准。

④划线,以选择好的划线基准为基准,先划出水平线,再划垂直线、斜线,最后划圆及圆弧和曲线。

⑤对照图纸或实物,详细检查划线的准确性以及是否有线条漏划。

⑥检查无误,在线条上及孔中心冲眼。

(2)几种基本线条的划法简介

①平行线。参考活动4中平行线的划法。

②垂直线。参考活动4中垂直线的划法。

③圆弧与直线相切。参照《机械制图》中的“几何作图”。

④圆弧与圆弧连接。参照《机械制图》中的“几何作图”。

(3)平面划线实例

例 2.1　工件的零件图如图 2.29 所示。

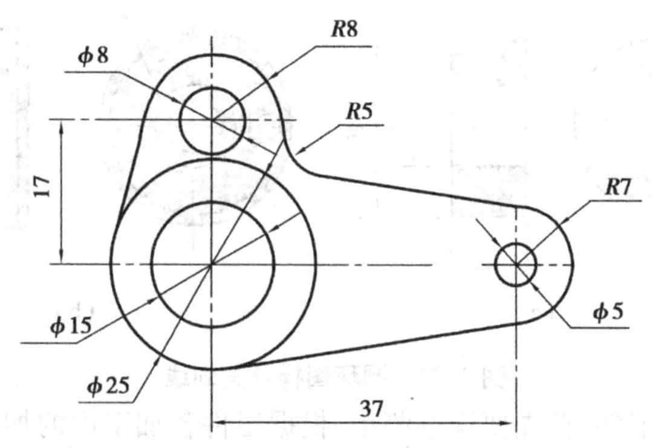

图 2.29　零件图

在一块矩形的钢材板料上进行平面划线。划好后如图 2.30 所示。

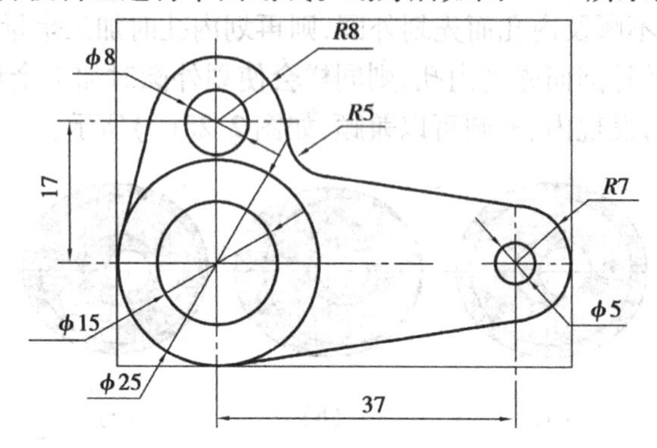

图 2.30　划线后毛坯图

(4)平面划线实训步骤

图 2.30 的平面划线实训步骤如下:

①选毛坯左侧和下侧边缘为基准,距毛坯左侧和下侧各 12.5 mm 划两条相互垂直对称中心线,即先划直径为 25 mm 圆的对称中心线。

②分别距上述中心线 37 mm 及 17 mm 处各划出一根直线。

③在得出的 3 个交点上打上样冲眼作为圆心。分别划出 R7,R8 和 ϕ25 这 3 个圆弧,并划 ϕ8,ϕ5 及 ϕ15 这 3 个圆。

④连接 4 根切线。

⑤检查所划线的正确性,然后沿轮廓线按要求打上样冲眼。

(5)划线实训中的注意事项

划线实训中的注意事项如下:

①熟悉图样,明确划线要求。

②注意划线工具的正确使用及划线的动作要领。

③保证尺寸准确,线条清晰、精细均匀、冲眼轻重适宜、距离均匀。

④划线工具合理安放，并且要整齐、稳妥、拿用方便。
⑤划线后，必须作一次仔细复查校对工作，避免差错。
⑥培养一丝不苟，严谨的工作态度。

活动8 展示与评价

分组进行自评、小组间互评、教师评，在学习活动评价表相应等级的方格内画“√”。

学习活动评价表

学生姓名______ 教师______ 班级______ 学号______

评价项目	自评			组评			师评		
	优秀	合格	不合格	优秀	合格	不合格	优秀	合格	不合格
所划线条的清晰度									
划针的使用情况评价									
划规的使用情况评价									
样冲眼位置是否合理情况的评价									
所划平面图形准确程度的评价									
总评									

任务2.2 立体划线

【知识目标】
★ 了解立体划线的定义及适用场合。
【技能目标】
★ 能准确选择立体划线的基准。
★ 会钳工立体划线。
【态度目标】
★ 培养稳重、不急不躁的工作习惯。

活动1 了解立体划线的定义及适用场合

立体划线是指在工件的不同表面（通常是相互垂直的表面）内划线，如图2.31所示。立体划线时，需要在工件两个以上的表面划线才能明确表示加工界线，如划出长方体各表面的加工线以及机床床身、箱体等表面的加工线都属于立体划线。

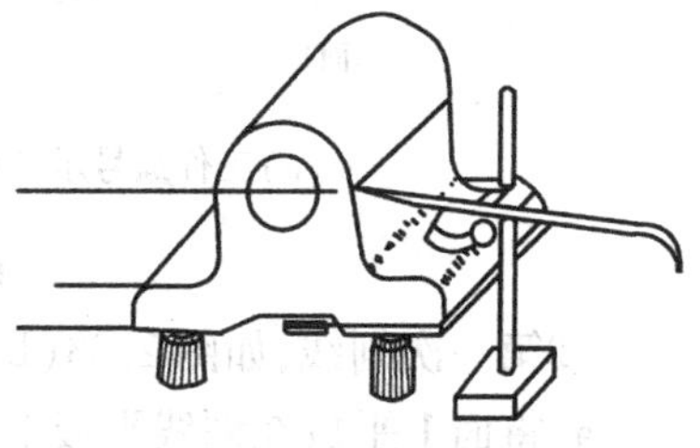

图2.31 立体划线

活动2　立体划线实训——V形架划线

(1)工具、量具、刃具

划针、划规、90°V形架、划线平板、样冲、锤子、钢直尺、高度游标尺。

(2)材料及规格

材料:HT200。

规格:80 mm×51 mm×50 mm长方体形状的实心毛坯。

(3)实训图纸

实训图纸如图2.32所示。

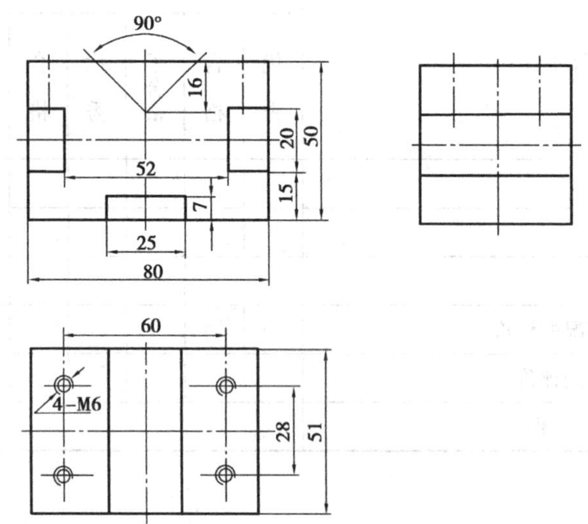

图2.32　V形架零件图

(4)V形架立体划线的步骤

①分析图样所标注尺寸要求、加工部位,进行工件涂色。将工件各个面进行编号,如图2.33(a)所示。

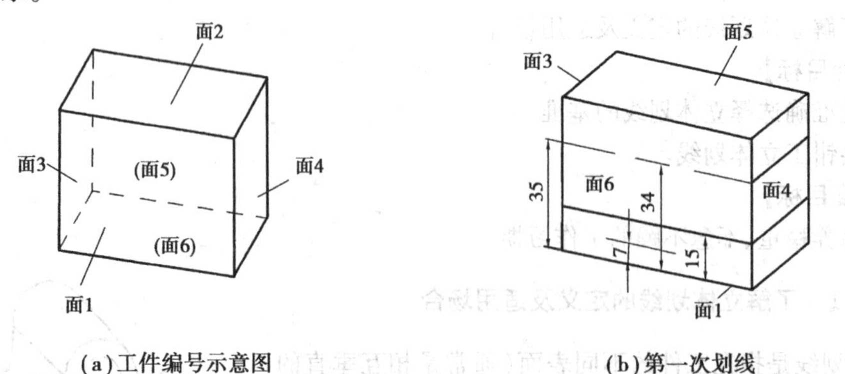

(a)工件编号示意图　(b)第一次划线

图2.33　工件编号及第一次划线

②第一次划线,如图2.33(b)所示。

a.将面1平放在划线平板上,在面5和面6依次划7 mm,34 mm尺寸线。

b.在面3、面4、面5和面6依次划15 mm和35 mm尺寸线。

③第二次划线，划水平线如图2.34(a)所示；划垂直线如图2.34(b)所示。

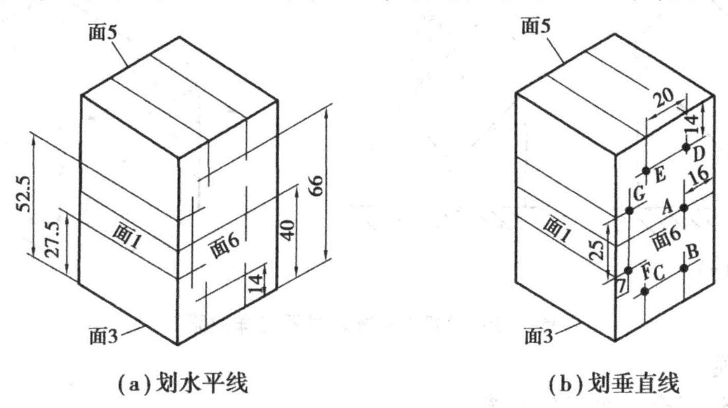

(a)划水平线　　(b)划垂直线

图2.34　划水平线及垂直线

a.将面3平放在平板上，在面6和面5划40 mm尺寸中心线，产生交点A点与A'点完成16 mm尺寸线；再划14 mm，66 mm尺寸线，产生交点B，C，D，E点和B'，C'，D'，E'点，完成两侧20 mm尺寸槽的划线。

b.在面1、面6和面5上划27.5 mm和52.5 mm尺寸线，产生交点F，G点与F'，G'点，完成底槽25 mm×7 mm尺寸线。

④第三次划线。将面3放在平板上，用游标高度尺在面2上依次划10 mm和70 mm尺寸线，如图2.35(a)所示。

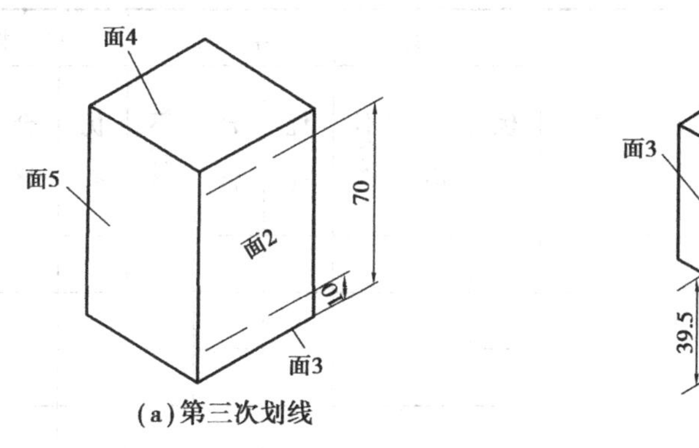

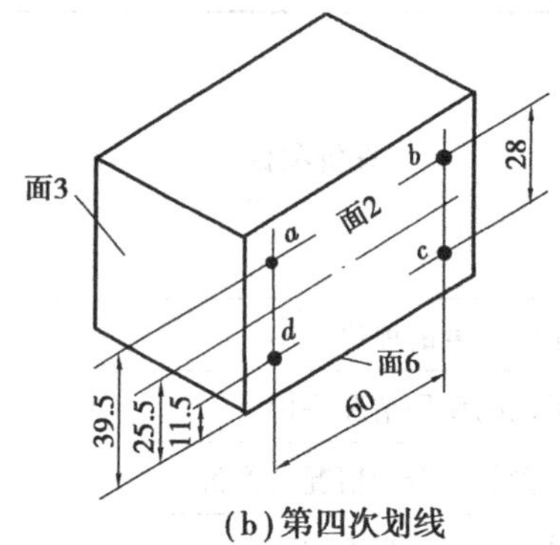

(a)第三次划线　　(b)第四次划线

图2.35　第三次划线及第四次划线

⑤第四次划线。将面6放在平板上，用游标高度尺在面2上依次划11.5 mm，25.5 mm和39.5 mm尺寸线分别相交于a，b，c，d点，完成攻螺纹孔位加工线，如图2.35(b)所示。

⑥90°V形槽划线。

a.如图2.36(a)所示，将工件放入90°V形架的V形槽内，用游标高度尺对准面6上的中心点A，划一条平直线，与中心线成45°角。

b.将工件转90°位置，划第二条平直线，如图2.36(b)所示。

c.在面5上按相同方法划出过A'点的两条平直线，即完成工件V形槽的划线。

⑦复查。对照图样检查已划全部线条，确认无误后，在所划线条上打样冲眼，如图2.36所示最右边的立体示意图。

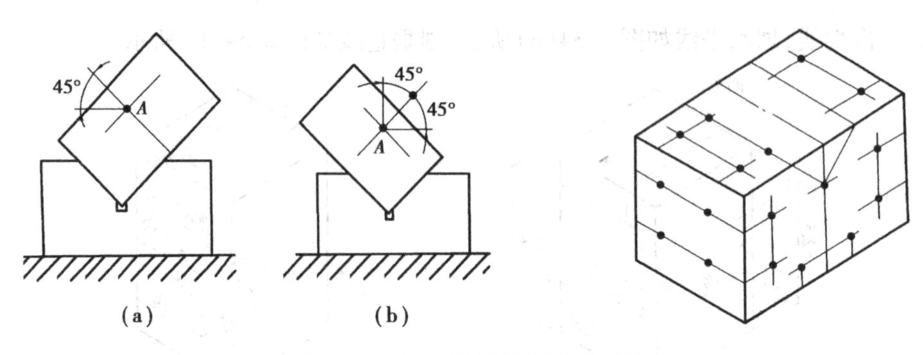

图 2.36　90°V 形槽划线及打样冲眼

(5)注意事项

①工件在划线平台上要平稳放置。

②划线压力要一致,划出线条细而清晰,避免划重线。

③立体划线时,注意工件毛坯 6 个面的空间位置的转换,各个结构的定形、定位尺寸不要弄错。

活动 3　展示与评价

分组进行自评、小组间互评、教师评,在学习活动评价表相应等级的方格内画"√"。

学习活动评价表

学生姓名____________　教师____________　班级____________　学号____________

评价项目	自评			组评			师评		
	优秀	合格	不合格	优秀	合格	不合格	优秀	合格	不合格
所划线条清晰度的评价									
高度游标尺的使用情况评价									
样冲眼位置是否合理情况的评价									
所划立体图形准确程度的评价									
总　评									

练习题

1. 划线的定义是什么?
2. 样冲的使用方法和注意事项有哪些?
3. 什么叫划线基准? 平面划线和立体划线时分别要选几个划线基准?
4. 划线基准一般有哪几种类型?
5. 平面划线的步骤是怎样的?

项目 3
锯 削

用手锯把材料或工件进行分割或切槽等的加工方法称为锯削。本项目主要介绍锯弓的组成及锯条的选用;锯削时锯弓的握法、锯削姿势、锯削力的大小及锯削速度的选择;锯削的废品分析;锯削的安全文明生产。

任务3.1 了解锯削工具

【知识目标】

★ 了解手锯的组成。

★ 知道锯条的规格及适用场合。

【技能目标】

★ 能正确选用锯条。

【态度目标】

★ 培养学生独立思考的习惯。

手锯由锯弓和锯条组成。

活动1 了解锯弓

锯弓的作用是张紧锯条,并且便于双手操持。根据其构造,锯弓可分为固定式和可调节式两种,如图3.1所示。固定式锯弓的弓架是整体的,只能装一种长度规格的锯条。可调节式锯弓的锯架则分为前、后两段。前段套在后段内可伸缩,故能安装几种长度规格的锯条,具有灵活性,因此得到广泛应用。

锯弓的两端各有一个夹头。夹头上的销子插入锯条的安装孔后,可通过旋转翼形螺母来调节锯条的张紧程度。

活动2 了解锯条

锯条是用来直接锯削材料或工件的刃具。锯条一般用渗碳钢冷轧而成,也可用碳素工具

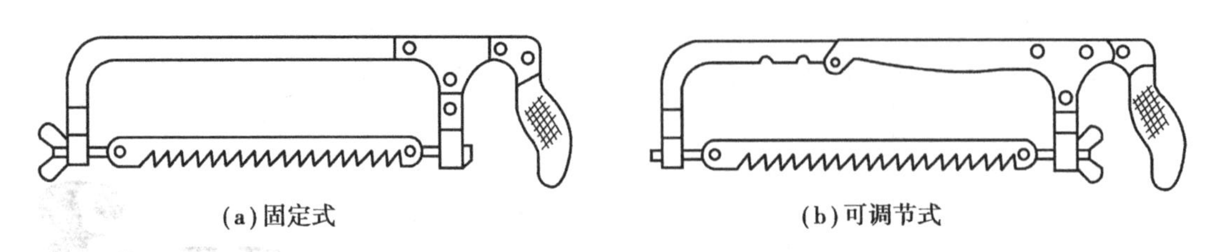

图 3.1　锯弓的构造

钢或合金钢制成,并经热处理淬硬。

(1)锯条的规格

锯条的规格是以两端安装孔的中心距来表示的。钳工常用的锯条规格是 300 mm,其宽度为 10~25 mm,厚度为 0.6~1.25 mm。

(2)锯齿的角度

锯条的切削部分由许多均布的锯齿组成,每一个锯齿如同一把錾子,如图 3.2 所示。常用的锯条后角 $\alpha_0=40°$,楔角 $\beta_0=50°$,前角 $\gamma_0=0°$,制成这一后角和楔角的目的,是为使切削部分具有足够的容屑空间和使锯齿具有一定的强度,以便获得较高的工作效率。

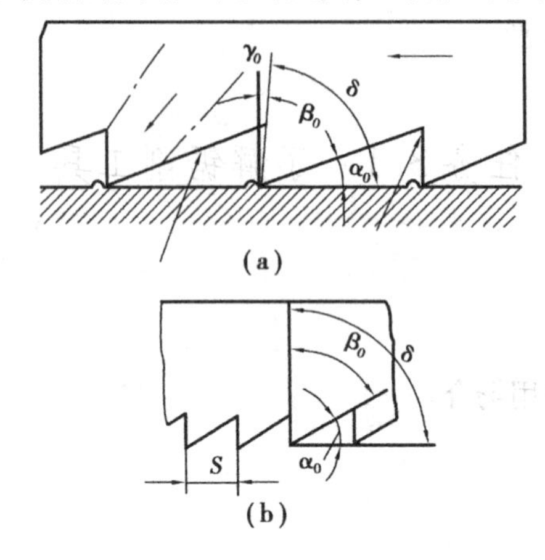

图 3.2　锯齿的切削角度

(3)锯路

在制锯条时,全部锯齿按一定规则左右错开,排成一定的形状,称为锯路。锯路有交叉形和波浪形等,如图 3.3 所示。

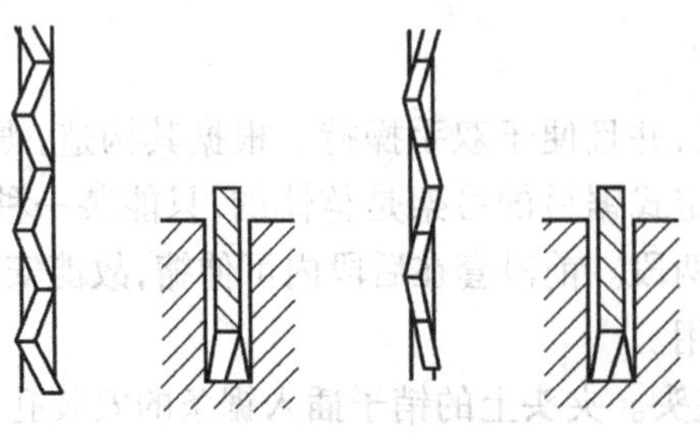

图 3.3　锯齿的排列

锯路的形成,使锯缝宽度大于锯条背的厚度,让锯条在锯削时不会被锯缝夹住,以减少锯条与锯缝间的摩擦,便于排屑;还可以减少锯条的发热与磨损以延长锯条的使用寿命,并提高锯削效率。

(4)锯齿粗细及其选择

锯齿的粗细用每25 mm长度内齿的个数来表示，常用的有14,18,24和32等。显然，齿数越多，锯齿就越细。

锯齿粗细的选择应根据材料的硬度和厚度来确定，以使锯削工作既省力又经济。

①粗齿锯条适用于锯软材料和较大表面及厚材料。因为在这种情况下，每一次推锯都会产生较多的切屑，要求锯条有较大的容屑槽，以防产生堵塞现象。

②细齿锯条适用于锯硬材料及管子或薄材料。对于硬材料，一方面由于锯齿不易切入材料，切屑少，不需大的容屑空间；另一方面，由于细齿锯条的锯齿较密，能使更多的齿同时参与锯削，使每齿的锯削量小，容易实现切削。对于薄板或管子，主要是为防止锯齿被勾住，甚至使锯条折断。

任务3.2　锯削技能训练

【知识目标】

★ 了解锯削的方法。

【技能目标】

★ 能选用准确的方法锯削工件。

【态度目标】

★ 培养学生具有团结协作的精神。

活动1　安装锯条

(1)锯条的安装方向

由于手锯是在向前推进时进行切削，而向后返回时不起切削作用，因此，在锯弓中安装锯条时具有方向性。安装时要使齿尖的方向朝前，此时前角为零，如图3.4(a)所示。如果装反了，则前角为负值，不能正常锯削，如图3.4(b)所示。

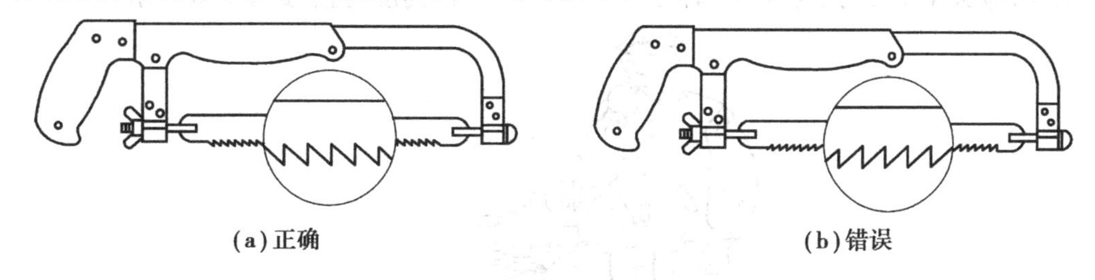

(a)正确　　(b)错误

图3.4　锯条安装

(2)锯条的松紧

将锯条安装在锯弓中，通过调节翼形螺母可调整锯条的松紧程度。锯条的松紧程度要适当。锯条张得太紧，会使锯条受张力太大，失去应有的弹性，以至于在工作时稍有卡阻，受弯曲时就易折断。而如果装得太松，又会使锯条在工作时易扭曲摆动，同样容易折断，并且锯缝易发生歪斜。调节好的锯条应与锯弓在同一中心平面内，以保证锯缝正直，防止锯条折断。

(3)手锯的握法

手锯握法为右手满握锯柄,左手轻扶在锯弓前端,如图3.5所示。

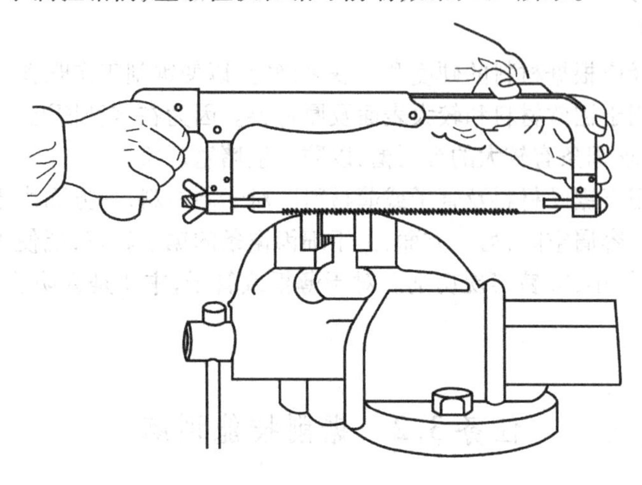

图3.5 手锯的握法

活动2 夹持工件

工件一般被夹持在台虎钳的左侧,以方便操作。工件的伸出端应尽量短,工件的锯削线应尽量靠近钳口,从而防止工件在锯削过程中产生振动。

工件要牢固地夹持在台虎钳上,防止锯削时工件移动而致使锯条折断。但对于薄壁、管子及已加工表面,要防止夹持太紧而使工件或表面变形。

活动3 掌握锯削姿势、锯弓运动形式、起锯方法

(1)锯削姿势

①正确的锯削姿势能减轻疲劳,提高工作效率。握锯时,要自然舒展,右手握手柄,左手轻扶锯弓前端。锯削时,站立的位置应与錾削相似。夹持工件的台虎钳高度要适合锯削时的用力需要,即从操作者的下颚到钳口的距离以一拳一肘的高度为宜,如图3.6所示。

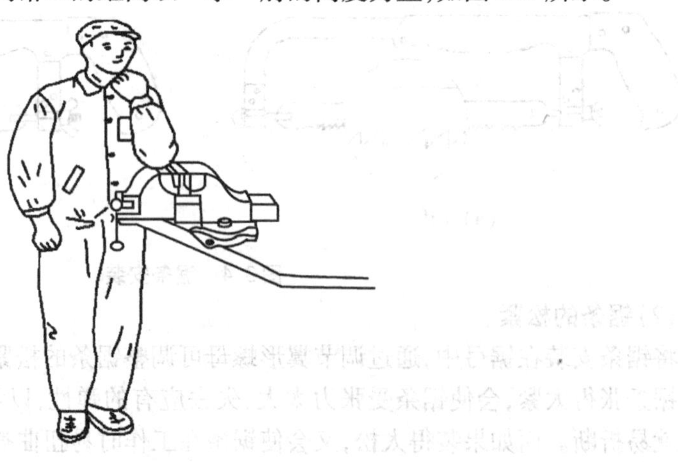

图3.6 台虎钳的高低

②锯削时右腿伸直，右腿与锯弓轴线呈75°；左腿弯曲，左腿与锯弓轴线呈30°；身体向前倾斜，身体与台虎钳钳口的水平横向呈45°；重心落在左脚上，两脚站稳不动，靠左膝的屈伸使身体作往复摆动；左手轻扶在锯弓前端，右手满握锯柄；在锯削的整个过程中，右手与锯弓始终保持在一条直线上，如图3.7所示。

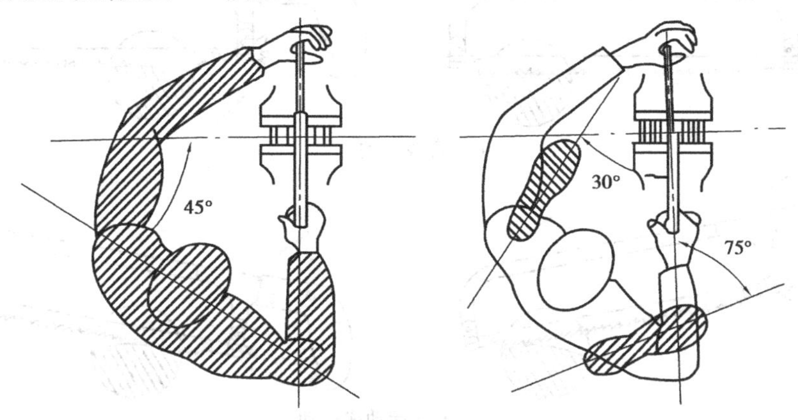

图3.7 锯削时身体的体位

③起锯时，身体稍向前倾，与竖直方向的角度约为10°，此时右肘尽量向后收，如图3.8(a)所示；随着推锯的行程增大，身体逐渐向前倾斜，达到15°左右，如图3.8(b)所示；行程达2/3时，身体倾斜约18°，左、右臂均向前伸出，如图3.8(c)所示；当锯削最后1/3行程时，用手腕推进锯弓，身体随着锯的反作用力退回到15°位置，如图3.8(d)所示；锯削行程结束后，取消压力将手和身体都退回到最初位置。

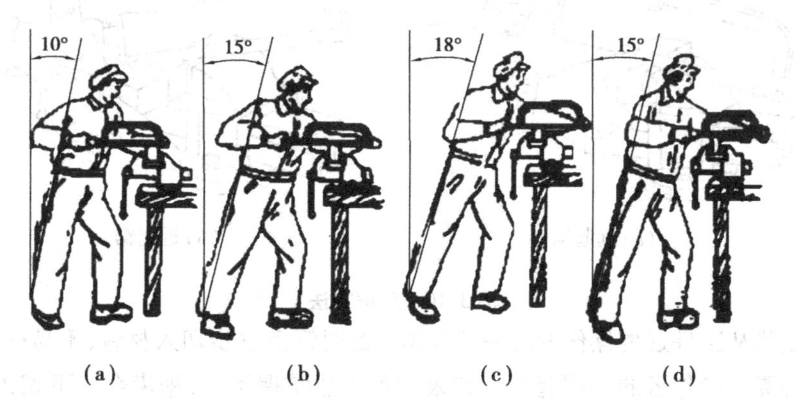

图3.8 锯削操作姿势

④锯削速度以20～40次/min为宜。速度过快，易使锯条发热，磨损加重；速度过慢，又直接影响锯削效率。一般锯削软材料可快些，锯削硬材料可慢些。必要时，可用切削液对锯条冷却润滑。

⑤锯削时，不要仅使用锯条的中间部分，而应尽量在全长度范围内使用。为避免局部磨损，一般应使锯条的行程不小于锯条长的2/3，以延长锯条的使用寿命。

(2)锯弓运动形式

锯削时的锯弓运动形式有两种：一种是直线运动，适用于锯薄形工件和直槽；另一种是摆动,即在前进时,右手下压而左手上提,操作自然省力。锯断材料时,一般采用摆动式运动。锯弓前进时,一般要加不大的压力,而后拉时不加压力,如图 3.9 所示。

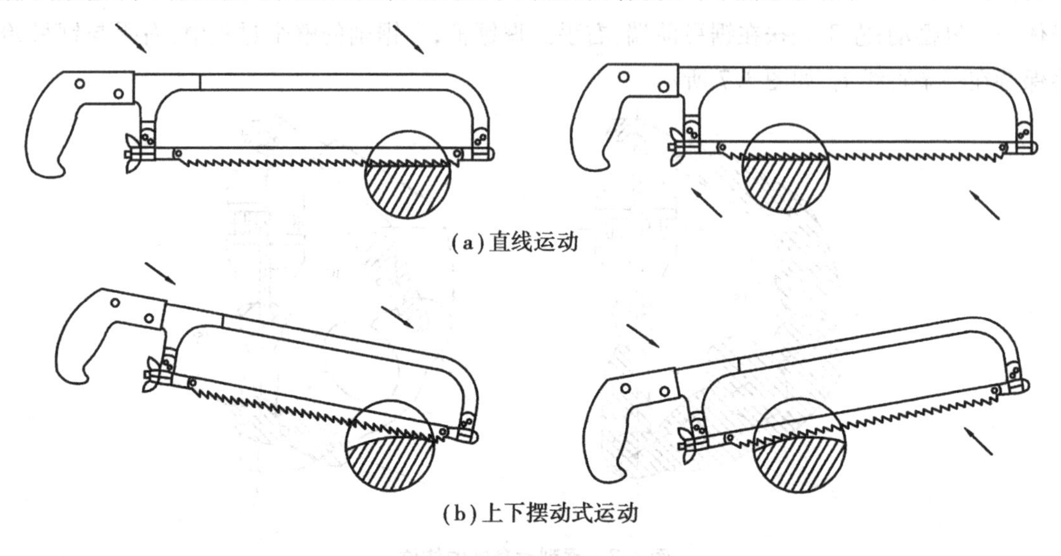

图 3.9 锯弓运动形式

(3)起锯方法

起锯是锯削工作的开始。起锯质量的好坏直接影响锯削质量。起锯分远起锯(见图 3.10(a))和近起锯(见图 3.10(b))两种。

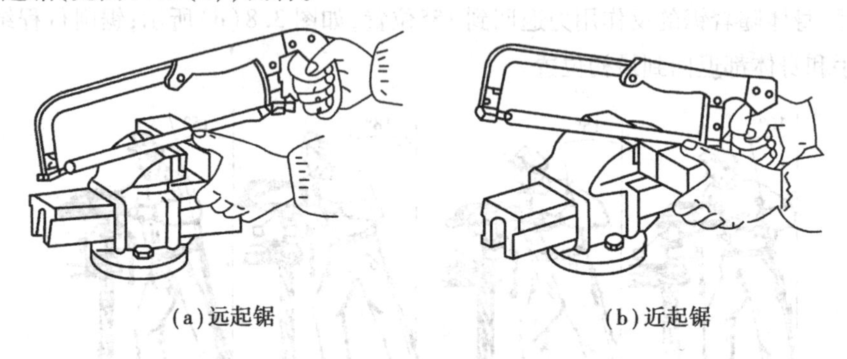

图 3.10 起锯方法

远起锯是指从工件远离操作者的一端起锯。此时锯条逐步切入材料,不易被卡住。近起锯是指从工件靠近操作者的一端起锯。如果这种方法掌握不好,锯齿会一下切入较深,而易被棱边卡住,使锯条崩裂。因此,一般应采用远起锯的方法。

无论用哪一种起锯方法,起锯角度 α 都要小些,一般不大于 15°,如图 3.11(a)所示。如果起锯角 α 太小,会由于同时与工件接触的齿数多而不易切入材料,锯条还可能打滑,使锯缝发生偏离,工件表面被拉出多道锯痕而影响表面质量,如图 3.11(b)所示。起锯角太大,锯齿易被工件的棱边卡住,如图 3.11(c)所示。

为了使起锯平稳,位置准确,可用左手大拇指确定锯条位置,如图 3.12 所示。起锯时要压力小,行程短。

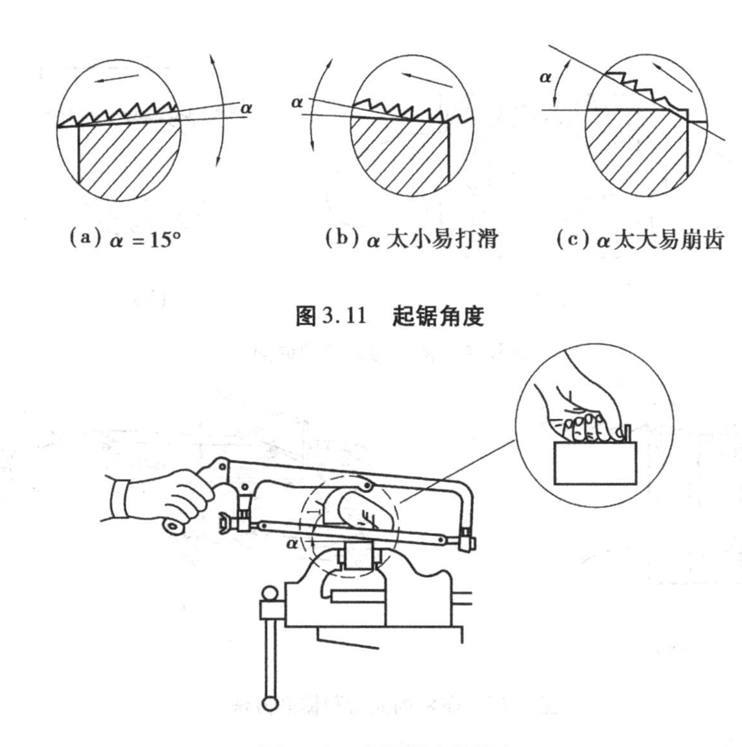

(a) $\alpha=15^\circ$ (b) α 太小易打滑 (c) α 太大易崩齿

图 3.11 起锯角度

图 3.12 大拇指定位锯条

活动 4 工件的锯削方法

(1)各种工件的锯削方法

1)棒料的锯削方法

锯削棒料时,如果要求锯出的断面比较平整,则应从一个方向起锯直到结束,称为一次起锯。若对断面的要求不高,为减小切削阻力和摩擦力,可以在锯入一定深度后再将棒料转过一定角度重新起锯。如此反复几次从不同方向锯削,最后锯断,称为多次起锯,如图 3.13 所示。显然多次起锯较省力。

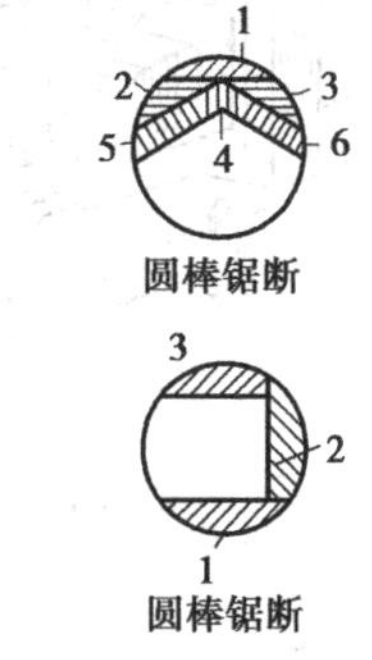

图 3.13 棒料的锯削

2)管子的锯削

若锯薄管子,应使用两块木制 V 形或弧形槽垫块夹持,以防夹扁管子或夹坏表面,如图 3.14(a)所示。锯削时不能仅从一个方向锯起,否则管壁易勾住锯齿而使锯条折断。正确的锯法是:每个方向只锯到管子的内壁处,然后把管子转过一角度再起锯,并且仍锯到内壁处,如此逐次进行直至锯断。在转动管子时,应使已锯部分向推锯方向转动,否则锯齿也会被管壁勾住,如图 3.14(b)所示。

3)薄板料的锯削

锯削薄板料时,可将薄板夹在两木垫或金属垫之间,连同木垫或金属垫一起锯削,这样既可避免锯齿被勾住,又可增加薄板的刚性,如图 3.15(a)所示。另外,若将薄板料夹在台虎钳上,用手锯作横向斜推,就能使同时参与锯削的齿数增加,避免锯齿被勾住,同时能增加工件的刚性,如图 3.15(b)所示。

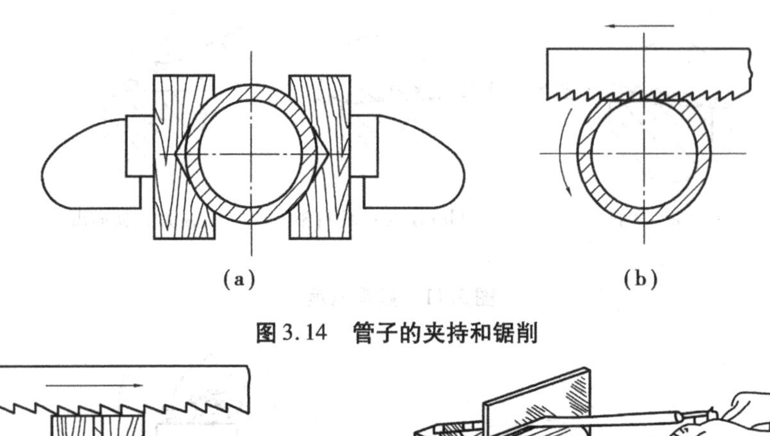

图 3.14　管子的夹持和锯削

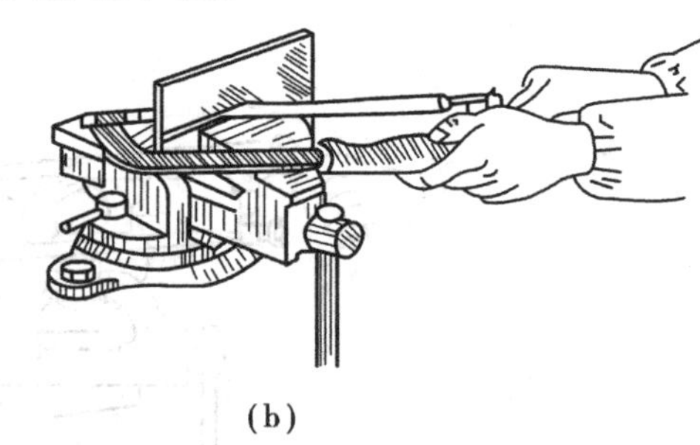

图 3.15　薄板的夹持和锯削方法

4)深缝的锯削

当锯缝的深度超过锯弓高度时,称这种缝为深缝。在锯弓快要碰到工件时(见图 3.16(a)),应将锯条拆出并转过90°重新安装,如图 3.16(b)所示;或把锯条的锯齿朝着锯弓背进行锯削,如图 3.16(c)所示,使锯弓背不与工件相碰。

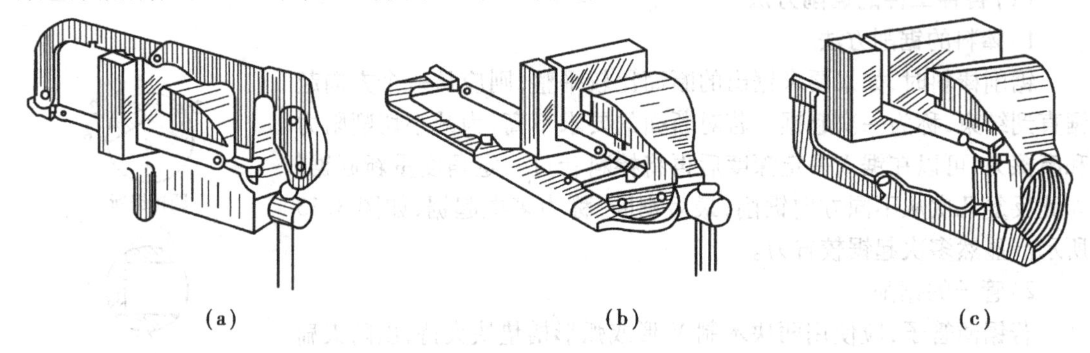

图 3.16　深缝的锯削

(2)注意事项

①锯削时锯条安装松紧要适度,以免锯条折断崩出伤人。

②锯削时双手压力要合适,不要突然加大压力,防止工件棱边勾住锯齿而使锯条崩裂。

③锯削面不允许修整。

④锯削练习时,必须注意工件的夹持及锯条的安装是否正确。要注意起锯方法和起锯角度的正确,以免一开始锯削就造成废品或锯条损坏。

⑤初学锯削时,对锯削速度不易掌握,往往推出速度过快,这样容易使锯条很快磨钝。同时,也会出现摆动不自然或摆动幅度过大等错误姿势,应注意及时纠正。

⑥要经常注意锯缝的平直情况,一发现锯缝不平直就要及时纠正,否则不能保证锯割的

质量。

⑦在锯削钢件时，可加些机油，这样既减少锯条与锯割面的摩擦，也可起到冷却锯条、提高锯条使用寿命的作用。

⑧锯削完毕，应将锯弓上的张紧螺母适当放松，但不要拆下锯条，防止锯弓上的零件失散，并将其妥善放好。

⑨划线时要注意锯条宽度对尺寸的影响，尤其当尺寸公差较小时，特别需要注意。

活动5　废品分析和安全文明生产

(1)锯条损坏的原因

锯条损坏的形式有锯齿崩断、锯条折断和锯齿过早磨损等。主要原因及预防措施见表3.1。

表3.1　锯条损坏的形式、原因及应采取的措施

锯条损坏形式	原　因	措　施
锯齿崩断	1.锯齿的粗细选择不当 2.起锯方法不正确 3.突然碰到砂眼、杂质或突然加大压力 4.锯齿崩裂时强行锯削	1.根据工件材料的硬度选择锯条的粗细；锯薄板或薄壁管时，选细齿锯条 2.起锯角要小，远起锯时用力要小 3.碰到砂眼、杂质时，用力要减小；锯削时避免突然加压 4.发现锯齿崩裂时，立即在砂轮上小心将其磨掉且对后面相邻的2~3个齿高作过渡处理，避免齿的尺寸突然变化
锯条折断	1.锯条安装不当 2.工件装夹不正确 3.强行借正歪斜的锯缝 4.用力太大或突然加压力 5.新换锯条在旧缝中受卡后被拉断	1.锯条松紧要适当 2.工件装夹要牢固，伸出端尽量短 3.锯缝歪斜后，将工件调向再锯，不可调向时，要逐步借正 4.用力要适当 5.新换锯条后，要将工件调向锯削，若不能调向，要较轻较慢地过渡，待锯缝变宽后再正常锯削
锯齿过早磨损	1.锯削速度太快 2.锯削硬材料时未进行冷却、润滑	1.锯削速度要适当 2.锯削钢件时应加机油，锯铸件加柴油，锯其他金属材料可加切削液

(2)锯削时产生废品的形式、主要原因及预防措施

锯削时产生废品的形式主要有尺寸锯得过小、锯缝歪斜过多、起锯时把工件表面锯坏等。产生废品的原因及预防措施见表3.2。

表3.2 锯削时产生废品的形式、原因及预防措施

废品形式	主要原因	预防措施
锯缝歪斜	1. 锯条装得过松 2. 目测不及时 3. 锯弓歪斜	1. 适当绷紧锯条 2. 安装工件时使锯缝的划线与钳口外侧平行，锯削过程中经常目测 3. 扶正锯弓，按线锯削
尺寸过小	1. 划线不正确 2. 锯削线偏离划线	1. 按图样正确划线 2. 起锯和锯削过程中始终使锯缝与划线重合
起锯时工件表面被拉毛	起锯方法不对	1. 起锯时左手大拇指要挡好锯条，起锯角度要适当 2. 待有一定的起锯深度后再正常锯削以避免锯条弹出

活动6　展示与评价

分组进行自评、小组间互评、教师评，在学习活动评价表相应等级的方格内画“√”。

学习活动评价表

学生姓名__________ 教师__________ 班级__________ 学号__________

评价项目	自评			组评			师评		
	优秀	合格	不合格	优秀	合格	不合格	优秀	合格	不合格
安装锯条									
夹持工件									
起锯方法									
锯削姿势									
工件的锯削方法的运用情况									
总　评									

练习题

1. 锯条的规格是指什么？钳工常用哪种规格的锯条？
2. 什么是锯条的锯路？它的作用是什么？
3. 锯齿的粗细是怎样表示的？常用的是哪几种？
4. 选择锯齿的粗细主要应考虑哪几个因素？为什么？
5. 安装锯条时应注意哪些问题？
6. 起锯角一般不应大于多少度？为什么？

项目 4 锉 削

用锉刀对工件表面切削加工，使其尺寸、形状、位置及表面粗糙度等都达到要求，这种加工方法称为锉削。锉削的精度可达0.01 mm，表面粗糙度可达R_a0.8 μm。在现代工业生产条件下，仍有某些工件的加工，需要用手工锉削来完成，例如，装配过程中对个别工件的修整、修理，小批量生产条件下某些复杂形状的工件加工，以及样板、模具的加工等，因此，锉削仍是钳工的一项重要的基本操作。本项目主要介绍锉刀的组成、种类、规格及选用；锉削时锉刀的握法、锉削姿势、锉削力的大小、锉削速度的选择；锉削的废品分析；锉削的安全文明生产；平面锉削；曲面锉削；锉配等内容。

任务4.1 平面锉削

【知识目标】

★ 了解锉刀的组成、种类。

★ 了解锉刀规格及选用。

【技能目标】

★ 掌握平面锉削时的站立姿势和动作。

★ 掌握锉削时两手用力的方法。

★ 能掌握正确的锉削速度。

★ 会锉刀的保养和锉削时的安全知识。

【态度目标】

★ 培养高度的工作责任心，牢固树立“质量第一”的观念。

活动1 了解锉刀的基本知识

锉削的主要工具是锉刀。锉刀是用高碳工具钢 T12 或 T12A，T13A 制成，经热处理淬硬，硬度可达 62HRC 以上。

(1)锉刀的组成

锉刀的构造及各部分名称如图 4.1 所示。

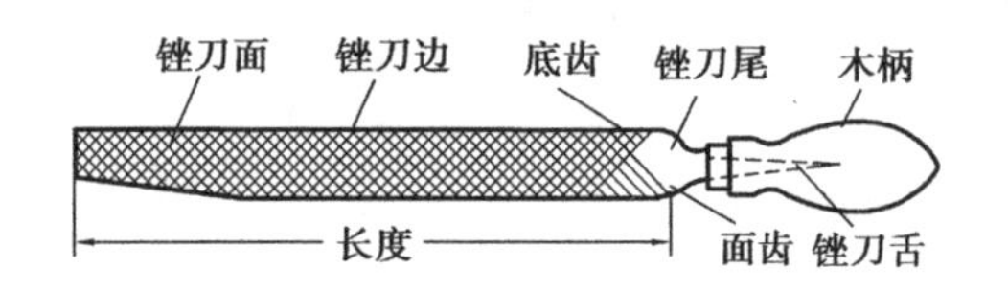

图4.1 锉刀的构造及各部分名称

1)锉刀面

锉刀面是锉削的主要工作面。锉刀面的前端制成凸弧形,上下两面都制有锉齿,便于进行锉削。

2)锉刀边

锉刀边是指锉刀的两个侧面。有齿的一边称有齿边,主要用于除去工件表面的硬皮;没有齿的一边称光边,它可使在锉削内直角的一个面时,不会碰伤另一个相邻的面。有的锉刀两个锉刀边都没有齿。

3)锉刀舌

锉刀舌是用来装锉刀柄的。锉刀柄分木制和塑料的两种,木制锉柄在安装孔的外部应套上铁箍。

(2)锉刀的种类

一般钳工所用的锉刀按其用途不同,可分为普通钳工锉、异形锉和整形锉3类。

1)普通钳工锉

普通钳工锉按其断面形状不同,分为平锉、方锉、三角锉、半圆锉及圆锉5种,如图4.2所示。

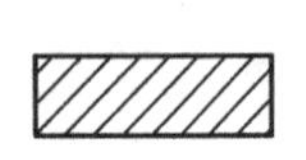
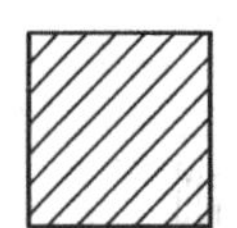

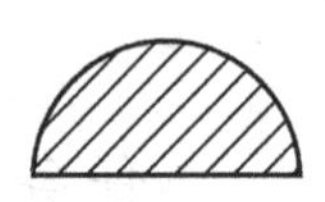
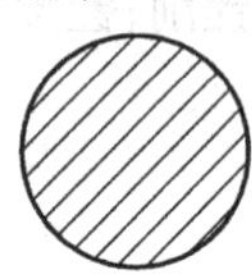

图4.2 普通钳工锉断面形状

2)异形锉

异形锉是用来锉削工件特殊表面用的,有刀口锉、菱形锉、扁三角锉、椭圆锉及圆肚锉等,如图4.3所示。

图4.3 异形锉断面形状

3)整形锉

整形锉(又称什锦锉)主要用于修理工件上的细小部分,通常以多把为一组,因分组配备各种断面形状的小锉而得名,如图4.4所示。

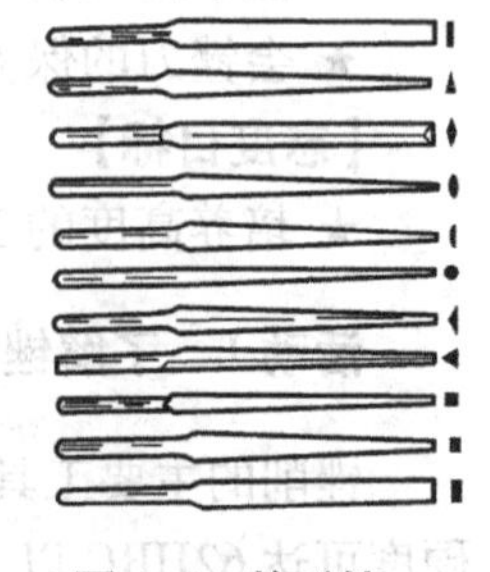

图4.4 整形锉

(3)锉刀的规格、选用

1)锉刀的规格

锉刀的规格分齿纹的粗细规格和尺寸规格,不同的锉刀尺寸规格用不同的参数表示。方锉的尺寸规格以方形尺寸表示,圆锉的尺寸规格以直径表示,其他锉刀则以锉身长度表示其尺寸规格。钳工常用的锉刀有100,125,150,200,250,300,350 mm等。

锉刀齿纹的粗细规格,以锉刀每10 mm轴向长度内的主锉纹条数来表示(见表4.1)。主锉纹指锉刀上两个方向排列的深浅不同的齿纹中起主要锉削作用的齿纹;辅齿纹起分屑作用,其齿纹在另一个方向上。表4.1中,1号齿纹为粗齿锉刀,2号齿纹为中齿锉刀,3号齿纹为细齿锉刀,4号齿纹为双细齿锉刀,5号齿纹为油光锉。

表4.1 锉刀齿纹粗细规格

规格/mm	主要锉纹条数(10 mm内)				
	锉纹号				
	1	2	3	4	5
100	14	20	28	40	56
125	12	18	25	36	50
150	11	16	22	32	45
200	10	14	20	28	40
250	9	12	18	25	36
300	8	11	16	22	32
350	7	10	14	20	—
400	6	9	12	—	—
450	5.5	8	11	—	—

2)锉刀的选用

每种锉刀都有各自的用途,锉刀在选用时,应该根据被锉削工件表面的形状和大小选择锉刀的断面形状和长度。

①锉刀形状的选择

锉刀形状应适应工件加工表面形状,如图4.5所示。

②锉刀的粗细规格选择

锉刀的粗细规格选择,应根据工件材料的材质、加工余量的大小、加工精度和表面粗糙度要求的高低进行。锉刀齿纹的粗细规格选用见表4.2。

表4.2 锉刀齿纹的粗细规格选用

锉刀粗细	适用场合		
	加工余量/mm	加工精度/mm	表面粗糙度
1号(粗齿锉刀)	0.5~1	0.2~0.5	R_a100~25
2号(中齿锉刀)	0.2~0.5	0.05~0.2	R_a25~6.3
3号(细齿锉刀)	0.1~0.3	0.02~0.05	R_a12.5~3.2
4号(双细齿锉刀)	0.1~0.2	0.01~0.02	R_a6.3~1.6
5号(油光锉)	0.1以下	0.01	R_a1.6~0.8

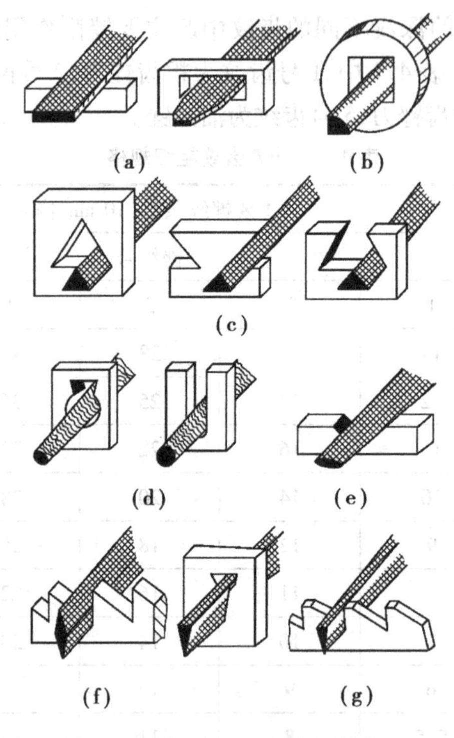

图4.5　不同加工表面使用的锉刀

活动2　钳工锉手柄的装卸及正确使用和保养

(1)钳工锉手柄的装卸

钳工锉只有在装上手柄后,使用起来才方便省力。手柄常采用硬质木料或塑料制成,圆柱部分供镶铁箍用,以防止松动或裂开。手柄安装孔的深度和直径不能过大或过小,约能使锉柄长的3/4插入柄孔为宜。手柄表面不能有裂纹、毛刺。

手柄的安装和拆卸方法如图4.6所示。安装时,先用两手将锉柄自然插入,再用右手持锉刀轻轻镦紧,或用手锤轻轻击打直至插入锉柄长度约为3/4为止,如图4.6(a)所示。如图4.6(b)所示为错误的安装方法,因为单手持木柄镦紧,可能会使锉刀因惯性大而跳出木柄的安装孔。

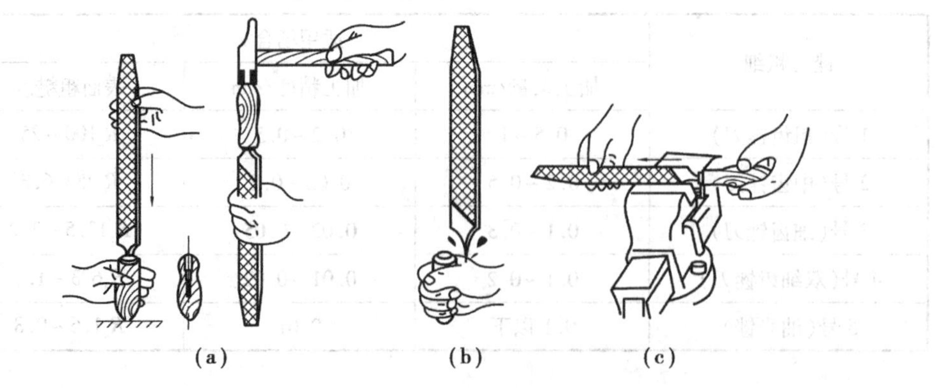

图4.6　锉刀柄的安装与拆卸

拆卸手柄的方法如图4.6(c)所示,在台虎钳钳口上轻轻将木柄敲松后取下。

(2)锉刀的正确使用和保养

合理使用和正确保养锉刀,能延长锉刀的使用寿命,提高工作效率,降低生产成本。因此应注意以下问题:

①为防止锉刀过快磨损,不要用锉刀锉削毛坯件的硬皮或工件的淬硬表面,而应先用其他工具或用锉梢前端、边齿加工。

②锉削时应先用锉刀的同一面,待这个面用钝后再用另一面。因为使用过的锉齿易锈蚀。

③锉削时要充分使用锉刀的有效工作面,避免局部磨损。

④不能用锉刀作为装拆、敲击和撬物的工具,防止因锉刀材质较脆而折断。

⑤用整形锉和小锉刀时,用力不能太大,防止锉刀折断。

⑥锉刀要防水、防油。沾水后的锉刀易生锈,沾油后的锉刀在工作时易打滑。

⑦锉削过程中,若发现锉纹上嵌有切屑,要及时将其去除,以免切屑刮伤加工面。锉刀用完后,要用钢丝刷或铜片顺着锉纹刷掉残留下的切屑,如图4.7所示,以防生锈。千万不可用嘴吹切屑,以防切屑飞入眼内。

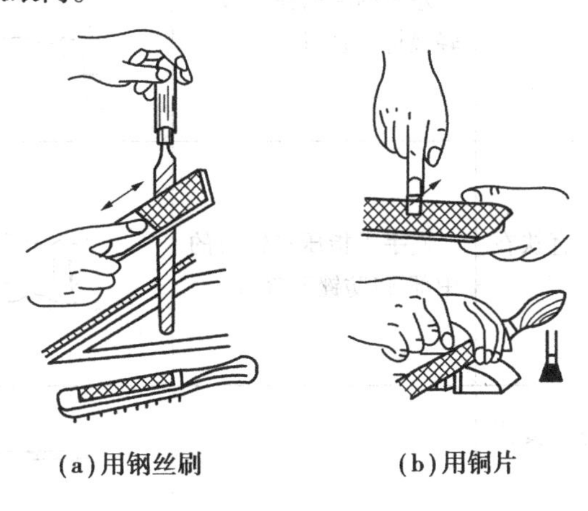

(a)用钢丝刷　　(b)用铜片

图4.7 清除锉屑

⑧放置锉刀时要避免与硬物相碰,避免锉刀与锉刀重叠堆放,防止损坏锉齿。

活动3 锉削方法

(1)锉刀的握法

锉刀的握法随锉刀规格和使用场合的不同而有所区别。锉刀的握法见表4.3。

(2)工件的装夹

工件的装夹是否正确,直接影响到锉削质量的高低。工件的装夹应符合以下要求:

①工件尽量夹持在台虎钳钳口宽度方向的中间。锉削面靠近钳口,以防锉削时产生振动。

②装夹要稳固,但用力不可太大,以防工件变形。

表 4.3　锉刀的握法

锉刀规格类型	握法要领		示意图
	右手	左手	
较大锉刀	右手握着锉刀柄，将柄外端顶在拇指根部的手掌上，大拇指放在手柄上，其余手指由下而上握手柄	1. 左手掌斜放在锉梢上方，拇指根部肌肉轻压在锉刀刀头上，中指和无名指抵住梢部右下方 2. 左手掌斜放在锉梢部，大拇指自然伸出，其余各指自然蜷曲，小指、无名指、中指抵住锉刀前下方 3. 左手掌斜放在锉梢上，各指自然平放	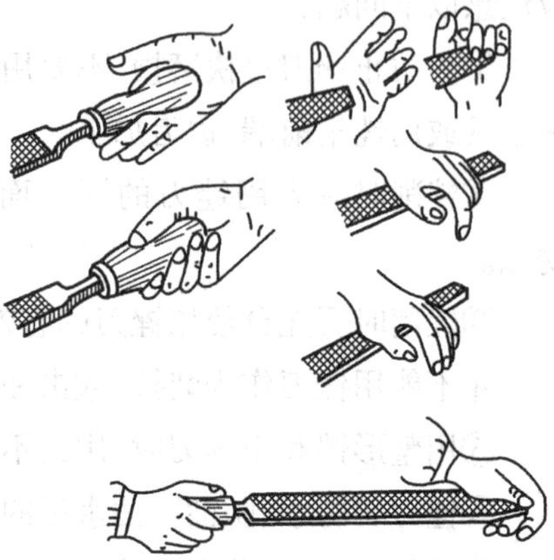
中型锉	同上	左手的大拇指和食指轻轻持扶锉梢	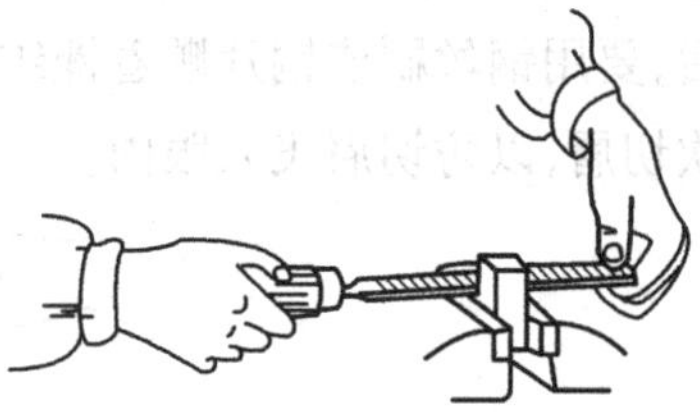
小型锉	右手的食指平直扶在手柄外侧面	左手手指压在锉刀的中部，以防锉刀弯曲	
整形锉	单手握持手柄，食指放在锉身上方		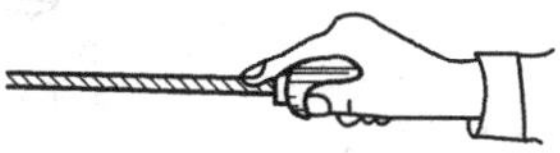
异形锉	右手与握小型锉的手形相同	左手轻压在右手手掌左外侧，以压住锉刀，小指勾住锉刀，其余指抱住右手	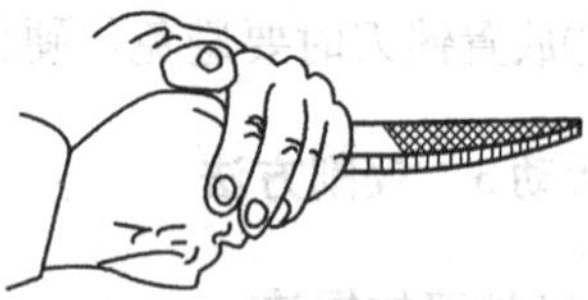

③装夹已加工表面和精密工件时，应在台虎钳钳口衬上紫铜皮或铝皮等软的衬垫，以防夹坏工件表面。

(3)锉削姿势

1)锉削时的站立步位和姿势

锉削时的站立步位和姿势如图 4.8 所示，锉削动作如图 4.9 所示。

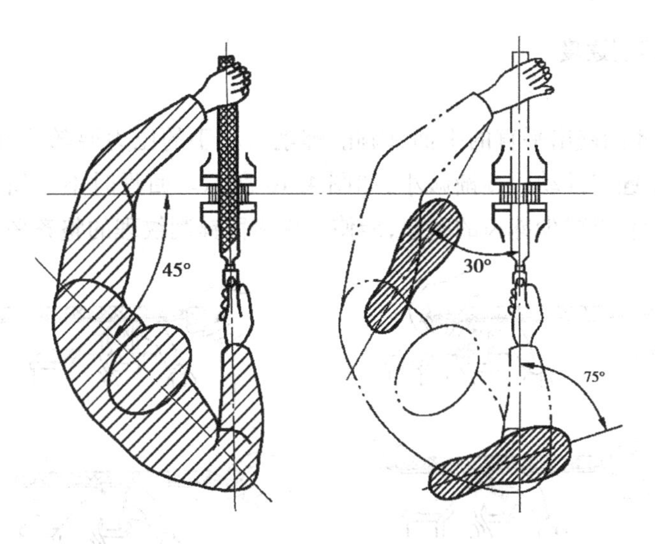

图4.8 锉削时的站立步位和姿势

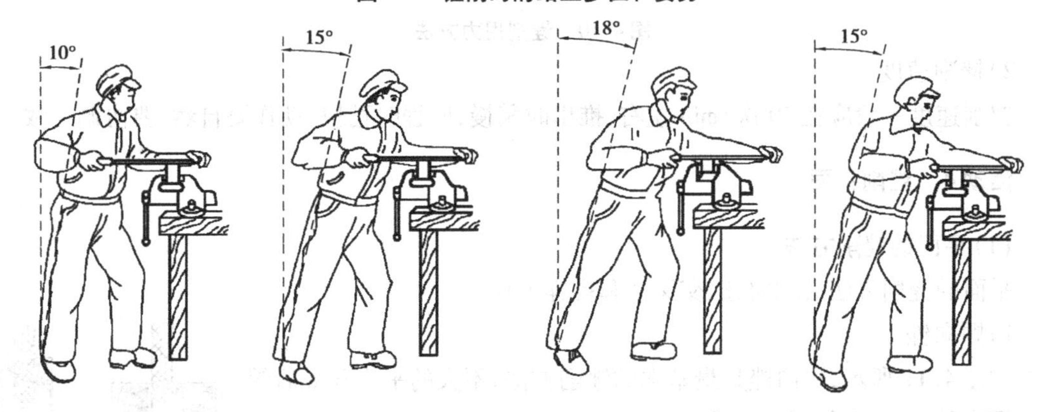

图4.9 锉削动作

①两手握住锉刀放在工件上面，左臂弯曲，小臂与工件锉削面的左右方向保持基本平行，右小臂要与工件锉削面的前后方向保持基本平行。

②锉削时，身体先于锉刀并与之一起向前，右脚伸直并稍向前倾，重心在左脚，左膝部呈弯曲状态。

③当锉刀锉至约3/4行程时，身体停止前进，两臂则继续将锉刀向前锉到头，同时，左脚自然伸直并随着锉削时的反作用力，将身体重心后移，使身体恢复原位，并顺势将锉刀收回。

④当锉刀收回将近结束时，身体又开始先于锉刀前倾，作第二次锉削的向前运动。

2)注意事项

①锉削姿势的正确与否，对锉削质量、锉削力的运用和发挥以及操作者的疲劳程度都起着决定影响。

②锉削姿势的正确掌握，须从锉刀握法、站立步位、姿势动作、操作等几方面进行，动作要协调一致，经过反复练习才能达到一定的要求。

(4)锉削力和锉削速度

1)锉削力

锉刀直线运动才能锉出平直的平面,因此,锉削时右手的压力要随着锉刀推动而逐渐增加,左手的压力要随锉刀推动而逐渐减小,如图 4.10 所示。回程时不要加压力,锉刀稍微提起一点离开工件表面,以减少锉齿的磨损,能使工件表面锉削纹理的整齐平直。

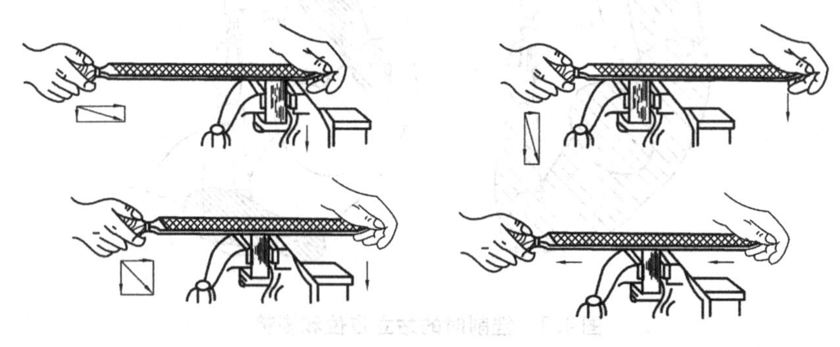

图 4.10 锉削用力方法

2)锉削速度

锉削速度一般应在 40 次/min 左右,推出时稍慢,回程时稍快,动作要自然,要协调一致。

活动 4 锉削平面

(1)平面的锉削方法

平面的锉削方法有顺向锉、交叉锉和推锉 3 种。

1)顺向锉

如图 4.11 所示,顺向锉是最基本的锉削方法,不大的平面和最后锉光都用这种方法,以得到正直的刀痕。

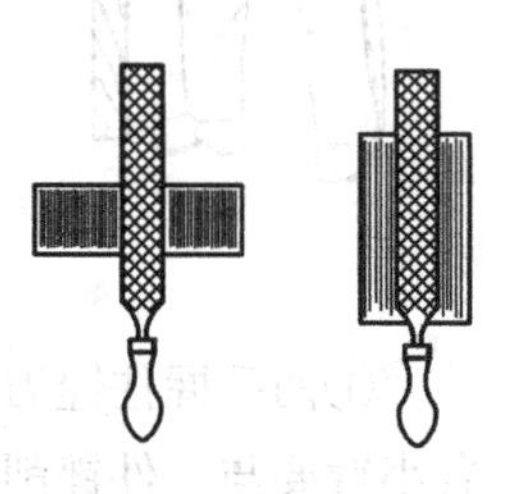

图 4.11 顺向锉法

2)交叉锉

如图 4.12 所示,交叉锉时锉刀与工件接触面较大,锉刀容易掌握得平稳,并且能从交叉的刀痕上判断出锉削面的凸凹情况。锉削余量大时,一般可在锉削的前阶段用交叉锉,以提高工作效率。当锉削余量不多时,再改用顺向锉,使锉纹方向一致,得到较光滑的表面。

3)推锉

如图 4.13 所示,当锉削狭长平面或采用顺向锉受阻时,可采用推锉。推锉时的运动方向不是锉齿的切削方向,并且不能充分发挥手的力量,故切削效率不高,只适合于锉削余量小的场合。

图 4.12 交叉锉法

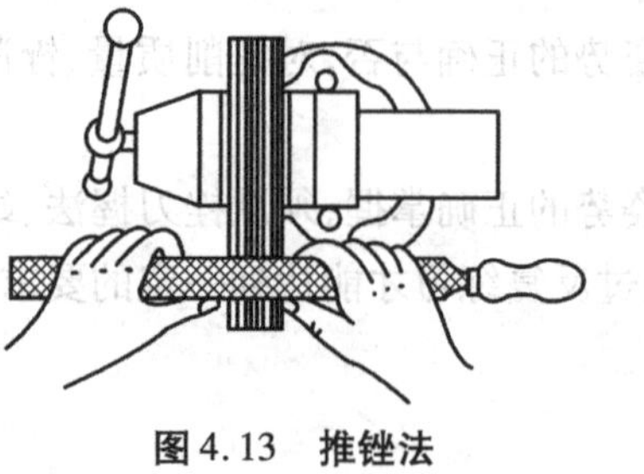

图 4.13 推锉法

(2)锉削平面时锉刀的运动

为使整个加工面的锉削均匀，无论采用顺向锉还是交叉锉，一般应在每次抽回锉刀时向旁边略作移动，如图4.14所示。

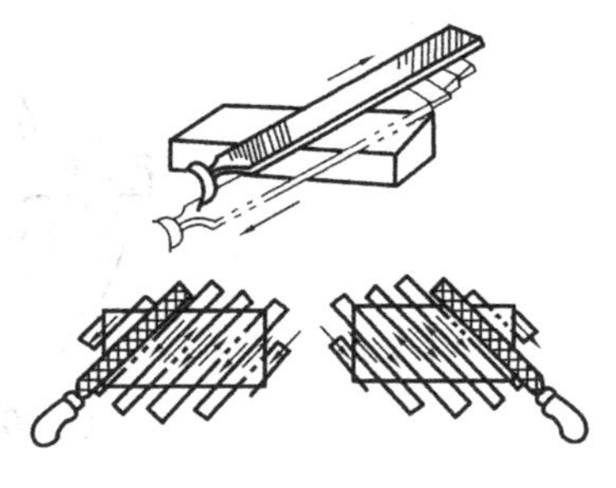

图4.14　锉刀的移动

活动5　锉削平面的检验方法

(1)平面检查

①锉削较小工件平面时，其平面度通常都采用刀口形直尺，通过透光法来检查，如图4.15所示。检查时，刀口形直尺应垂直放在工件表面上，如图4.15(a)所示，并在加工面的纵向、横向、对角方向多处逐一进行检验，如图4.15(b)、(c)所示，以确定各方向的平面度误差。

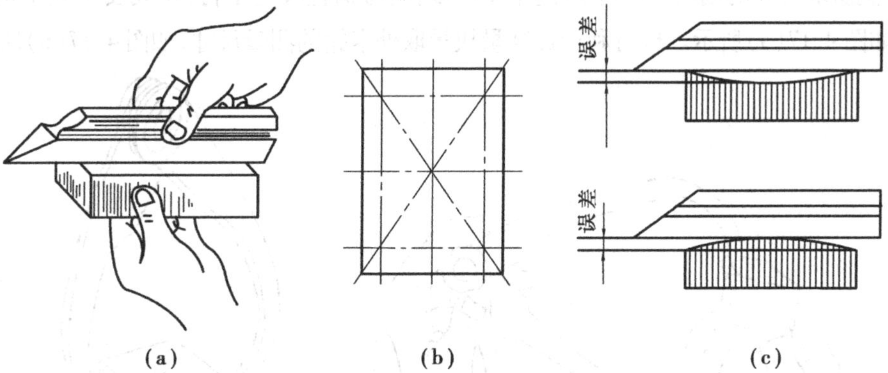

(a)　　(b)　　(c)

图4.15　用刀口形直尺检查平面度

②刀口形直尺在检查平面上移动位置时，不能在平面上拖动，否则直尺的测量边容易磨损而降低其精度。

③塞尺是用来检验两个接合面之间间隙大小的片状量规，使用时根据被测间隙的大小，可用一片或数片重叠在一起作塞入检验。

(2)外卡钳测量尺寸差值的大小

外卡钳是一种间接量具，用作测量尺寸，应先在工件上度量后，再与带读数的量具进行比较，才能得出读数；或者先在带读数的量具上度量出必要的尺寸后，再去度量工件。

1)测量方法

当工件误差较大作粗测量时，可用透光法来判断其尺寸差值的大小，如图4.16(a)所示。测量时外卡钳一卡脚测量面要始终抵住工件基准面，才可观察另一卡脚测量面与被测表面的透光情况。

当工件误差较小作精测量时，可用感觉法利用外卡钳的自重由上向下垂直测量(见图4.16(b))，以便于控制测量力。外卡钳测量面的开度尺寸，应保证在测量时靠外卡钳自重通过工件，但应有一定摩擦。

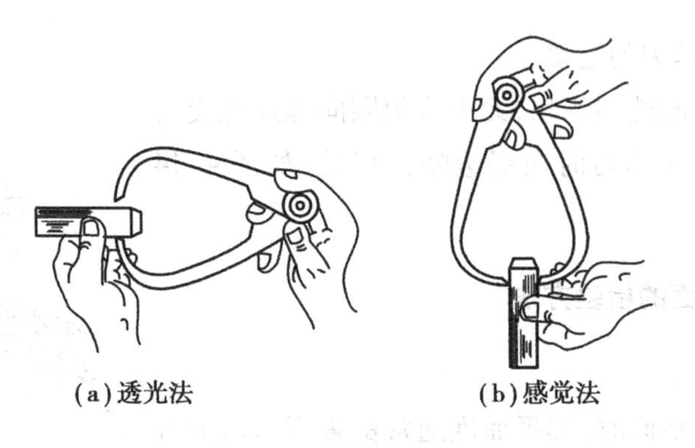

(a)透光法　　(b)感觉法

图 4.16　外卡钳测量方法

2)尺寸调节

外卡钳在钢直尺上量取尺寸时,一个卡脚的测量面要紧靠钢直尺的端面,另一个卡脚的测量面调节到所取尺寸的刻线,并且两测量面的连线应与钢直尺边平行,视线要垂直于钢直尺的刻线面,如图 4.17(a)所示。也可利用标准量块量取外卡钳的测量尺寸,如图 4.17(b)所示。

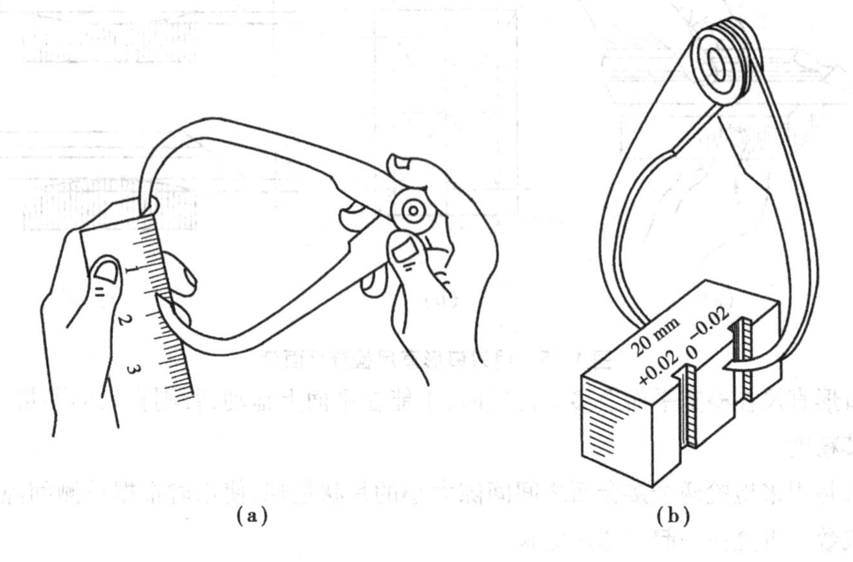

(a)　　(b)

图 4.17　外卡钳测量尺寸的量取

(3)90°角尺检查工件垂直度

用 90°角尺或活动角尺检查工件垂直度前,应先用锉刀将工件的锐边倒钝,如图 4.18 所示。检查时,应注意以下 3 点:

①先将角尺尺座的测量面紧贴工件基准面,然后从上轻轻向下移动,使角尺尺瞄的测量面与工件的被测表面接触,如图 4.19(a)所示。眼光平视观察其透光情况,以此来判断工件被测面与基准面是否垂直。检查时,角尺不可斜放,如图 4.19(b)所示;否则,检查结果不准确。

②若在同一平面上不同位置进行检查时,角尺不可在工件表面上前后移动,以免磨损,影响角尺本身精度。

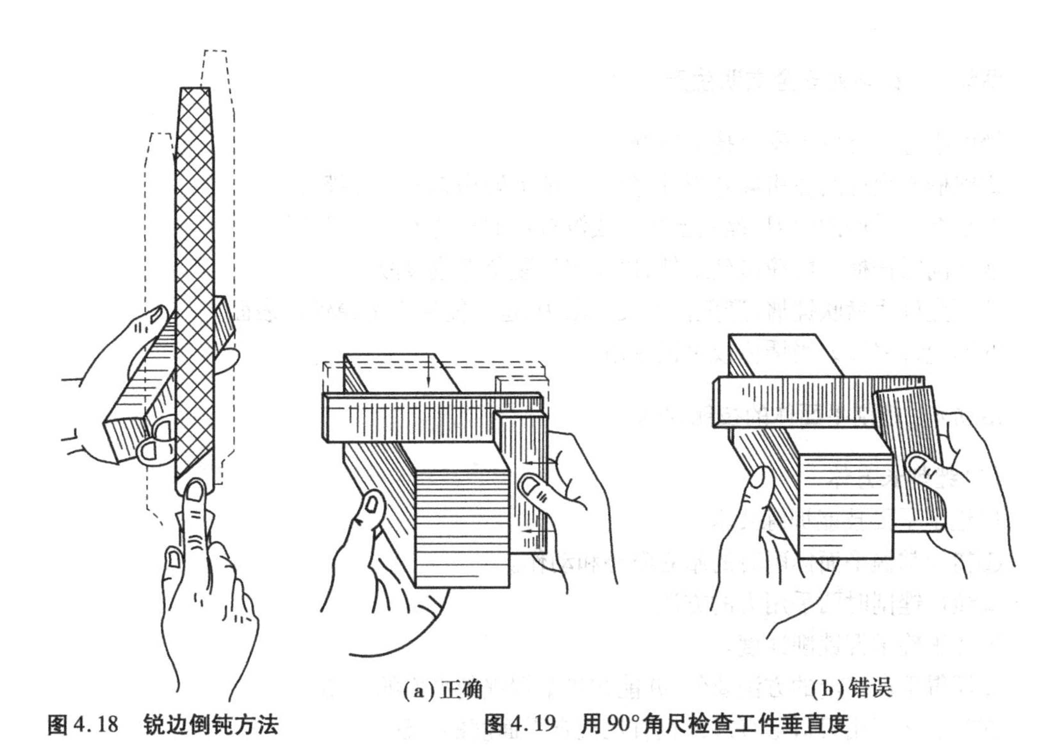

(a)正确　(b)错误

图4.18 锐边倒钝方法　图4.19 用90°角尺检查工件垂直度

③使用活动角尺时,因其本身无固定角度,而是在标准角度样板上定取,然后再检查工件,所以在定取角度时应该很精确。

活动6 锉削时产生废品的形式、原因及其预防方法

锉削常作为最后一道精加工工序,一旦失误则前功尽弃,损失较大。因此,钳工必须具有高度的工作责任心,牢固树立"质量第一"的观念,注意研究锉削的废品形式和产生原因,特别要精心操作,以防废品的产生。

锉削时产生废品的形式、原因及其预防方法见表4.4。

表4.4 锉削时产生废品的种类、原因及预防方法

废品形式	原　因	预防方法
工件夹坏	1. 台虎钳钳口太硬,将工件表面夹出凹痕 2. 夹紧力太大将空心件夹扁 3. 薄而大的工件未夹好,锉削时变形	1. 夹紧加工工件时应用铜钳口 2. 夹紧力要恰当,夹薄管最好用弧形木垫 3. 对薄而大的工件要用辅助工具夹持
平面中凸	锉削时锉刀摇摆	加强锉削技术的训练
工件尺寸太小	1. 划线不正确 2. 锉刀锉出加工界线	1. 按图样尺寸正确划线 2. 锉削时要经常测量,对每次锉削量要心中有数
表面不光洁	1. 锉刀粗细选用不当 2. 锉屑嵌在锉刀中未及时消除	1. 合理选用锉刀 2. 经常清除锉屑
不应锉的部分被锉掉	1. 锉垂直面时未选用光边锉刀 2. 锉刀打滑锉伤邻近表面	1. 应选用光边锉 2. 注意消除油污等引起打滑的因素

活动7　锉削的安全文明生产

锉削中应注意以下安全技术问题：

①锉柄不允许露在钳桌外面，以免掉落地上砸伤脚或损坏锉刀。

②没有装手柄的锉刀、锉柄已裂开或没有锉柄箍的锉刀不可使用。

③锉削时锉柄不能撞击到工件，以免锉柄脱落造成事故。

④不允许用嘴吹锉屑，避免锉屑飞入眼中，也不能用手擦摸锉削表面。

⑤不允许将锉刀当撬棒或手锤使用。

活动8　锉削平面体的技能训练

(1)锉削长方体

1)锉削平面技能训练要求

①初步掌握平面锉削时的站立姿势和动作。

②懂得锉削时两手用力的方法。

③能正确掌握锉削速度。

④懂得平面锉削的方法要领，并能初步掌握锉削平面的技能。

⑤初步掌握用刀口形直尺或钢直尺检查平面度的方法。

⑥懂得锉刀的保养和锉削时的安全知识。

2)使用的刀具、量具和辅助工具

钢直尺，刀口形直尺，塞尺，游标卡尺，钳工锉等。

3)技能训练内容

①工件图样

工件图样如图4.20所示。

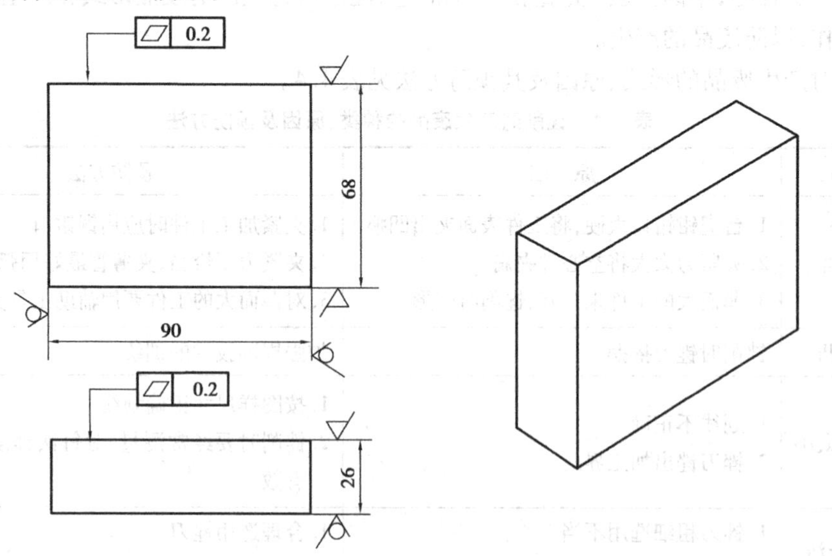

图4.20　锉削长方体

②参考步骤

a. 检查来料尺寸,确定加工余量。

b. 先在宽平面上、后在窄平面上采用顺向锉练习锉削。特别粗糙的表面可用交叉锉法锉削。

③注意事项

a. 练习时要注意正确的操作姿势。

b. 正确练习两手用力方向和大小的变化,并经常用刀口形直尺检查加工面的平直度情况,以判断和改进自己手部的用力规律,逐步掌握平面锉削的技能技巧。发现问题,要及时纠正,不要盲目、机械地练习。

c. 锉削后实习件的宽度和厚度尺寸不得小于 68 mm 和 26 mm,可用钢直尺或游标卡尺检查。

d. 正确使用工、量具,并做到安全文明生产。

(2)锉削钢六角

1)锉削钢六角技能训练要求

①掌握六角形工件的加工方法,并达到锉削精度。

②掌握活络角尺(或万能角度尺)、刀口形直尺、高度游标尺的正确使用方法。

2)使用的刀具、量具和辅助工具

钳工锉、游标卡尺、刀口形直尺、塞尺、90°角尺、角度样板、高度游标尺及万能角度尺等。

3)技能训练内容

①工件图样

工件图样如图 4.21 所示。

②参考步骤

a. 用游标卡尺检查来料尺寸。

b. 粗、精锉基准面(见图 4.22(a))。平面度达 0.04 mm,表面粗糙度达 $R_a \leqslant 3.2$ μm,同时保证与圆柱母线的尺寸要求。

c. 粗、精锉相对面(见图 4.22(b))。以第 1 面为基准划出相距 30 mm 的平面加工线,尺寸达到(30 ±0.06)mm,表面粗糙度达到 $R_a \leqslant 3.2$ μm 的要求。

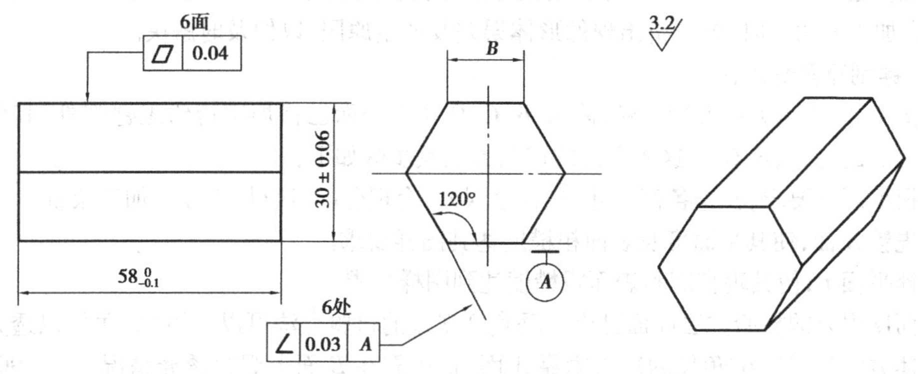

实习件名称	材　料	材料来源	下道工序	件　数	工时/h
六角体	35 钢	ø 35 ±0.5 ×58 车(备料)		1	12

图 4.21　锉削钢六角

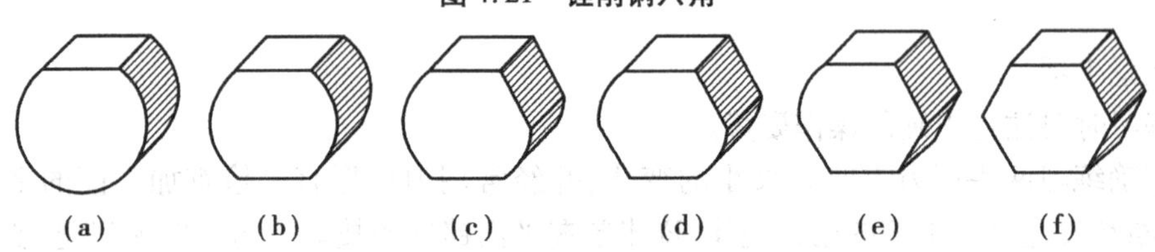

图 4.22　六角体加工步骤

d. 粗、精锉第 3 面(见图 4.22(c))。达图样要求,同时保证与圆柱母线的尺寸要求(用万能角度尺控制 120°的准确性)。

e. 粗、精锉第 3 面的对面(见图 4.22(d))。以第 3 面为基准划出相距尺寸 30 mm 的平面加工线,然后锉削,达到尺寸要求。

f. 粗、精锉第 5 面(见图 4.22(e))。达到图样要求,同时保证与圆柱母线的尺寸要求。

g. 粗、精锉第 5 面的对面(见图 4.22(f))。以第 5 面为基准划 30 mm 尺寸平面加工线,然后锉削,达到尺寸要求。

h. 将各锐边全面复检、修整、倒棱后送验。

③注意事项

a. 确保锉削姿势完全正确。

b. 为保证表面粗糙度要求,必须经常用钢丝刷等清除嵌入锉刀齿纹内的锉屑,并在齿面上涂上粉笔灰。

c. 在锉削过程中要防止片面性。不要为了单纯取得平面度精度而影响了尺寸公差和角度精度,或为锉正角度而忽略了平面度和平行度,为减小表面粗糙度而忽略了其他。总之,在加工时要顾及到全面精度要求。

d. 使用万能角度尺时,要准确测得角度,必须拧紧止动螺母。使用时要轻拿轻放,避免测量角发生变动,并经常校对测量角的准确性。

e. 测量前要把工件的锐边去毛刺倒棱,保证测量的准确性。

f. 在加工六角体时,要分析出现的形体误差及产生原因,以便及时解决。

(3)锉削直角形工件

如图 4.23 所示为一 L 形工件,除 A,B,C,D 这 4 个面已粗加工待钳工锉削外,其他各面均已加工。此时,A,B,C,D 这 4 个面的锉削方法及步骤如下:

①根据图样要求,检查各部尺寸、位置度误差,合理分配各待加工面的加工余量。

②先锉 A 面,使其平面度及表面粗糙度达到图样要求。

③锉平面 B,使其垂直度和表面粗糙度达到图样要求。

平面度误差的检验方法前面已讲。垂直度误差的检验方法可以采用 90°角尺以透光法检验。具体方法是:将 90°角尺的短边紧靠 A 面,长边靠在 B 面上观察透光情况,如果 90°角尺的长边与 B 面之间透过的光线微弱而均匀,则说明 B 面与 A 面垂直;否则,会在 B 面与 90°角尺接触的两端中的一处出现较大的缝隙。如图 4.24 所示的 1 或 2 处,此时应修锉缝隙小的那一端,直至达到垂直度要求。

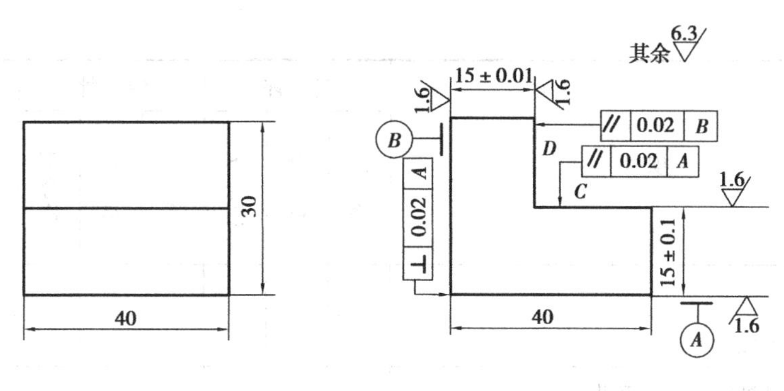

图4.23　直角形工件

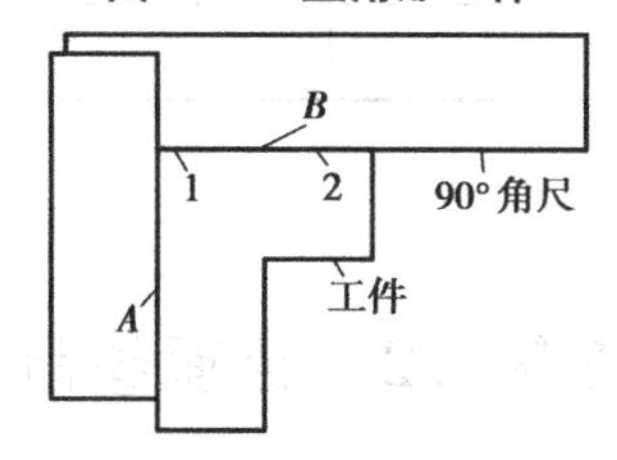

图4.24　用90°角尺检验垂直度

特别指出，在检验垂直度误差时，短边应始终紧贴作为基准的面，而不能受被测面的影响而松动，否则判断结果是错误的。与检验平面度类似，90°角尺的测量边不允许在工件表面移动，而应提起后轻放到新的检验处，以免90°角尺磨损而降低精度。

④锉 *C* 面，使尺寸精度、表面粗糙度和平行度都符合图样要求，同时要防止锉刀锉坏甚至撞坏 *D* 面。

⑤锉 *D* 面，使尺寸精度、表面粗糙度和平行度都符合图样要求，此时应防止锉坏已加工面 *C*。

⑥各边倒棱并修去毛刺，以保护已加工表面。

在确定各表面的加工顺序时，一般应先加工基准面。若无设计基准面，则应先加工较大或较长的面。当内外表面都要加工时，应先加工外表面后加工内表面。

活动9　展示与评价

分组进行自评、小组间互评、教师评，在学习活动评价表相应等级的方格内画“√”。

学习活动评价表

学生姓名＿＿＿＿＿＿　教师＿＿＿＿＿＿　班级＿＿＿＿＿＿　学号＿＿＿＿＿＿

评价项目	自评			组评			师评		
	优秀	合格	不合格	优秀	合格	不合格	优秀	合格	不合格
平面锉削时的站立姿势和动作									
锉削时两手用力的方法的掌握情况评价									

续表

评价项目	自评			组评			师评		
	优秀	合格	不合格	优秀	合格	不合格	优秀	合格	不合格
锉削速度									
检查平面度的方法									
锉刀的保养和锉削时的安全知识									
总评									

任务4.2　曲面锉削

【知识目标】

★ 了解凸、凹圆弧面的锉削方法。

★ 了解球面的锉削方法。

【技能目标】

★ 能根据工件的形状选用正确的方法锉削曲面。

★ 掌握曲面的检验方法。

【态度目标】

★ 培养勤奋敬业的精神。

活动1　凸圆弧面的锉削

(1)顺向滚锉法

如图4.25(a)所示,锉削时,锉刀需同时完成两个运动,即锉刀的前进运动和锉刀绕工件圆弧中心的转动。锉削开始时,一般选用小锉纹号的扁锉,先用左手将锉刀头部置于工件左侧,右手握柄抬高;接着,右手下压推进锉刀,左手随之上提且仍施以压力;如此反复,直到圆弧面基本成型。然后改用中锉纹号锉刀或大锉纹号锉刀锉削,以得到较低的表面粗糙度,并随时用外圆弧样板来检验修正。顺着凸圆弧锉能得到较光滑的圆弧面,适用于凸圆弧面精锉。

(2)横向滚锉法

如图4.25(b)所示,锉刀的主要运动是沿着圆弧的轴线方向作直线运动,同时锉刀不断沿着圆弧面摆动。这种方法锉削效率高,便于按划线均匀地锉近弧线,但只能锉成近似圆弧面的多棱形面,故多用于凸圆弧面的粗锉。

活动2　凹圆弧面的锉削

锉凹圆弧面时,锉刀要同时完成以下3个运动,如图4.26所示:

①沿轴向作前进运动,以保证沿轴向方向全程切削。

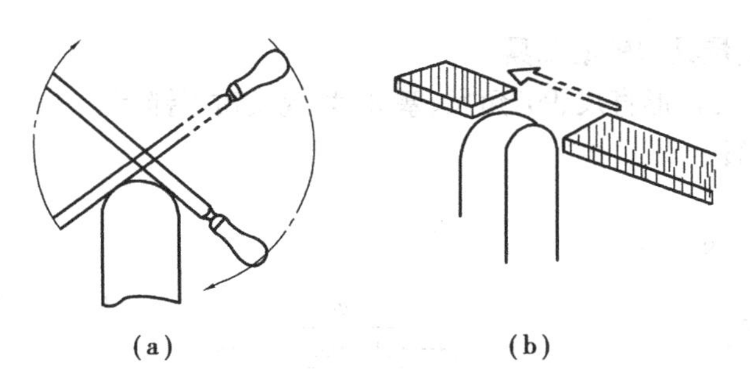

图4.25　凸圆弧面锉法

②向左或向右移动半个至一个锉刀直径,以避免加工表面出现棱角。

③绕锉刀轴线转动(约90°)。若只有前两个运动而没有这一转动,锉刀的工作面仍不是沿工件的圆弧曲线运动,而是沿工件圆弧的切线方向运动。

因此只有同时具备这3种运动,才能使锉刀工作面沿圆弧方向作锉削运动,从而锉好凹圆弧。

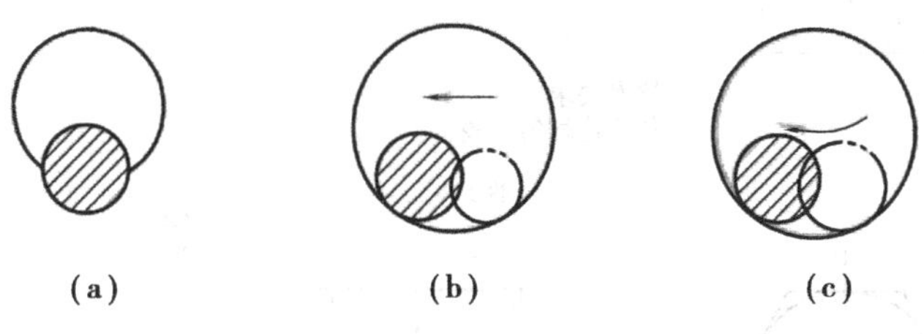

图4.26　凹圆弧面锉法

活动3　球面的锉法

锉圆柱端部球面的方法是锉刀一边沿凸圆弧面作顺向滚锉动作,一边绕球面的球心和周向作摆动,如图4.27所示。

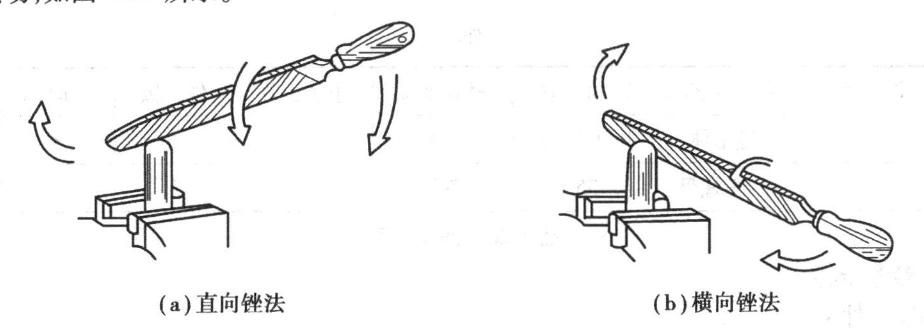

图4.27　球面锉削方法

活动4　曲面锉削的技能训练

(1)技能训练要求

①掌握曲面锉削方法。

②掌握曲面锉削的操作技能及曲面精度的检查方法。

③能根据工件不同的几何形状要求,正确选用锉刀。

④能用锉刀做推锉。

(2)使用的刀具、量具和辅助工具

异形锉、千分尺、刀口形直尺、90°角尺、塞规、划规及钳工锉等。

(3)技能训练内容

1)工件图样

工件图样如图4.28所示。

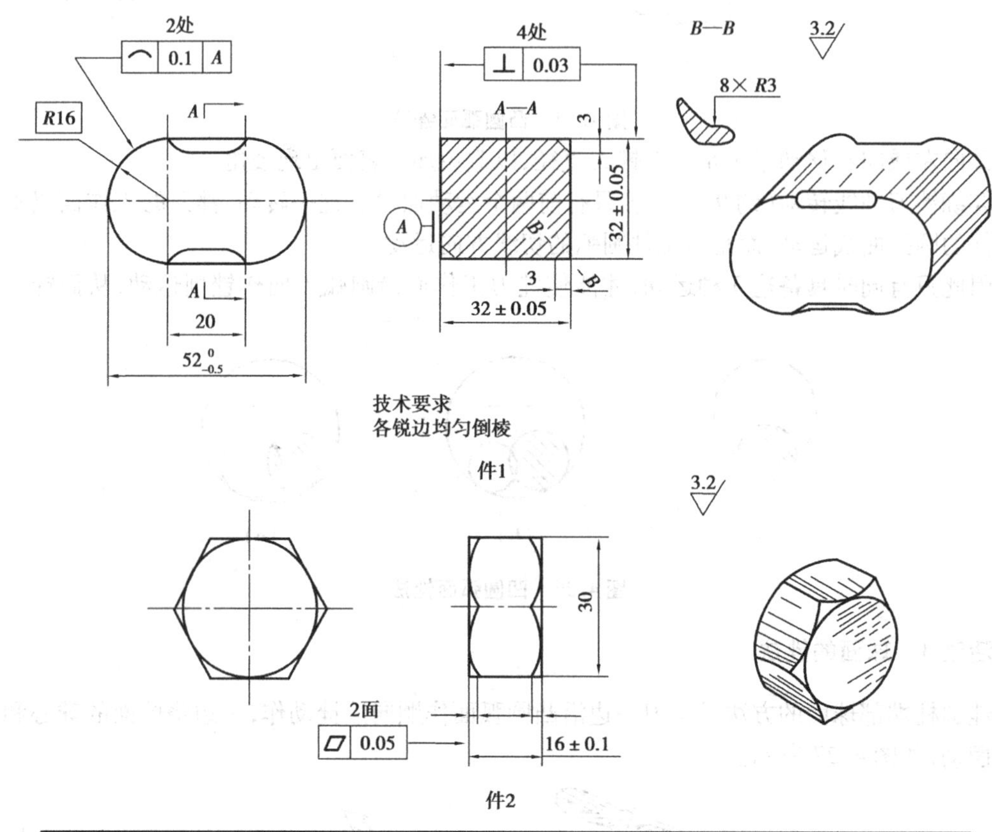

件　号	实习件名称	材　料	材料来源	下道工序	件　数	工时/h
1	键形体	HT150	备料		1	8
2	六角螺母	35钢	备料		3	6

图4.28　锉削曲面

2)参考步骤

①加工件1

a.用铁皮每人做一块 $R16$ mm及 $R3$ mm样板。

b.按图样要求锉准对边尺寸为(32 ±0.05)mm的四方体。

c.锉两端面,达尺寸52 mm,并按图样尺寸划 $R16$ mm尺寸线、4处3 mm倒角线及 $R3$ mm圆弧位置的加工线。

d.用异形锉粗锉8 × $R3$ mm内圆弧面,然后用钳工锉作粗、细锉倒角至加工线,再细锉 $R3$ mm圆弧并与倒角平面光滑连接,最后用150 mm异形锉作推锉,达到锉纹全部成为直向,表面粗糙度 $R_a \leqslant 3.2$ μm。

e.用300 mm钳工锉采用横向滚锉法,粗锉两端圆弧面至接近 $R16$ mm加工线,然后采用顺向滚锉法，并留适当余量，再用250 mm细钳工锉修整，达到各项技术要求。

f. 全部精度复检，并作必要的修整锉削，最后将各锐边均匀倒角。

②加工件2

a. 选较平整的面先锉，达到平面度0.05 mm、表面粗糙度 $R_a \leqslant 3.2$ μm的要求，并保证与六角面基本垂直。

b. 锉相对的另一面，达到图样有关要求。

c. 划六角内切圆及圆弧倒角尺寸的加工线，并按加工线倒好两端圆弧角。

d. 用同样方法加工其他各面。

3）注意事项

①划线线条要清晰。

②在锉件1两端的 $R16$ mm圆弧面时，可先用倒角方法倒至近划线线条，再继续锉削。

③在锉 $R16$ mm外圆弧面时，不要只注意锉圆而忽略了与基准面 A 的垂直度，以及横向的直线度。

④在采用顺向滚锉法时，锉刀上翘下摆的摆动幅度要大，才易于锉圆。

⑤在锉 $R3$ mm内圆弧面时，横向锉削一定要把形体锉正，以便推锉圆弧面时容易锉光。推锉圆弧时，锉刀要作些转动，防止端部塌角。

⑥圆弧锉削中常出现以下几种缺陷：圆弧不圆，呈多角形；圆弧半径过大或过小；圆弧横向直线度和与基准面的垂直度误差大；不按划线加工造成位置尺寸不正确；表面粗糙度大、纹理不整齐等。练习时应注意避免。

活动5 展示与评价

分组进行自评、小组间互评、教师评，在学习活动评价表相应等级的方格内画“√”。

学习活动评价表

学生姓名________ 教师________ 班级________ 学号________

评价项目	自评			组评			师评		
	优秀	合格	不合格	优秀	合格	不合格	优秀	合格	不合格
凸圆弧面的锉削情况评价									
凹圆弧面的锉削情况评价									
曲面精度的检查方法									
推锉的运用情况评价									
总 评									

任务4.3 锉 配

【知识目标】

★ 掌握锉配的一些相关工艺知识。

★ 掌握锉配的一般加工步骤。

【技能目标】

★ 按图纸的公差要求，掌握具有对称度要求的工件加工和测量方法。

★ 熟练掌握锉、锯、钻的技能，并达到一定的加工精度。

★ 正确地检查修补各配合面的间隙，并达到锉配要求。

【态度目标】

★ 培养严肃认真的作风。

活动1 了解锉配的定义、分类和原则

(1)锉配的定义

锉配是指锉削两个相互配合的零件的配合表面，使配合的松紧程度达到所规定的要求。锉配时要综合运用钳工基本操作技能和测量技术，才能使工件达到规定的形状、尺寸和配合要求。锉配能够比较客观地反映操作者掌握钳工基本操作技能和测量技术的能力以及熟练程度。

(2)锉配的分类

锉配按其配合形式可分为平面锉配、角度锉配、圆弧锉配和上述3种锉配形式组合在一起的混合式锉配。

(3)锉配的原则

为了保证锉配的质量，提高锉配的效率和速度，锉配时应遵从以下一般性原则：

①凸件先加工、凹件配加工的原则。

②按测量从易到难加工的原则。

③按中间公差加工的原则。

④按从外到内、从大面到小面加工的原则。

⑤按从平面到角度、从角度到圆弧加工的原则。

⑥对称性零件先加工一侧，以利于间接测量的原则。

⑦最小误差原则，为保证获得较高的锉配精度，应选择有关的外表面作划线和测量的基准，因此，基准面应达到最小形位误差要求。

⑧在运用标准量具不便或不能测量的情况下，优先制作辅助检具和采用间接测量方法的原则。

⑨综合兼顾、勤测慎修、逐渐达到图纸的配合间隙要求。

⑩在作精确修整前，应将各锐边倒钝，去毛刺，清洁测量面，否则会影响测量精度，造成错误判断。

⑪配合修锉时，一般可通过透光法和涂色显示法确定加工部位和余量，逐步达到规定的配合要求。

活动2 锉配内外六角体

(1)内外六角体的零件图

内外六角体的零件图如图4.29所示。

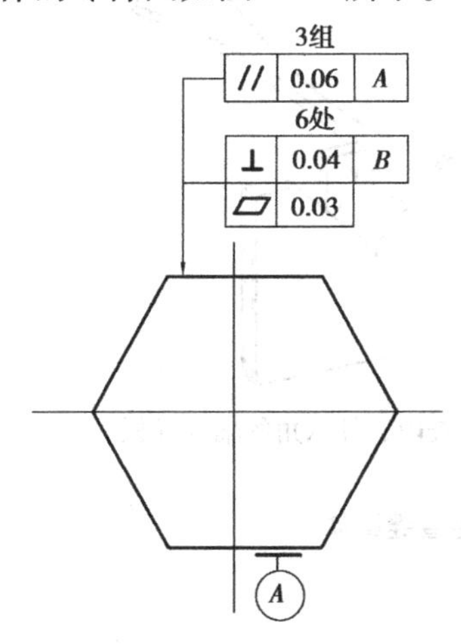

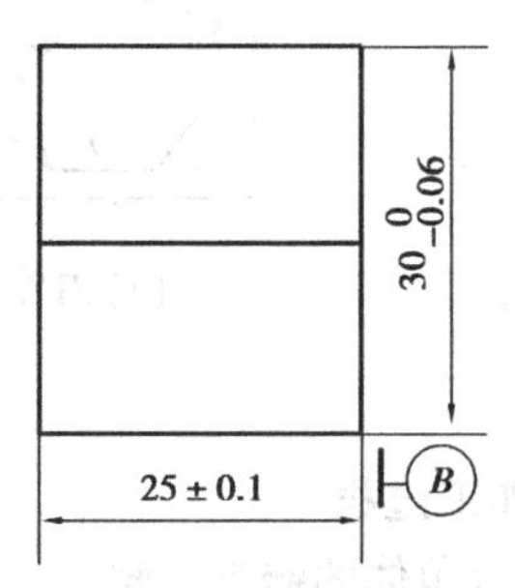

(a)外六角体

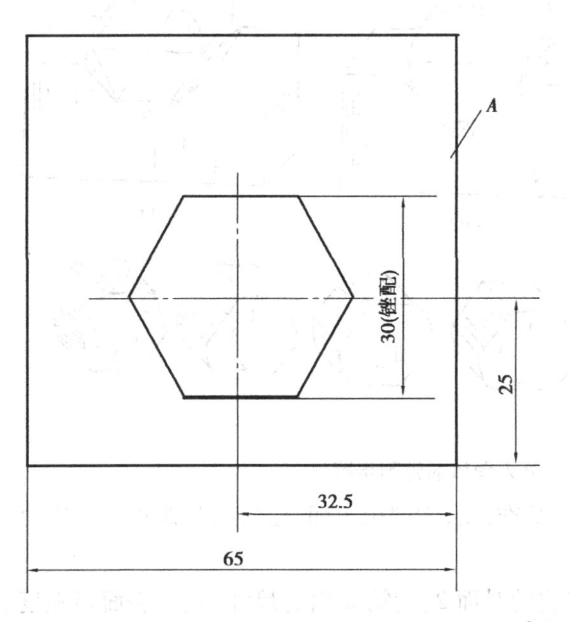

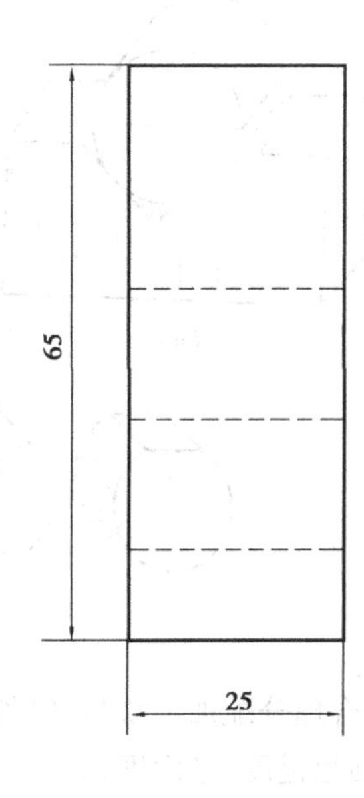

(b)内六角体

图4.29 六角体锉配

(2)毛坯及配合要求

已知外六角体的毛坯为直径35 mm×25 mm圆钢,内六角的毛坯为65 mm×65 mm×25 mm钢块。圆钢已按尺寸划线完毕。要求内外六角体配合后能达到六面互换,间隙不大于0.04 mm。

(3)检测样板的制作

锉配内、外六角体前可先制作两块检测样板:外六角 120°样板和内六角 120°样板,如图 4.30 所示。

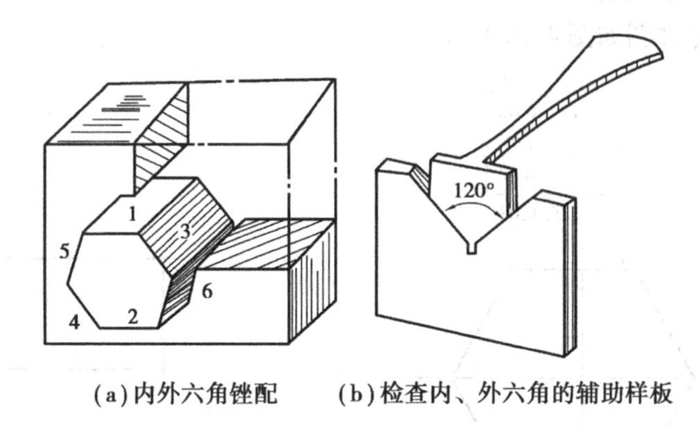

(a)内外六角锉配　　(b)检查内、外六角的辅助样板

图 4.30　用样板检查锉配体

(4)加工过程

1)外六角体的锉削步骤

外六角体的锉削步骤,如图 4.31 所示。

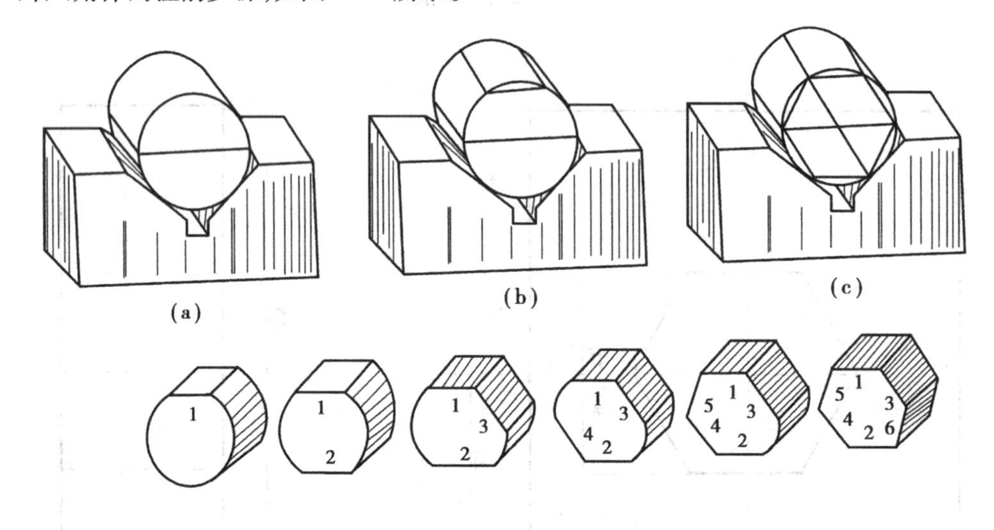

图 4.31　外六角体的锉削步骤

①合理分配加工余量,以外圆母线为基准,粗、细锉第 1 面,使之与外圆母线平行,尺寸精度、表面粗糙度、平面度达图样要求。

②以锉好的第 1 面为基准,粗、细锉它的对面 2,使第 2 面的尺寸精度、表面粗糙度、平面度、平行度达图样要求。

③以第 1 面为基准,粗、细锉削第 3 面,用内 120°样板检查角度是否准确,并使第 3 面与外圆母线平行,尺寸精度、表面粗糙度、平面度达到图样要求。

④以锉好的第 3 面为基准,粗、细锉第 3 面的对面 4,要求与步骤②相同。

⑤以第 1 面为基准,粗、细锉第 5 面,用内 120°样板检查,要求与步骤③相同。

⑥以锉好的第 5 面为基准,粗、细锉第 6 面,要求与步骤②相同。

⑦全面检验各个加工面,去毛刺、倒棱。

2)内六角体的锉削步骤

内六角体的锉削步骤,如图4.32所示。

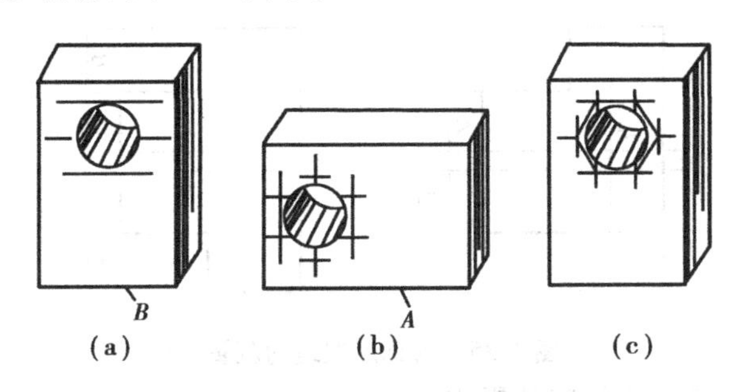

图4.32 内六角体的锉削步骤

①按已加工好的外六角体的实际尺寸,在配锉件的正反面都划出内六角形加工线,再用外六角体校核。

②在内六角的中心钻孔,孔径较六角对边尺寸小1~2 mm,去掉内六角余料。

③粗锉内六角各面,使每边留有0.1 mm左右余量。

④细锉内六角相邻的3个面,先锉第1面,要求表面平直,并与基准大平面垂直,再依次锉相邻的第3、第5面,要求与第1面相同,再用外120°角度样板测量角度,并用已加工好的外六角体检查各面的边长及120°角。

⑤细锉剩余的3个相邻面,检查方法与上步相同,然后认定一面将外六角体的角部塞入内角,用同样方法塞入其他角,达到外六角的各个角均能较紧塞入内六角的正反面。

活动3 锉配凹凸体

通过凹凸体的锉配练习可以进一步提高锉削技能,而掌握正确的加工和检查方法可以提高锉配技能,提高锉配加工质量,为今后更好地从事钳工装配技术工作打下一个良好的基础。

(1)工艺知识

1)对称度相关概念

①对称度误差是指被测表面的对称平面与基准表面的对称平面间的最大偏移距离,如图4.33所示。

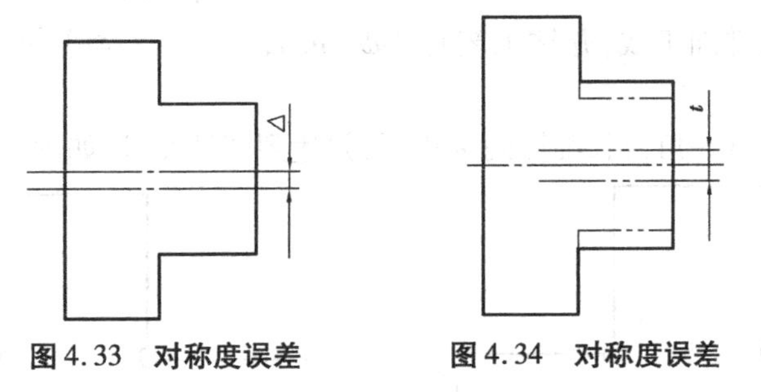

图4.33 对称度误差　　图4.34 对称度误差

②对称度公差带是距离为公差值 t,且相对基准中心平面对称配置的两平行平面之间的区域,如图4.34所示。

2)对称度误差的测量

测量被测表面与基准面的尺寸 A 和 B,其差值之半即为对称度的误差值。如图4.35所示为对称度误差的测量示意。

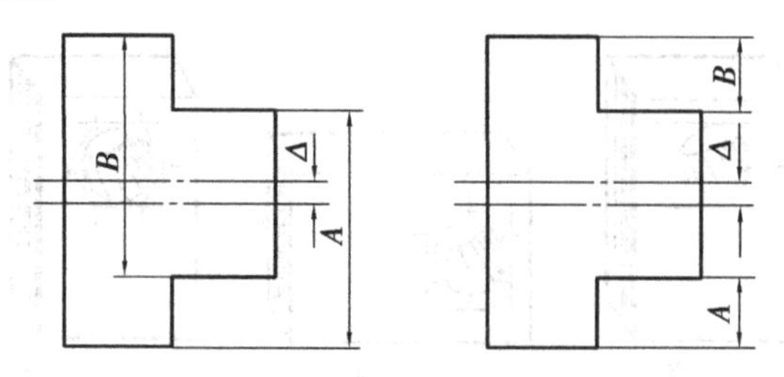

图4.35 对称度误差的测量

3)对称度误差对工件互换精度的影响

如图4.36所示,如果凸凹件都有对称度误差0.05 mm,并且在同方向位置上锉配达到要求间隙后,得到两侧基准面对齐,而调换180°后作配合就会产生两侧面基准面偏位误差,其总差值为0.1 mm。

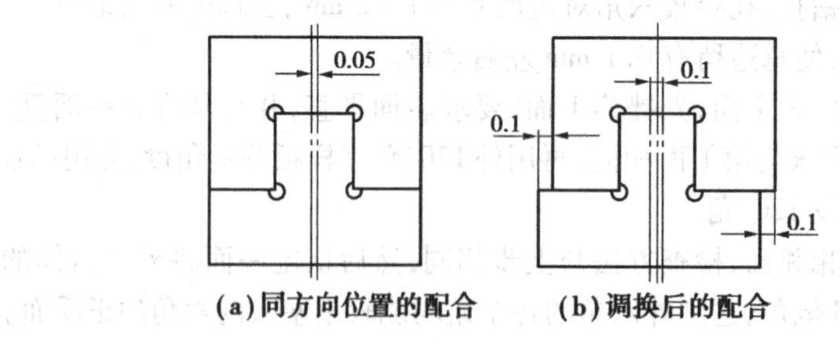

(a)同方向位置的配合　(b)调换后的配合

图4.36 对称度误差对工件互换精度的影响

(2)练习件图样

凹凸件的零件图如图4.37所示。

(3)操作步骤

1)加工凸件

①按图样要求锉削外轮廓基准面,并达到尺寸60 ±0.05 mm,40 ±0.05 mm,保证给定的垂直度与平行度要求。

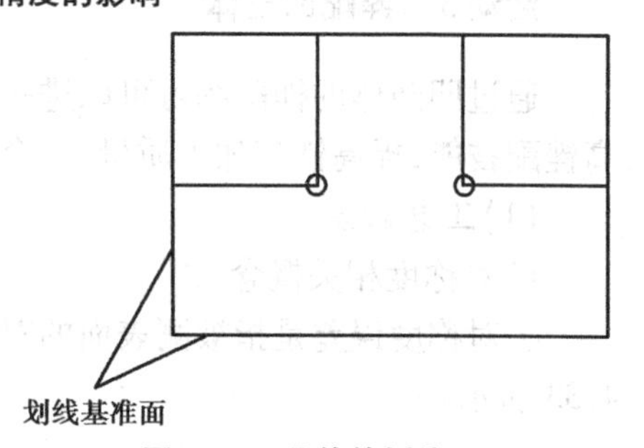

图4.38 凸件的划线

②按要求划出凸件加工线,并钻工艺孔2-ϕ3 mm,如图4.38所示。

③按划线锯去垂直一角,粗、细锉两垂直面,并达到图纸要求,如图4.39所示。

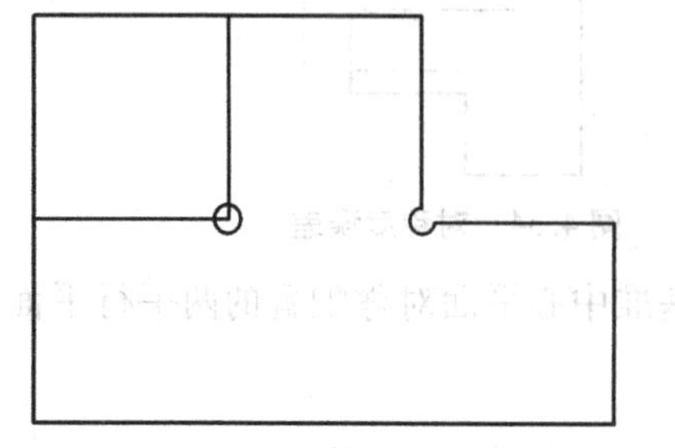

图4.39 去掉凸件一角

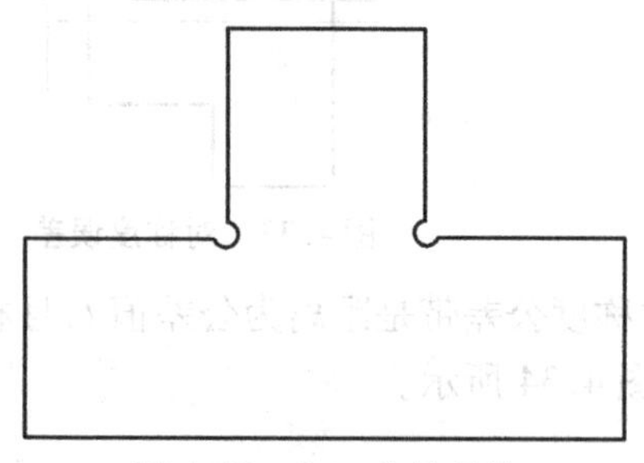

图4.40 加工完的凸件

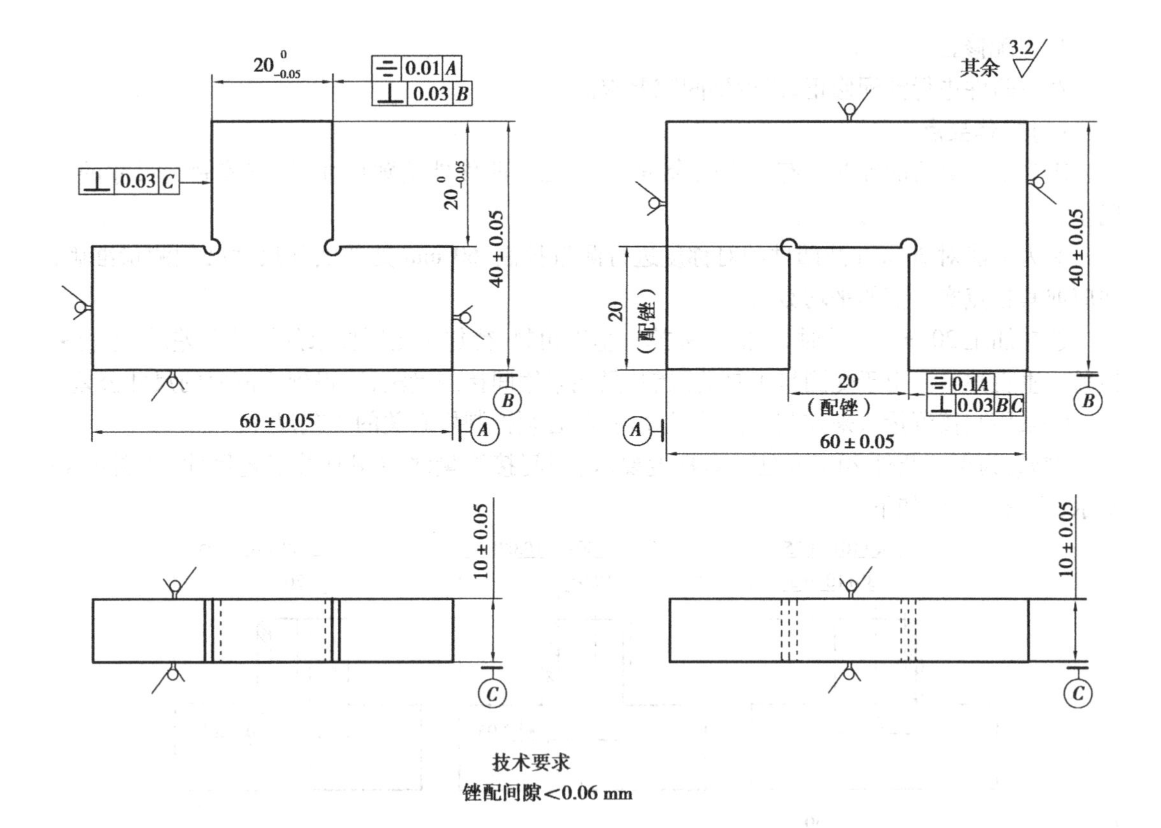

图 4.37 凹凸件锉配

④按划线锯去另一垂直角，粗、细锉两垂直面，并达到图纸要求，如图 4.40 所示。

2）加工凹件

①按图样要求锉削外轮廓基准面，并达到尺寸 60±0.05 mm，40±0.05 mm，保证给定的垂直度与平行度要求。

②按要求划出凹件加工线，并钻工艺孔 2-ϕ3 mm，如图 4.41 所示。

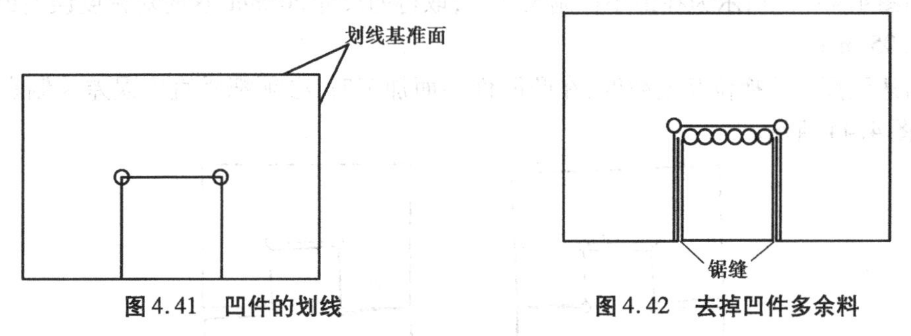

图 4.41 凹件的划线

图 4.42 去掉凹件多余料

③用钻头钻出排孔，并锯除凹件的多余部分，然后粗锉至接触线条，如图 4.42 所示。

④细锉凹件各面，并达到图纸要求。

a. 先锉左侧面，保证尺寸 20±0.03 mm。

b. 按凸件锉配右侧面，保证间隙 0.06 mm。

c. 按凸件锉配底面，保证间隙 0.06 mm。

3)锉配修正

对凸凹件进行锉配修正,以达到间隙要求。

(4)操作要点

①为了给最后的锉配留有一定的余量,在加工凸凹件外轮廓尺寸时,应控制到尺寸的上偏差。

②为了能对20 mm凸凹件的对称度进行测量控制,60 mm处的实际尺寸必须测量准确,并应取其各点实测值的平均数值。

③在加工20 mm凸件时,只能先去掉一垂直角料,待加工至所要求的尺寸公差后,才能去掉另一垂直角料。由于受测量工具的限制,只能采用间接测量法,以得到所需要的尺寸公差。

④采用间接测量法来控制工件的尺寸精度,必须控制好有关的工艺尺寸。

例如,为保证凸件20 mm处的对称度要求,用间接测量法控制有关工艺尺寸,如图4.43所示,用图解说明如下:

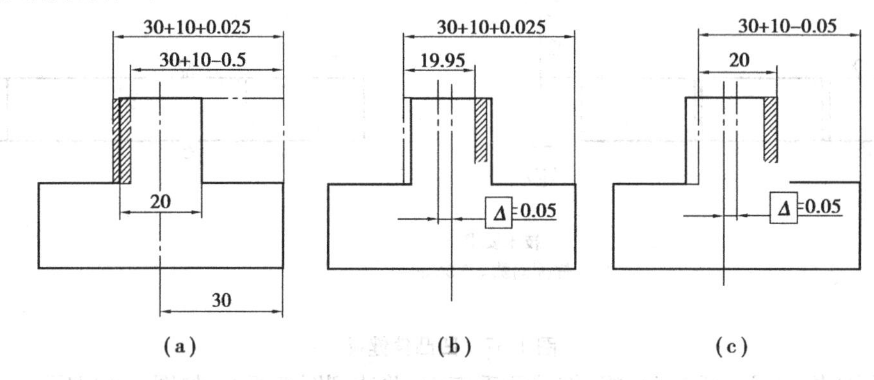

图4.43 间接测量法控制时的尺寸

a.如图4.43(a)所示为凸件的最大与最小尺寸。

b.如图4.43(b)所示为在最大控制尺寸下,取得的尺寸19.95 mm,这时对称度误差最大左偏差值为0.05 mm。

c.如图4.43(c)所示为在最小控制尺寸下,取得的尺寸20 mm,这时对称度误差最大右偏差值为0.05 mm。

⑤为达到配合后换位互换精度,在凸凹件各面加工时,必须把垂直度误差控制在最小范围内,如图4.44所示。

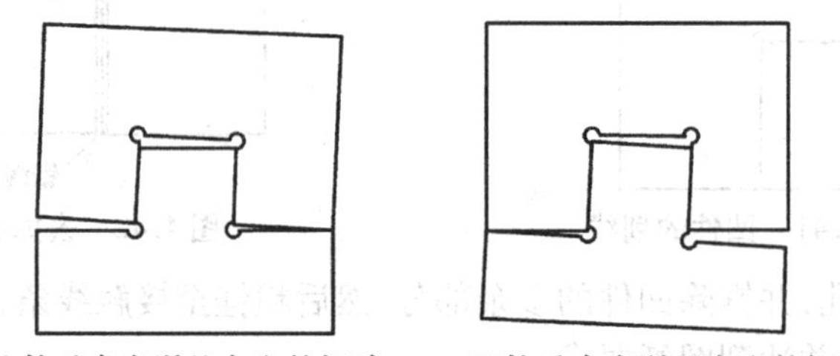

(a)凸件垂直度误差产生的间隙 (b)凹件垂直度误差产生的间隙

图4.44 控制垂直度误差

⑥在加工各垂直面时,为了防止锉刀侧面碰坏另一垂直侧面,应将锉刀一侧面在砂轮上进行修磨,并使其与锉刀面夹角略小于90°(锉内垂直面时)。

(5)凹凸体锉配评分表

工位__________ 姓名__________ 总得分:________

项 目	项目与技术要求	实测记录		配 分	实得分
1	$20_{-0.05}^{0}$(两处)			10×2	
2	60±0.05(两处)			10×2	
3	40±0.05(两处)			10×2	
4	配合间隙<0.06 mm(5处)			4×5	
5	配合后对称度0.05 mm			8×1	
6	配合表面粗糙度 $R_a\leqslant3.2$ μm(10面)			1×10	
7	$\phi3$ 工艺孔位置正确(4个)			0.5×4	
8	安全文明生产			违者每次扣5分	
9	时间定额8 h	开始时间		每超时30 min扣5分	
		结束时间			
		实际工时			

活动4 展示与评价

分组进行自评、小组间互评、教师评,在学习活动评价表相应等级的方格内画"√"。

学习活动评价表

学生姓名____________ 教师____________ 班级____________ 学号____________

评价项目	自 评			组 评			师 评		
	优秀	合格	不合格	优秀	合格	不合格	优秀	合格	不合格
锉配时零件的加工顺序是否合理									
锉配时配合间隙的处理情况评价									
垂直度的测量									
平行度的测量									
平面度的测量									
内外六角体的加工质量									
凹凸体的加工质量									
总 评									

练习题

1. 锉刀按其用途不同,可分为哪几类?
2. 如何选用锉刀?
3. 锉刀的正确使用和保养有哪些内容?
4. 平面的锉削方法有哪些?各适用哪些场合?
5. 用90°角尺检查工件垂直度应注意些什么?
6. 锉削中应注意哪些安全技术问题?
7. 锉凹圆弧面时,锉刀要同时完成哪3个运动?
8. 简述锉配的原则。

项目 5

钻孔、扩孔、锪孔和铰孔

孔是工件经常出现的结构，选择合适的方法对孔进行加工是钳工重要的工作之一。本项目将介绍钳工中常用到的钻孔、扩孔、锪孔、铰孔的方法；钻头的刃磨；钻削用量；铰削用量；钻孔的安全文明生产知识等内容。

任务5.1 钻 孔

【知识目标】

★ 了解麻花钻的组成及作用。

★ 知道切削部分的各种参数及对切削的影响。

★ 掌握钻削用量的选择方法。

★ 了解群钻的结构特点。

【技能目标】

★ 能正确刃磨麻花钻。

★ 能钻削各种孔。

★ 能正确选择钻孔时的切削液。

【态度目标】

★ 树立质量意识。

用钻头在实体材料上加工圆孔的方法称为钻孔。钻孔时，工件固定，钻头安装在钻床主轴上作旋转运动，称为主运动，钻头沿轴线方向移动称为进给运动。钻削的运动如图5.1所示。

活动1 了解钻头

(1)麻花钻

1)麻花钻的构造

麻花钻是应用最广泛的钻头，如图5.2所示。它由以下3个部分组成：

图 5.1　钻削运动

v—主运动；f—进给运动

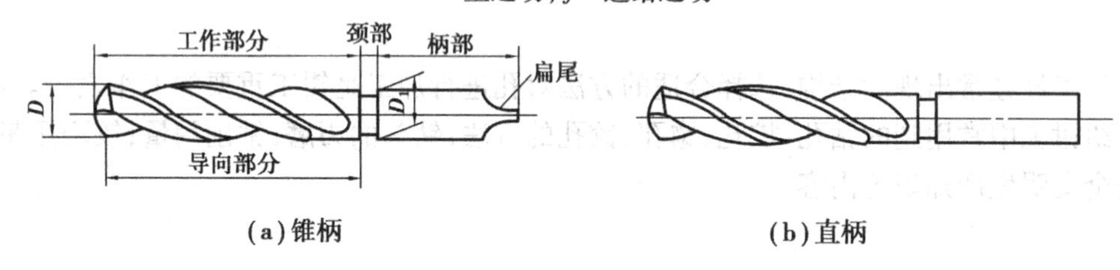

(a)锥柄　　(b)直柄

图 5.2　麻花钻

①柄部

被机床或电钻夹持的部分,用来传递扭矩和轴向力。按形状不同,柄部可分为直柄和锥柄两种。直柄所能传递的扭矩较小,用于直径在 13 mm 以下的钻头。当钻头直径大于 13 mm 时,一般都采用锥柄。锥柄的扁尾既能增加传递的扭矩,又能避免工作时钻头打滑,还能供拆钻头时敲击之用。莫氏锥柄的钻头直径、大端直径尺寸见表 5.1。

表 5.1　莫氏锥柄的钻头直径、锥柄大端直径/mm

莫氏锥柄号	1	2	3	4	5	6
钻头直径 D	6 ~ 15.5	15.6 ~ 23.5	23.6 ~ 32.5	32.6 ~ 49.5	49.6 ~ 65	66 ~ 80
大端直径 D_1	12.240	17.980	24.051	31.542	44.731	63.760

②颈部

位于柄部与工作部分之间,主要作用是在磨削钻头时供砂轮退刀用。其次,还可刻印钻头的规格、商标和材料等,以供选择和识别。

③工作部分

是钻头的主要部分,由切削部分和导向部分组成。切削部分承担主要的切削工作。导向部分在钻孔时起引导钻削方向和修光孔壁的作用,同时也是切削部分的备用段。

2)切削部分的六面五刃(见图 5.3)

两个前面:切削部分的两螺旋槽表面。

两个后面:切削部分顶端的两个曲面,加工时它与工件的切削表面相对。

两个副后刀面:与已加工表面相对的钻头两棱边。

两条主切削刃:两个前刀面与两个后刀面的交线。

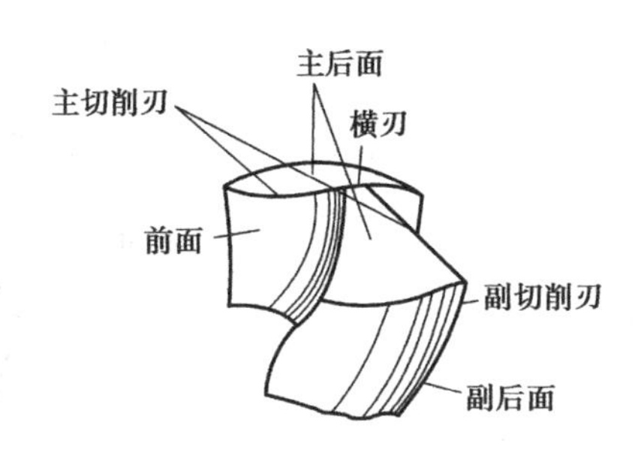

图5.3　钻头的切削部分

两条副切削刃:两个前刀面与两个副后刀面的交线。

一条横刃:两个后刀面的交线。

3)螺旋槽

两条螺旋槽使两个刀瓣形成两个前刀面,每一刀瓣可看成是一把外圆车刀。切屑的排出和切削液的输送都是沿此槽进行的。

4)棱边

在导向面上制得很窄且沿螺旋槽边缘凸起的窄边称为棱边。它的外缘不是圆柱形,而是被磨成倒锥,即直径向柄部逐渐减小。这样棱边既能在切削时起导向及修光孔壁的作用,又能减少钻头与孔壁的摩擦。

棱边倒锥数值见表5.2。

表5.2　麻花钻的倒锥数值表

钻头直径	1~6	6~18	18~80
每100 mm内减小量	0.03~0.08	0.04~0.10	0.05~0.12

5)钻心

两螺旋形刀瓣中间的实心部分称为钻心。它的直径向柄部逐渐增大,以增强钻头的强度和刚性。

6)麻花钻的辅助平面

为便于了解麻花钻的切削角度,先介绍几个相关的辅助平面,如图5.4所示。

①基面

主切削刃上任意一点的基面就是过该点并与该点切削速度方向垂直的平面,也就是过该点并通过钻头轴心线的平面。

②切削平面

主切削刃上任一点的切削平面就是通过该点并与工件加工表面相切的平面。

③主截面

主截面就是通过主切削刃上任一点并垂直于切削平面和基面的平面。

7)麻花钻的切削角度与几何尺寸及其对切削的影响

麻花钻的切削角度,如图5.5所示。

①顶角2φ

顶角又称锋角,它是两主切削刃在其平行平面$M—M$上投影的夹角。标准麻花钻$2\varphi=118°\pm2°$,主切削刃呈直线形。

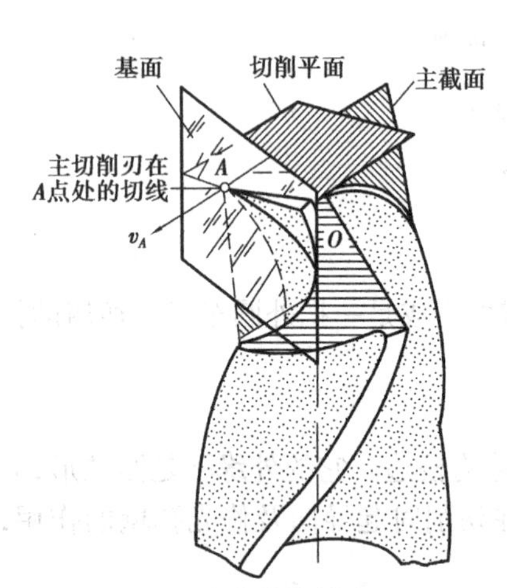

图5.4　麻花钻的辅助平面

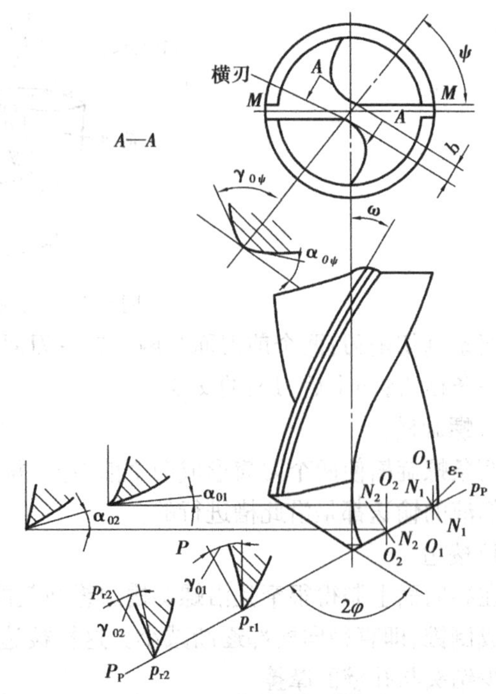

图5.5　麻花钻的切削角度

顶角越小，钻头在工作时所受的轴向阻力就越小，外缘处刀尖角 ε 增大，易散热，但钻头所受扭矩增大，切屑卷曲厉害，不便排屑，不易输入切削液；顶角越大，钻尖强度越高，但钻削时轴向阻力也大。刃磨时，应根据加工条件决定顶角的大小。一般钻硬材料，顶角磨得大些；钻软材料，顶角磨得小些，当 $2\varphi > 118°$ 时，主切削刃呈内凹形；$2\varphi < 118°$ 时，主切削刃呈外凸形。

②螺旋角 ω

如图5.6所示，麻花钻的螺旋角是指主切削刃上最外缘处螺旋线的切线与钻头轴心线之间所夹的锐角。在钻头的不同半径处，螺旋角的大小是不等的。钻头外缘的螺旋角最大，越靠近钻心，螺旋角越小。相同直径的钻头，螺旋角越大，强度越低。

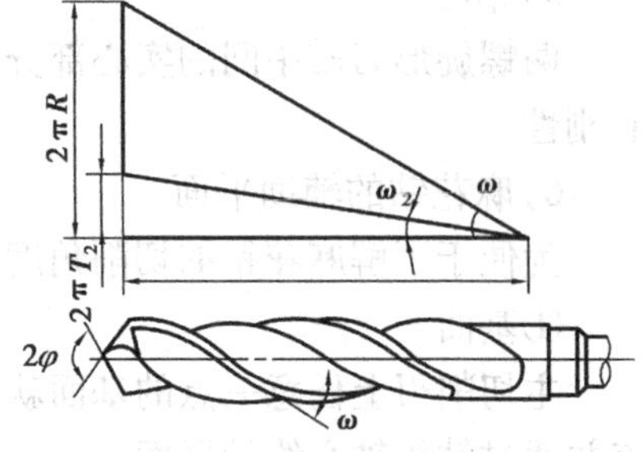

图5.6　麻花钻的螺旋角

③前角 γ

主切削刃上任意一点的前角是指在主截面 $N—N$ 中，前面与基面间的夹角。如在 $N_1—N_1$ 中的 γ_{01}，$N_2—N_2$ 中的 γ_{02}。

主切削刃上各点的前角不等。外缘处的前角最大，一般为30°左右，自外缘向中心处前角逐渐减小。约在中心 $d/3$ 范围内为负值，接近横刃处前角为 $-30°$，横刃处 $\gamma_{0\psi} = -54° \sim -60°$，前角越大，切削越省力。

④后角 α_0

钻头切削刃上某一点的后角是指在圆柱截面内后面的切线与切削平面之间的夹角。

主切削刃上各点的后角不等。刃磨时，应使外缘处后角较小（$\alpha_0 = 8° \sim 14°$），越靠近钻心后角越大（$\alpha_0 = 20° \sim 26°$），横刃处 $\alpha_{0\psi} = 30° \sim 36°$。

后角的大小影响着后面与工件切削表面之间的摩擦程度。后角越小,摩擦越严重,但切削刃强度越高。因此钻硬材料时,后角可适当小些,以保证刀刃强度。钻软材料,后角可稍大些,以使钻削省力。但钻有色金属材料时,后角不宜太大,以免产生自动扎刀现象。而不同直径的麻花钻,直径越小后角越大。

下面是在一般情况下,不同直径的麻花钻外缘处的后角大小。

当 $D<15$ mm 时,$\alpha_0=10°\sim14°$。

当 $D=15\sim30$ mm 时,$\alpha_0=9°\sim12°$。

当 $D>30$ mm 时,$\alpha_0=8°\sim11°$。

⑤横刃斜角 ψ

横刃与主切削刃的平行轴向截面 $M—M$ 之间的夹角称为横刃斜角,标准麻花钻的横刃斜角 $\psi=50°\sim55°$。横刃斜角的大小与靠近钻心处的后角大小有着直接关系,近钻心处的后角磨得越大,则横刃斜角就越小。反过来说,如果横刃斜角刃磨准确,则近钻心处的后角也是准确的。

⑥横刃长度 b

横刃的长度既不能太长,也不能太短。太长会增大钻削的轴向阻力,对钻削工作不利;太短会降低钻头的强度。标准麻花钻的横刃长度 $b=0.18D$。

⑦钻心厚度 d

钻心厚度是指钻头的中心厚度。钻心厚度过大时,会自然增大横刃长度 b,而厚度太小又削弱了钻头的刚度。为此,钻头的钻心制成锥形,即由切削部分逐渐向柄部增厚。标准麻花钻的钻心厚度约为切削部分 $d=0.125D$,柄部 $d=0.2D$。

⑧副后角

副切削刃上副后面与孔壁切线之间的夹角称为副后角。标准麻花钻的副后角为0°,即副后面与孔壁是贴合的。

8)标准麻花钻的修磨

①标准麻花钻的缺点

定心不良。由于横刃较长,横刃处存在较大负前角,使横刃在切削时处于挤压和刮削状态,由此产生较大轴向抗力。这一轴向抗力是使钻头在钻削时产生抖动,引起定心不良的主要原因,其次这一轴向力也是引起切削热的重要原因。

主切削刃上各点的前角大小不同,引起各点切削性能不同。靠近钻心处负前角很大,切削性能差,切削热量大,刀刃磨损严重;外缘处的刀尖角较小,前角很大,刀齿薄,切削速度高,磨损最严重。棱边较宽,副后角为零,靠近切削部分的棱边与孔壁的摩擦比较严重,容易发热和磨损。

切屑宽而卷曲,造成排屑困难。因为主切削刃长,且全宽参加切削,各点切屑流出速度的大小和方向不同。引起切屑变形或宽而卷曲的螺旋卷,从而堵塞容屑槽。

针对上述缺点,应对标准麻花钻的切削部分进行修磨,以改善切削性能。

②麻花钻的修磨

修磨横刃如图5.7(a)所示。修磨横刃时,一方面要磨短横刃,另一方面要增大横刃处的前角。一般直径为5 mm以上的钻头均须磨短横刃,使横刃成为原来长度的1/5~1/3,以减少轴向阻力,减轻挤刮现象,提高钻头的定心作用和切削的稳定性。

增大横刃处的前角，目的是使靠近钻心处形成斜角为 $\tau=20°\sim30°$ 的内刃，且内刃处前角 $\gamma_{0\tau}=0\sim-15°$，以改善其切削性能。

修磨主切削刃如图 5.7(b)所示，将主切削刃磨出第二顶角 2φ，目的是增加切削刃的总长度，增大刀尖角 ε，从而增加刀齿强度，改善散热条件，提高切削刃与棱边交角处的抗磨性，延长钻头使用寿命，同时也有利于减小孔壁表面粗糙度。一般 $2\varphi_0=70°\sim75°$，$f_0=0.2D$。

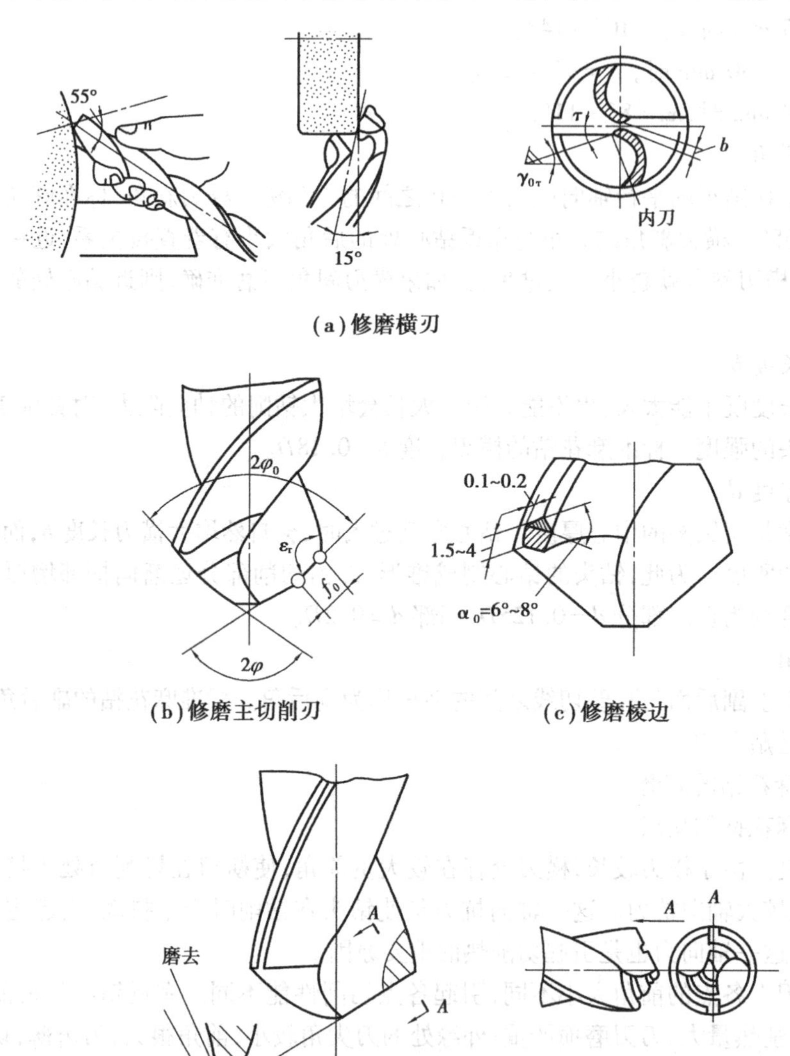

(a)修磨横刃

(b)修磨主切削刃　(c)修磨棱边

(d)修磨前面　(e)修磨分屑槽

图 5.7　麻花钻的修磨

修磨棱边如图 5.7(c)所示，在靠近主切削刃的一段棱边上，磨出副后角 $\alpha_0=6°\sim8°$，并使棱边宽度为原来的 1/3 ~ 1/2。其目的是减少棱边对孔壁的摩擦，提高钻头耐用度。

修磨前面如图 5.7(d)所示，把主切削刃和副切削刃交角处的前面磨去一块（图中的阴影部分），以减少该处的前角。其目的是在钻削硬材料时可提高刀齿的强度。而在切削黄铜时，又可避免由于切削刃过分锋利而引起扎刀现象。

修磨分屑槽直径大于 15 mm 的麻花钻，可在钻头的两个后面上磨出几条相互错开的分屑槽,如图5.7(e)所示。这些分屑槽可使原来的宽切屑被割成几条窄切屑,有利于切屑的排出。有些钻头在制造时已在两个前面磨出分屑槽,此时,就不必考虑对后面的修磨了。

(2)群钻

群钻是我国广大工人通过长期的实践和研究,吸取群众智慧,对麻花钻实行革新的一种新型钻头。群钻效率高,寿命长,加工质量好,适应能力强。

根据用途不同,群钻分为标准群钻、薄板群钻(或称三尖钻)等。

1)标准群钻

标准群钻主要用来钻削钢材,如图5.8(a)所示。它的结构特点是在标准麻花钻上磨出月牙槽,修磨横刃和磨出单面分屑槽。

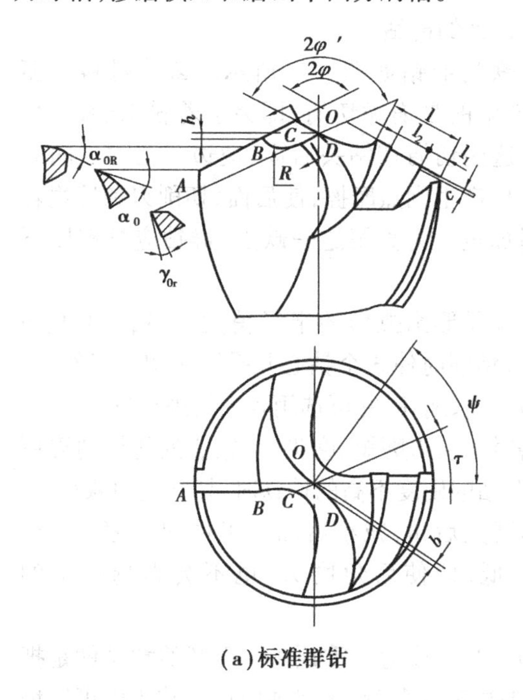

(a)标准群钻

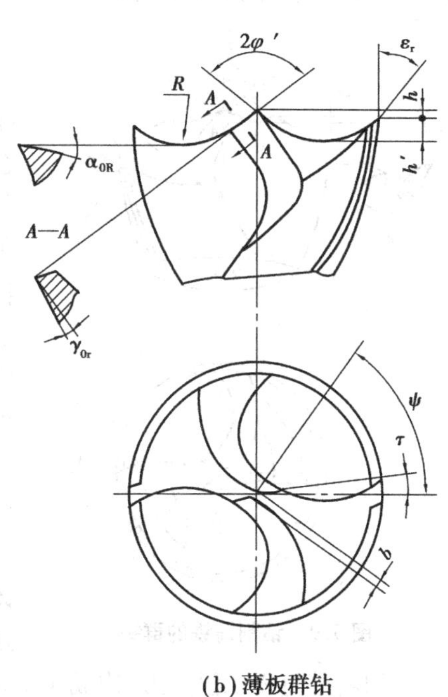

(b)薄板群钻

图5.8　群钻

①磨月牙槽

形成月牙形圆弧刃是群钻最显著的特点,它把主切削刃分成3段,即外刃(*AB*段)、圆弧刃(*BC*段)和内刃(*CD*段)。这种结构有利于断屑、排屑,且圆弧刃上各点的前角比原来大,可减少切削阻力,提高切削速度。钻孔时圆弧刃在孔底上切削出一道圆环肋,能限制钻头的摆动,加强了定心作用。由于磨月牙槽时降低了钻头的钻心高度,因此可把横刃处磨得较锋利,而不致影响钻尖的强度。

②修磨横刃

把横刃磨短,成为原长的1/7～1/5,同时新形成的内刃上前角$\gamma_{0\tau}$也增大,可提高切削能力。

③磨出单面分屑槽

在一条外刃上磨出凹形分屑槽,有利于排屑和减少切削力。

2)薄板群钻

用标准钻头钻薄板时,由于钻心钻穿工件后,立即失去定心作用和突然使轴向阻力减少,且带动工件弹动，使钻出的孔不圆，出口处的毛边很大，而且常因突然切入过多而产生扎刀或钻头折断事故。

为避免上述缺点，将麻花钻的两条切削刃磨成弧形，这样两条切削刃的外缘和钻心处就形成3个刃尖，如图5.8(b)所示。其中，外缘的刃尖与钻心的刃尖在高度上仅相差0.5～1.5 mm。这样钻孔时钻心尚未钻穿，两切削刃的外刃尖已在工件上划出圆环槽，起到良好的定心作用，保证了钻孔的质量。

3)群钻在加工不同材料时的刃磨

标准群钻主要用于碳钢和合金钢的钻削加工。加工其他材质的孔时，为了获得良好的加工效果，应采用不同的刃磨方法。

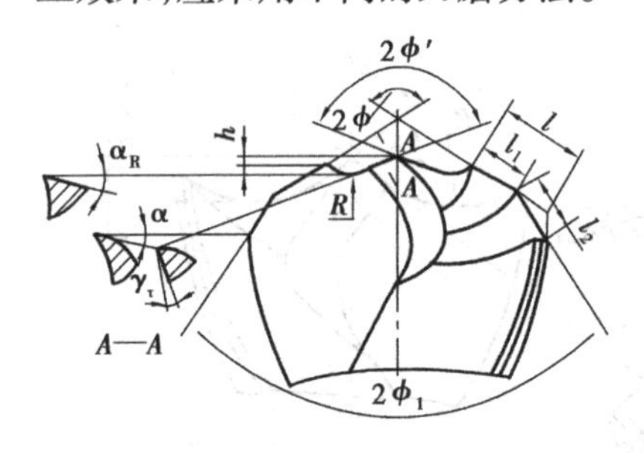

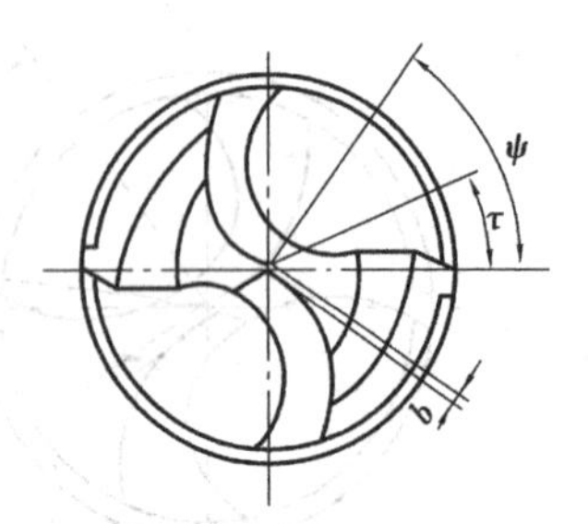

图5.9　钻削铸铁的群钻

①钻削铸铁的群钻

钻削铸铁的群钻如图5.9所示。铸铁材料硬而脆，故钻孔产生的是崩脆切屑，即夹杂着粉末的碎块、粒状切屑。这些切屑在钻头后面、棱边与工件之间如同研磨剂一样产生剧烈摩擦，使后面、切削刃和棱边转角处的磨损加重。为克服这一缺点，群钻应具有以下特点：

a.刃磨月牙形圆弧槽的半径稍大，但钻心高度 h 应磨得很小，钻削时使3个钻心几乎同时切入工件，保护钻心不易磨损、崩坏，并可选用较大的进给量。

b.刃磨时把横刃磨短、磨尖，使钻心处的切削刃更锋利，使得在钻削硬度不高的铸铁时，切削抗力减小。

c.适当磨大后角，减小后面与工件的摩擦。由于铸铁的强度低，即使后角磨大，也不会影响钻头的强度。

d.刃磨外直刃二段直刃，构成3个顶角 2ϕ，$2\phi'$，$2\phi_1$，成为三重顶角。刃磨的意义就是把切削刃、棱边转角与工件磨损最大的部位先磨掉，提高钻头寿命，还因轴向抗力减小而可以增大切削的进给量。

②钻削纯铜的群钻

钻削纯铜的群钻如图5.10所示。由于纯铜的材质软、塑性好、强度低，故钻孔时产生带状切屑，从而导致孔不圆、孔壁表面粗糙、有划痕、出口处有毛刺等问题。为此，钻削纯铜的群钻应具有以下特点：

a.刃磨各刃前角要小，横刃斜角 $\psi=90°$，即让切削刃钝一些。

b.为了使加工出来的孔有较好的圆度，刃磨时横刃要短一些，即钻心尖要尖一些，以保证钻削时定心稳。另外，后角要小，使刀尖钝一些，避免钻削时群钻振动、抖动，而影响孔的圆度。

c.大直径钻头刃磨单边分削槽，帮助断屑、排屑，使孔的表面光滑。

d.在钻头主切削刃与棱刃之间磨出圆弧过渡刃，在切削刃上磨出倒角，配以较高的转速，可使加工表面很光洁。

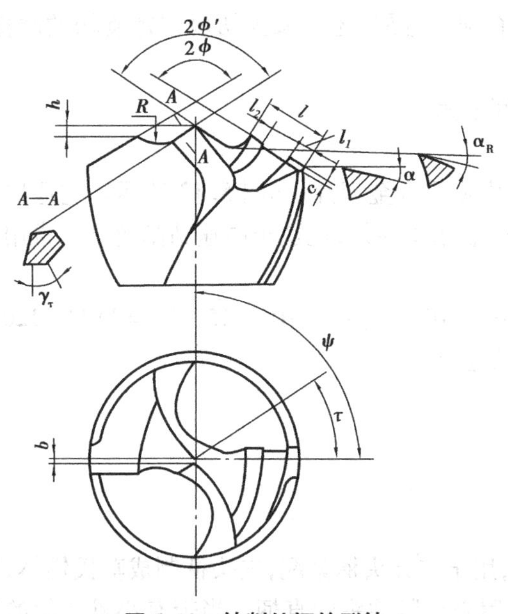

图5.10　钻削纯铜的群钻

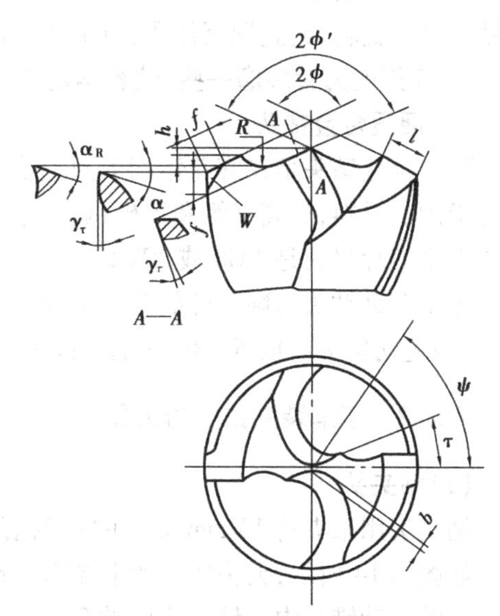

图5.11　钻削黄铜、青铜的群钻

③钻削黄铜、青铜的群钻

钻削黄铜、青铜的群钻如图5.11所示。铸造黄铜、青铜的强度、硬度都低，切削时的抗力较小。如果切削刃锋利，会造成切削刃自动向下，当钻穿孔时，会使钻头崩刀，严重时会使钻头折断，孔的出口易钻坏，工件易弹出来造成事故。为此，钻削黄铜、青铜的群钻应具有以下特点：

a. 刃磨时，远离钻心的切削刃的前角要小，即磨掉靠近外径处的前面一块，使切削刃钝一些，就不会发生扎刀。

b. 钻削黄铜、青铜的群钻，其横刃、圆弧过渡刃的刃磨方法完全同于钻削纯铜的群钻。

④钻削铝、铝合金的群钻

钻削铝、铝合金的群钻如图5.12所示。铝、铝合金材料的强度、硬度都低，塑性差，切削时的抗力较小。切屑虽呈带状但断屑容易。钻削时切削块容易黏在前刀面上的切削刃处形成刀瘤。刀瘤致使孔壁表面粗糙不平。为此，钻削铝、铝合金的群钻应具有以下特点：

a. 群钻刃磨后，用油石磨光钻头前、后面，表面粗糙度达 $R_a0.4$ μm，螺旋槽最好经过抛光处理。钻削时采用较高的切削速度。切削液采用煤油或煤油与机油的混合液。

b. 为解决排屑问题，应做到以下3点：

i. 刃磨内刃顶角 $2\phi'=100°\sim120°$，月牙槽的半径 $R_1\approx0.08D$，目的是加深圆弧、增强 B 点的分屑作用。

ii. 刃磨外直刃顶角 $2\phi=140°\sim170°$，再用油石在

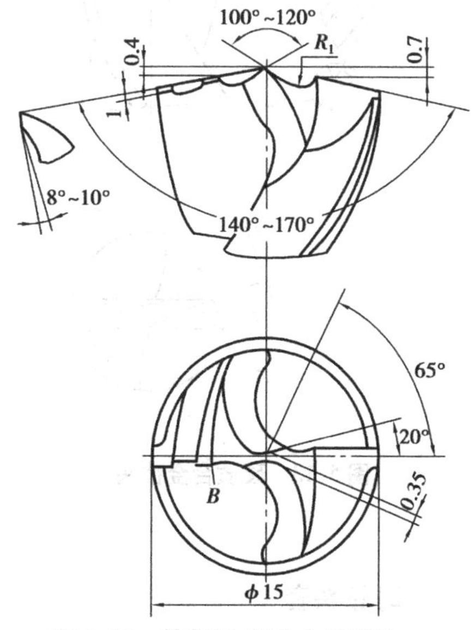

图5.12　钻削铝、铝合金的群钻

外直刃的前面磨出小平面,且前角为 8°~10°,有利于排屑,还可减少切屑与螺旋槽的摩擦。群钻的高速旋转,起到抛屑作用,可加快排屑。

iii. 横刃的刀背多磨一些,使容纳切屑的空间增大。

(3)硬质合金钻头

硬质合金钻头是在麻花钻切削刃上嵌焊一块硬质合金刀片,如图 5.13 所示。它适用于钻削很硬的材料,如高锰钢和淬硬钢,由于硬质合金耐磨性好,也适于高速钻削铸铁。常用的硬质合金刀片材料是 YG8 或 YW2。

硬质合金钻头切削部分的几何参数一般是:$\gamma_0 = 0° \sim 5°$;$\alpha_0 = 10° \sim 15°$;$2\varphi = 110° \sim 120°$;$\psi = 77°$;主切削刃磨成 $R2 \times 0.3$ 的小圆弧,以增加强度。

活动 2　了解装夹钻头的工具

(1)钻夹头

钻夹头用来夹持 13 mm 以下的直柄钻头。

如图 5.14 所示,夹头体 1 的上端有一锥孔,用于与夹头柄紧配,夹头柄制成莫氏锥体,装入钻床的主轴锥孔内。钻夹头中的 3 个夹爪 4 用来夹紧钻头的直柄。当带有小锥齿轮的钥匙 3 带动夹头套 2 上的大锥齿轮转动时,与夹头套紧配的内螺纹圈 5 也同时旋转。这个内螺纹圈与 3 个夹爪上的外螺纹相配,于是 3 个夹爪便同时伸出或缩进,使钻头直柄被夹紧或松开。

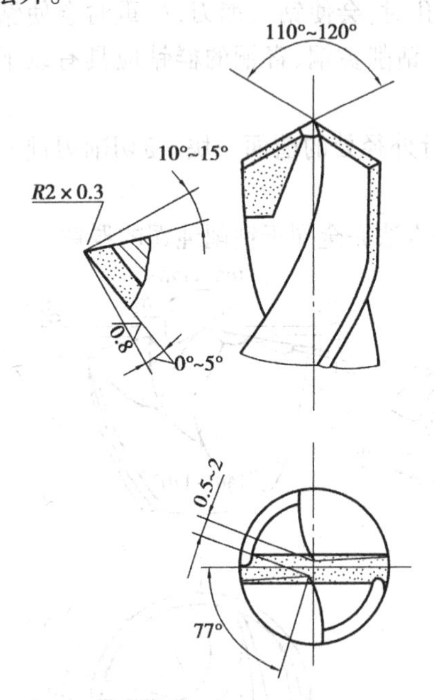

图 5.13　硬质合金钻头

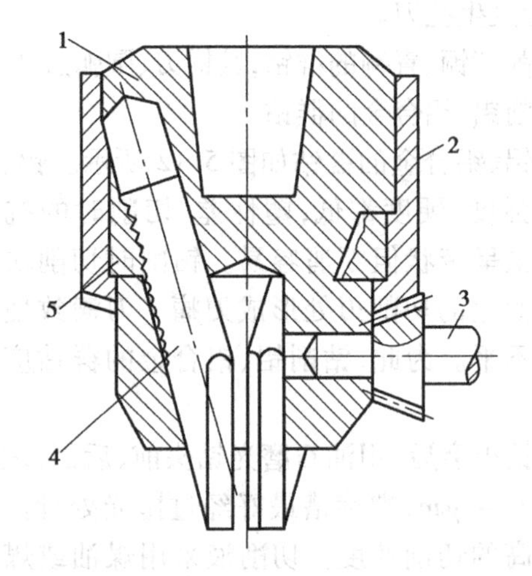

图 5.14　钻夹头

1—夹头体;2—夹头套;3—钥匙;4—夹爪;5—内螺纹圈

(2)钻头套

钻头套,如图 5.15 所示。它是用来装夹锥柄钻头的。

钻头套共分 5 种,工作中应根据钻头锥柄莫氏锥度的号数,选用相应的钻头套,见表 5.3。

表5.3　5种钻头套的选用

钻头套种类	钻头的大小		
	锥柄钻头的锥柄大小(莫氏锥度)		锥柄钻头的直径/mm
	内锥孔	外锥孔	
1	1号	1号	5.5以下
2	2号	2号	15.6~23.5
3	3号	3号	23.6~32.5
4	4号	4号	32.6-49.5
5	5号	5号	49.5~65

当用较小直径的钻头钻孔时，用一个钻头套有时不能直接与钻床主轴锥孔相配，此时要把几个钻头套配接起来应用。但这样装拆较麻烦，且钻床主轴与钻头的同轴度较差，为此可用特制的钻头套。

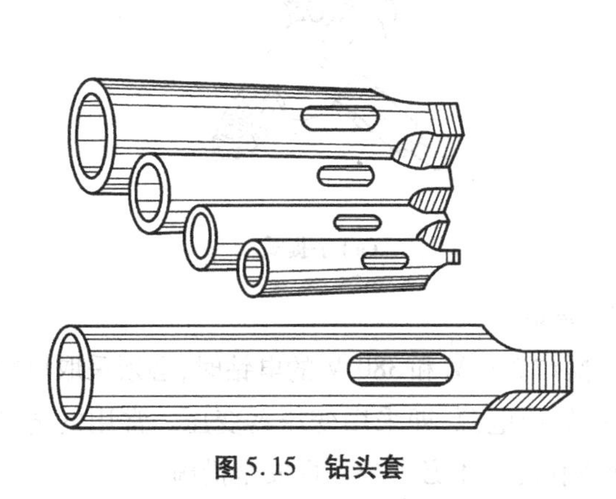

图5.15　钻头套

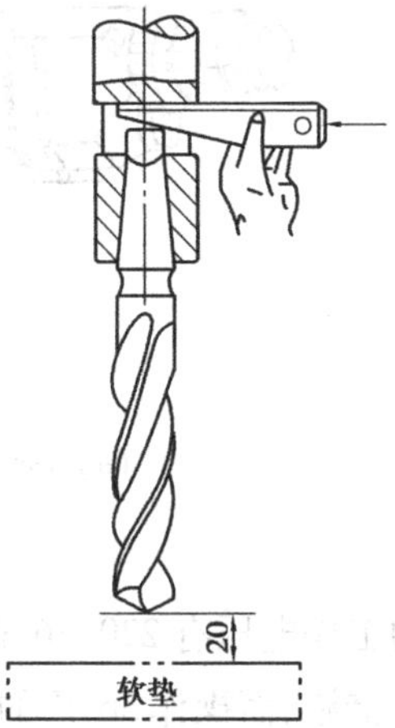

图5.16　从主轴上取出锥柄钻头

用斜铁拆卸钻头的方法如图5.16所示。拆卸时，要把斜铁带圆弧的一边放在上面，否则会损坏主轴上的长圆孔。右手拿锤子轻敲斜铁，左手握住斜铁。待斜铁被敲进后，钻头快被卸下时，再用左手握住钻头，以防钻头跌落，这样就可拆出钻头。

(3)快换钻夹头

在钻床上加工同一工件时，往往需调换直径不同的钻头或其他钻孔刀具。如果用普通的钻夹头或钻头套，需停车换刀，不仅浪费时间，而且容易损坏刀具和钻头套，甚至影响钻床精度。这时最好采用不需停车的快换钻夹头，如图5.17所示。夹具体的莫氏锥柄装在钻床主轴锥孔内。可换套根据加工的需要备有很多个，内有莫氏锥孔以供预先装好钻头，可换套的外表面有两个凹坑，钢球嵌入凹坑时，便可传递动力。滑套的内孔与夹具体松配。当需要更换钻头时可不停车，只要用手握住滑套往上推，两粒钢球就会因受离心力而贴于滑套的端部大孔表面。此时可用另一只手把可换套向下拉出，然后再把装有另一个钻头的可换套插入，放下滑套，两粒钢球就被重新压入可换套的凹坑内，于是就带动钻头旋转，弹簧环的作用是限制滑套上下的位置。

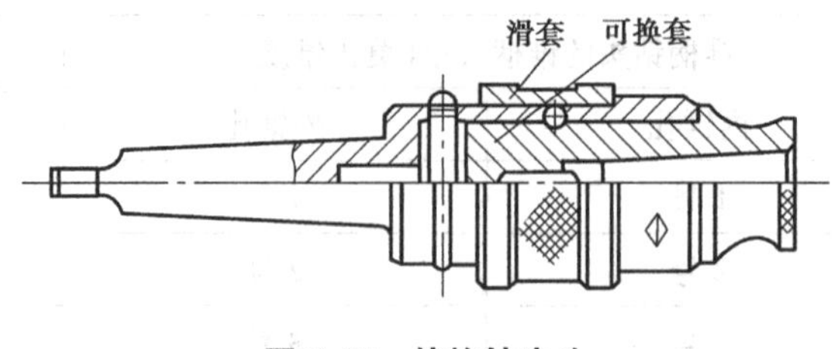

图5.17 快换钻夹头

活动3 了解电钻

电钻是一种手持的电动钻孔工具。在装配、修理工作中，经常要在大的工件上钻孔，或在工件的某些特殊位置钻孔。在用钻床不方便的场合，就可用电钻钻孔。

常用的电钻有手枪式和手提式两种形式，如图5.18所示。电钻的规格是以其最大钻孔直径来表示的，一般有6,10,13,19,23 mm等。

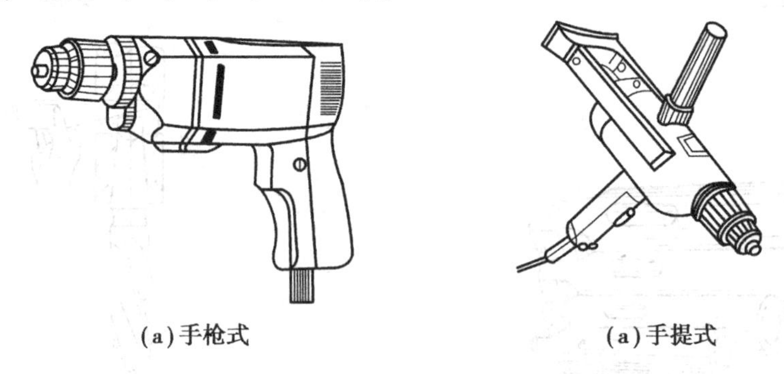

(a)手枪式　　(a)手提式

图5.18 电钻

电钻的工作电压有220,36和380 V 3种。操作220 V和380 V的电钻时，必须采取可靠的绝缘安全措施，而操作36 V的电钻时，需供应低压电源，即采用变压器变压。常用的电钻为220 V工作电压，因采用了双重绝缘结构，故操作时可不必另外采取安全措施。

(1)电钻的构造

如图5.19所示为JIZ2-6型双重绝缘电钻的结构示意图。它由机壳里的电动机通过减速齿轮，驱动电钻主轴旋转。在主轴上装有钻夹头或套筒(13 mm以下的电钻采用钻夹头，13 mm以上的电钻采用莫氏圆锥套筒)。开关是手揿式快速切断，且具有自锁装置。电动机能自行通风冷却，定子、转子经特殊绝缘处理，定子与机壳之间装入塑料套圈，加上塑料外壳组成双重绝缘结构，把减速箱与电动机用螺钉固定在一起，经两级齿轮减速，可获得1 200 r/min的转速。

(2)电钻的正确维护和安全使用

使用电钻时，应注意以下事项：

①对电钻的塑料外壳要妥善保护，以防碰裂。电钻不要与汽油及其他溶剂接触。

②要保持电钻的通风畅通，防止铁屑等杂物进入，以免损坏电钻。

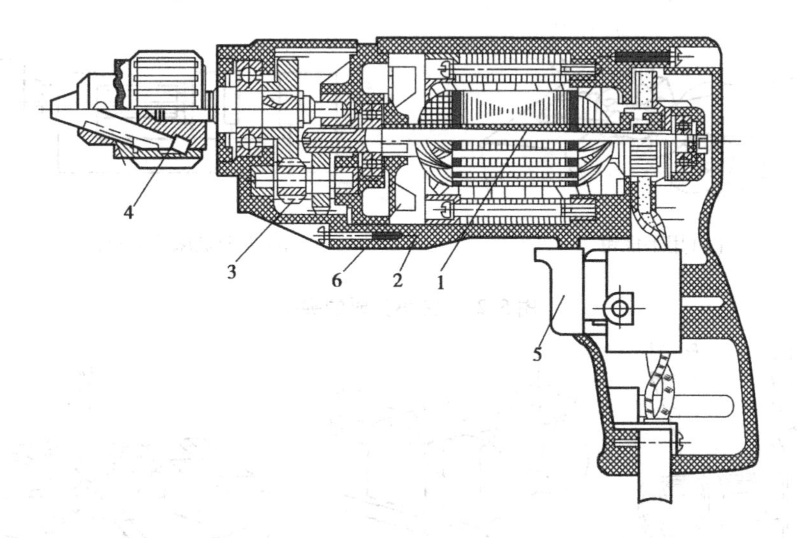

图5.19　JIZ2-6型电钻结构示意图

1—绝缘转子；2—绝缘机壳；3—减速箱；4—钻夹头；5—开关；6—风叶

③保持钻头的锋利，钻孔时不宜用力过猛，以防电钻过载；当转速明显降低时，应立即减小压力；电钻因故突然停止转动时，必须立即切断电源进行检查。

④装夹钻夹头时，切忌用锤子等物敲击，以免损坏钻夹头。

⑤使用时，必须握持电钻手柄，不能一边拉动软线一边搬动电钻，以防止软线被擦破、割断和轧坏而引起触电事故。

活动4　钻孔方法

(1)工件的夹持

钻孔时应根据钻孔直径大小和工件的形状及大小的不同，采用合适的夹持方法，以确保钻孔质量及安全生产。

1)平整工件的夹持

①用手握持：当钻孔直径在8 mm以下，且工件又可用手握牢而不会发生事故时，可用手直接拿稳工件进行钻孔，此时为防划手，应对工件握持边倒角。当快要将孔钻穿时，进给量要小。有些工件虽可用手握持，但为保证安全，最好再用螺钉将工件靠在工作台上，如图5.20所示。

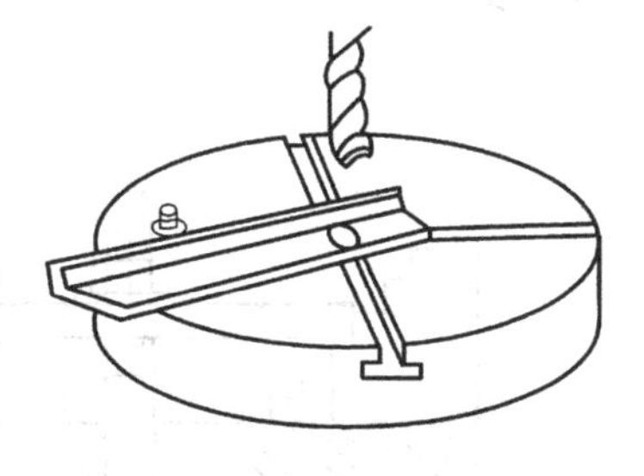

图5.20　长工件用螺钉靠住

②用手虎钳夹持：直径在8 mm以上或用手不能握牢的小工件，可以用手虎钳夹持，或用小型机床用平口虎钳夹持，如图5.21所示。

2)圆柱形工件的夹持

用V形架配以螺钉、压板夹持(见图5.22)，可使圆柱形工件在钻孔时不致转动。

3)搭压板夹持

当需在工件上钻较大孔，或用机床用平口虎钳不好夹持时，可用如图5.23所示的方法夹持，即用压板、螺栓、垫铁将工件固定在钻床工作台上。此时，应注意以下4点：

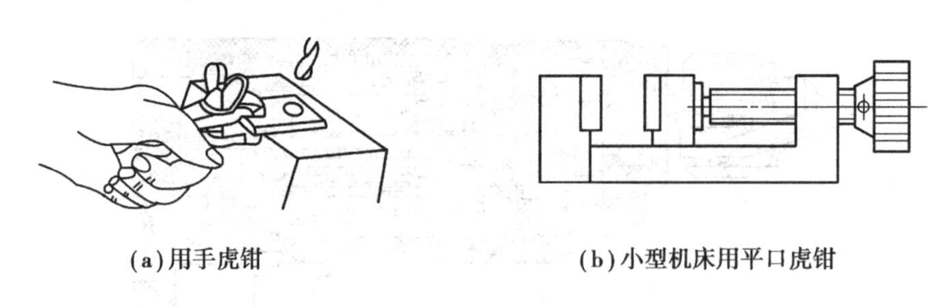

(a)用手虎钳　　(b)小型机床用平口虎钳

图5.21　钻小孔时的夹持

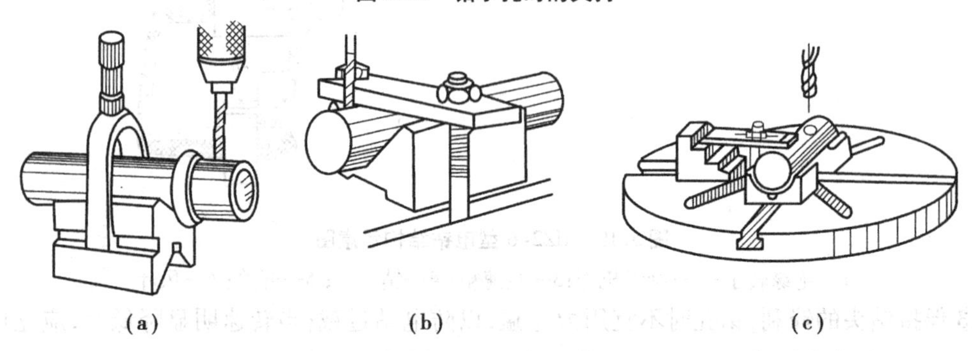

(a)　(b)　(c)

图5.22　圆柱形工件的夹持方法

①垫铁应尽量靠近工件,以减少压板的变形。

②垫铁应略高于工件被压表面。否则压紧后压板对工件的着力点在工件的边缘处,这样当只用一块压板压紧工件时,工件就会翘起。

③螺栓应尽量靠近工件,使工件获得尽量大的压紧力。

④对已经精加工的表面压紧时,应在这一表面垫上铜皮等软衬垫物,以保护表面不被压出印痕。

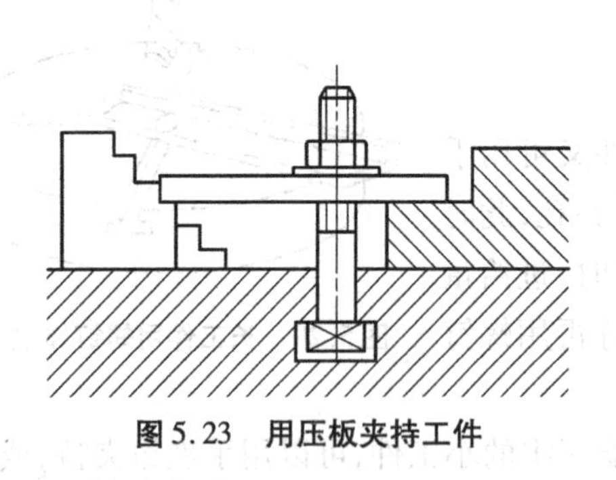

图5.23　用压板夹持工件

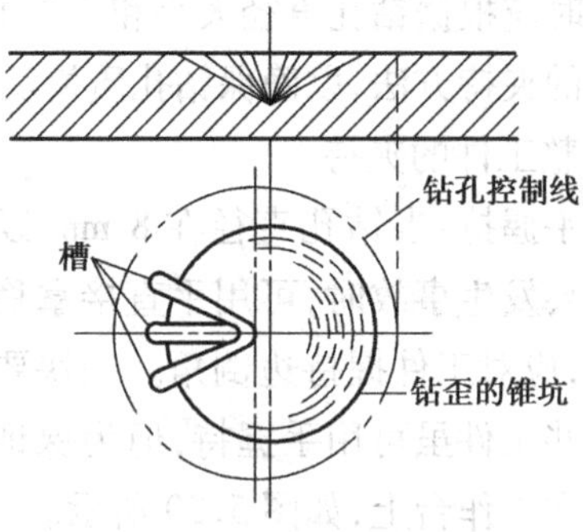

图5.24　用錾槽来纠正钻偏的孔

(2)钻孔方法

1)一般工件的钻孔方法

①试钻

起钻的位置是否准确,直接影响孔的加工质量。钻孔前,先把孔中心的样冲眼冲大一些,这样可使横刃在钻前落入样冲眼内,钻孔时钻头就不易偏离中心了。判断钻尖是否对准钻孔中心,先要在两个相互垂直的方向上观察。当观察到已对准后,先试钻一浅坑,看钻出的锥坑与所划的钻孔圆周线是否同心,如果同心,就可继续钻孔。否则,要借正后再钻。

②借正

当发现试钻的锥坑与所划的钻孔圆周线不同心时,应及时借正。一般靠移动工件位置借正。当在摇臂钻床上钻孔时,要移动钻床主轴。如果偏离较多,也可用样冲或油槽錾在需要多钻去材料的部位錾几条槽,以减少此处的切削阻力而让钻头偏过来,达到借正的目的,如图5.24所示。

③限速限位

当钻削通孔即将钻穿时,必须减少进给量,如原来采用自动进给,此时最好改成手动进给。因为当钻尖刚钻穿工件材料时,轴向阻力突然减小,由于钻床进给机构的间隙和弹性变形突然恢复,将使钻头以很大的进给量自动切入,以致造成钻头折断或钻孔质量降低等现象。如果钻不通孔,可按孔的深度调整挡块,并通过测量实际尺寸来检查挡块的高度是否准确。

④深孔的钻削要注意排屑

一般当钻进深度达到直径的3倍时,钻头就要退出排屑。并且每钻进一定深度,钻头就要退刀排屑一次,以免钻头因切屑阻塞而扭断。

⑤直径超过30 mm的大孔可分两次钻削

先用0.5~0.7倍孔径的钻头钻孔,然后再用所需孔径的钻头扩孔。这样可以减小轴向力,保护机床和钻头,又能提高钻孔质量。

2)在圆柱形工件上钻孔的方法

轴类、套类工件上,经常要钻出与轴线垂直并通过轴线的孔,这时钻孔的借正工作就显得特别重要。

当孔的中心与工件中心对称度要求较高时,应选用V形架支承工件,并将工件的钻孔中心线校正到与钻床主轴的中心线在同一条铅垂线上。再在钻夹头上夹上一个定心工具,如图5.25(a)所示,并用百分表找正定心工具,使之与主轴达到同轴度要求,并使它的振摆量为0.01~0.02 mm。然后调整V形架使之与圆锥体准确定位,最后用压板把V形架位置固定。

借正工作结束后开始划线。先在工件端面用90°角尺找正端面的中心线,并使之保持垂直,如图5.25(b)所示。然后就可换上钻头,压紧工件,试钻一个浅坑,判断中心位置是否正确。如有误差,可找正工件再试钻。

当对称度要求不太高时,可不用定心工具,而利用钻头的钻尖来找正V形架的位置。再用90°角尺借正工件端面的中心线,并使钻尖对准钻孔中心,进行试钻和钻孔。

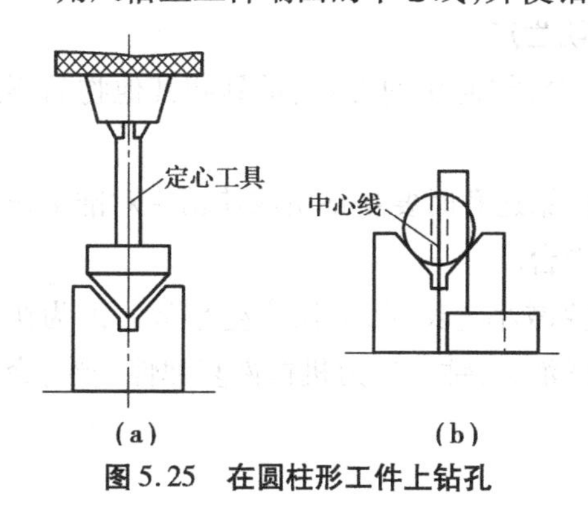

图5.25 在圆柱形工件上钻孔

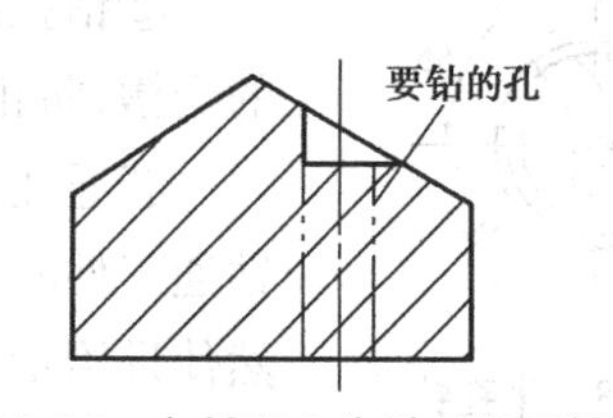

图5.26 在斜面上先铣平面再钻孔

3)在斜面上钻孔的方法

如图5.26所示,若直接用钻头在斜面上钻孔,由于钻头在单向径向力的作用下,切削刃受力不均匀而产生偏切现象,致使钻孔偏歪、滑移,不易钻进,即使勉强钻进,钻出的孔的圆度和轴心线的位置度也难保证,甚至可能折断钻头。因此,可采取以下方法:

①先用立铣刀在斜面上铣出一个水平面,然后再钻孔。

②用錾子在斜面上錾出一个小平面后,先用中心钻钻出一个较大的锥坑,或先用小钻头钻出一个浅孔,再钻孔时钻头的定心就较为可靠了。用中心钻的目的是它的刚度好,不易偏歪;用小钻头先钻浅孔时,为了保证钻头有较好的刚度,应选用较短的钻头,同时使钻头在钻夹头中的伸出量尽量短。

4)钻半圆孔的方法

①相同材料的半圆孔钻削方法。当相同材料的两工件边缘需钻半圆孔时,可把两件合起来,用台虎钳夹紧,如图5.27(a)所示。若只需制作一件,则可用一块相同材料与工件拼起来夹在台虎钳内进行钻削。

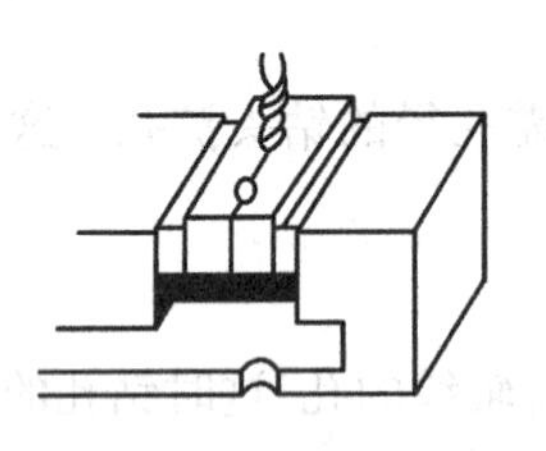

(a)将两工件合起来钻半圆孔

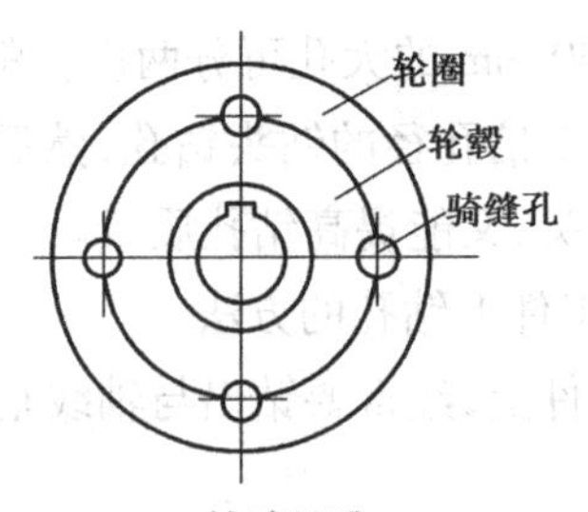

(b)钻骑缝孔

图5.27 钻半圆孔

②不同材料的半圆孔钻削方法。在两件不同材质的工件上钻骑缝孔时,可采用“借料”的方法来完成,即钻孔的孔中心样冲眼要打在略偏向硬材料的一边,以抵消因阻力小而引起的钻头偏向软材料的偏移量,如图5.27(b)所示。

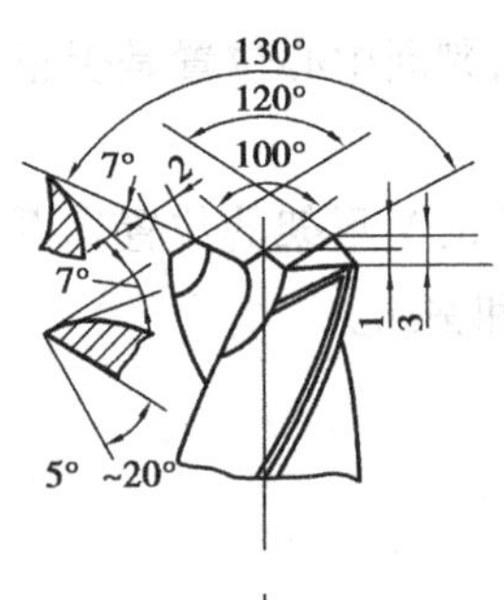

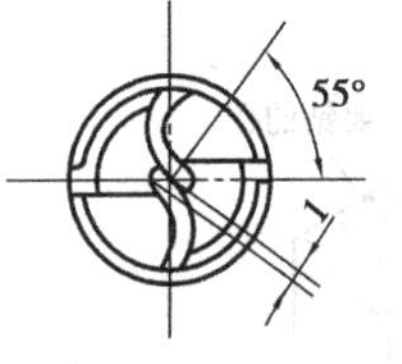

图5.28 半孔钻

③使用半孔钻。如图5.28所示的半孔钻,是把标准麻花钻切削部分的钻心修磨成凹凸形,以凹为主,突出两个外刃尖,使钻孔时切削表面形成凸肋,限制了钻头的偏移,因而可以进行单边切削。为防止振动,最好采用低速手动进给。

(3)钻孔时的安全文明生产

①钻孔前要清理工作台,如使用的刀具、量具和其他物品不应放在工作台面上。

②钻孔前要夹紧工件,钻通孔时要垫垫块或使钻头对准工作台的沟槽,防止钻头损坏工作台。

③通孔快被钻穿时,要减小进给量,以防产生事故。因为快要钻通工件时,轴向阻力突然消失,钻头走刀机构恢复弹性变形,会突然使进给量增大。

④松紧钻夹头应在停车后进行，并且要用“钥匙”来松紧而不能敲击。当钻头要从钻头套中退出时要用斜铁敲出。

⑤钻床需变速时应停车后变速。

⑥钻孔时，应戴安全帽，而不可戴手套，以免被高速旋转的钻头造成伤害。

⑦切屑的清除应用刷子而不可用嘴吹，以防切屑飞入眼中。

活动5　掌握切削液和切削用量的选择

(1)切削液的作用、种类和选用

1)切削液的作用

大部分金属切削需要使用切削液，即使在可以干切削的作业中，如果选用适当的冷却润滑剂也可提高工作效率。实践证明，用切削液冲洗刀具和加工工件可使切削速度提高30%～40%。钻孔、铰孔和攻螺纹时，都需要切削液的帮助，特别是在钻孔时，切削液可使加工表面的平均粗糙度提高两倍。此外，润滑钻头刃带和孔壁之间的接触点也能降低机床的扭矩需求。总体来说，切削液具有以下作用：

①冷却作用

切削液的输入能吸收和带走大量的切削热，降低工件和钻头的温度，限制积屑瘤的生长，防止已加工表面硬化，减少因受热变形产生的尺寸误差，这是切削液的主要作用。

②润滑作用

由于切削液能渗透到钻头与工件的切削部分，形成有吸附性的润滑油膜，起到减轻摩擦的作用，从而降低了钻削阻力和钻削温度，使切削性能及钻孔质量得以提高。

③内润滑作用

切削液能渗入金属微细裂缝中，起内润滑作用，减小了材料的变形抗力，从而使钻削更省力。

④洗涤作用

流动的切削液能冲走切屑，避免切屑划伤已加工表面。

2)切削液的成分与选择

根据我国目前市场情况，切削液的主要成分如下：

①油或油基液体

油或油基液体属于ASTM D 2881分类中的Ⅰ-A，Ⅰ-B，Ⅰ-C，习惯称为切削油（也称净切削油），主体为矿物油，含或不含添加剂。

②乳化液

乳化液属于ASTM D 2881分类中的Ⅱ-A，Ⅱ-B，Ⅱ-C，有时称为溶解油。根据矿物油含量和油滴粒度可分为3种，粗乳液：含油65%～80%，油滴粒度2～10 μm；微乳液：含油40%～50%，油滴粒度<1 μm；半合成乳液：含油5%～40%，油滴粒度约0.1 μm。

③合成液体

合成液体含油或不含油，以溶于水的高分子有机物为主要润滑剂。

④化学溶液

化学溶液不含油，属 ASTM D 2881 分类中的Ⅲ。

从以上成分来看，以切削油的润滑性最好。乳化液中的粗乳、微乳和半合成型乳液，如配制得当也有相当好的润滑性能。目前粗乳液和微乳液的使用范围最广泛。用于重载荷切削的乳化液要含极压添加剂。合成液是乳化液的补充产品。这种液体常用在特定的用途上。某些合成液体在使用中由于浓度增大、清洗性增强而导致损伤操作人员的皮肤和机床涂层。化学溶液是不含矿物油的水溶液。使用前用水稀释，有良好的冲洗、冷却效果，并应能防止接触区域的锈蚀。这类液体主要用于研磨，功能在于清洗和冷却，没有润滑性。切削液的选择，首先要避免使用那些对机床、刃具和加工材料有害的液体。通常，不含游离硫的硫化油适用于加工钢材和铜材。而有些铜合金和高镍合金，在硫化剂（特别是含游离硫）作用下会产生暗色斑痕。水基切削液的成分比较复杂，这是因为要顾及乳化系统的稳定，既要考虑诸成分的HLB值，又要达到各项性能的平衡。由于切削液以水为基质，还应考虑诸成分的水溶性或在水中分散的性质。

选择切削液前应充分了解被加工材料的性质。被加工材料的物理化学性质不同，在切削操作中有切削的难易和与切削液相容性等问题，例如：

铝：质软，切割易黏切具。乳化液如碱性强，与铝产生化学反应，造成乳液分层。应选用专用乳化液或石蜡基矿物油作冷却润滑剂。

黄铜：切削时产生大量细屑，易使乳化油变绿。含活性硫的油剂可使加工材料变色，如选油剂要有过滤设备。

铜：切削时产生微细卷曲的屑，可使乳化液变成绿色，影响乳化液的稳定，在活性硫作用下生污斑。如选用油剂要配备过滤设备。

可锻铸铁：切削时产生大量微细的具有化学活性的磨蚀性屑。这些活性细屑好似过滤介质，削弱了乳化液的活性，而且可生成铁皂，使乳化液变为红褐色，乳化液的稳定性变劣。如使用油剂，必须用离心机或过滤器把铁屑除去。

铅及其合金：易切削，可生成铅皂，破坏乳化液的稳定。如使用油剂，对油剂有稠化倾向，要防止使用含大量脂肪的油剂。

镁：切削时产生细屑，可燃。一般不使用水基切削液，可采用低黏度油作为切削液。

钻孔时切削液的选择见表5.4。

表5.4　钻孔时切削液的选择

工件材料	切削液种类
各类结构钢	3% ~5%乳化液；7%硫化乳化液
不锈钢、耐热钢	3%肥皂加2%亚麻油水溶液；硫化切削油
紫铜、黄铜、青铜	不用；或用5% ~8%乳化液
铸铁	不用；或用5% ~8%乳化液；煤油
铝合金	不用；或用5% ~8%乳化液；煤油；油与菜油混合油
有机玻璃	5% ~8%乳化液；煤油

3)劳动卫生与环境

切削液对人身健康和环境的影响主要来自切削液所含的基础油和各种添加剂,主要表现在以下3个方面:

①致癌

切削液所含的高密度矿物油(相对密度大于0.9)属高芳烃含量的矿物油,易被乳化,但其中的多环芳烃(PCAH)是致癌成分。亚硝酸钠和三乙醇胺曾被广泛用于乳化液中,是有效的防锈剂。由于亚硝基二乙醇胺被证实为致癌物质,20世纪70年代有些国家已禁止使用。

②油疹

由于皮肤接触切削液中的油、菌类和金属屑而产生的油疹,是最常见的皮肤病。

③毛囊炎

由于皮肤汗毛囊管受到油及外来物刺激所致,主要发生在手臂。

因此,在配制和使用切削液时要做好防护工作,尽量避免皮肤与切削液直接接触,对溢出的切削液要做好导流和回收,尽量防止切削液渗漏到机器和地面上。

(2)钻孔时切削用量的选择

1)切削用量的概念

钻孔时的切削用量主要指切削速度、进给量和切削深度。

①切削速度 v_c

切削速度是指钻削时钻头切削刃上任一点的线速度。它一般是指切削刃最外缘处的线速度。

若已知钻床的转速,则切削速度为

$$v_c = \frac{\pi D n}{1\ 000}$$

式中　D——钻头直径, mm;

n——钻头的转速,r/min;

v_c——切削速度,m/min。

例6.1　用直径为12 mm的钻头,以640 r/min的转速钻孔,求钻孔时的切削速度。

解:$v_c = \frac{\pi D n}{1\ 000} = \frac{3.14 \times 12 \times 640}{1\ 000}$ m/min ≈ 24 m/min

②进给量 f

钻孔时的进给量是指钻头每转一圈,它沿孔的深度方向移动的距离,单位mm/r。

③切削深度 a_p

钻孔时的切削深度等于钻头的半径,即

$$a_p = \frac{D}{2}$$

2)切削用量的选择

合理选择切削用量,是为了在保证加工精度、表面粗糙度、钻头合理耐用度的前提下,最大限度地提高生产率,同时不允许超过机床的功率和机床、刀具、工件、夹具等的强度和刚度。

钻孔时，切削深度已由钻头直径所决定。

切削速度和进给量对生产率的影响是相同的。

对钻头使用寿命来说，切削速度的影响却大于进给量的影响，因为切削速度的增大，直接引起切削温度的升高和摩擦的增大。

对孔的表面粗糙度的影响，却是进给量明显于切削速度。因为进给量越大，加工表面的残留面积越大，表面越粗糙。

因此，选择切削用量的基本原则：在允许范围内，尽量先选用较大的进给量。当进给量受到表面粗糙度及钻头刚度限制时，再考虑选择较大的切削速度。具体选择时，则应根据钻头直径、钻头材料、工件材料、表面粗糙度等几个方面决定。一般情况下，可查表选取，必要时，可作适当的修正或由试验确定。

钻钢料和钻铸铁时的切削用量见表5.5、表5.6。

表5.5 钻钢料时的切削用量表(用切削液)

钢材的性能	进给量$f/(\mathrm{mm\cdot r^{-1}})$													
	0.20	0.27	0.36	0.49	0.66	0.88								
	0.16	0.20	0.27	0.36	0.49	0.66	0.88							
	0.13	0.16	0.20	0.27	0.36	0.49	0.66	0.88						
	0.11	0.13	0.16	0.20	0.27	0.36	0.49	0.66	0.88					
	0.09	0.11	0.13	0.16	0.20	0.27	0.36	0.49	0.66	0.88				
好 ↓ 差		0.09	0.11	0.13	0.16	0.20	0.27	0.36	0.49	0.66	0.88			
			0.09	0.11	0.13	0.16	0.20	0.27	0.36	0.49	0.66	0.88		
				0.09	0.11	0.13	0.16	0.20	0.27	0.36	0.49	0.66	0.88	
					0.09	0.11	0.13	0.16	0.20	0.27	0.36	0.49	0.66	0.88
						0.09	0.11	0.13	0.16	0.20	0.27	0.36	0.49	0.66
							0.09	0.11	0.13	0.16	0.20	0.27	0.36	0.49
								0.09	0.11	0.13	0.16	0.20	0.27	0.36
钻头直径/mm	切削速度$v_c/(\mathrm{m\cdot min^{-1}})$													
≤4.6	43	37	32	27.5	24	20.5	17.7	15	13	11	9.5	8.2	7	6
≤9.6	50	43	37	32	27.5	24	20.58	17.5	15	13	11	9.5	8.2	7
≤20	55	50	43	37	32	27.5	24	50.5	17.7	15	13	11	9.5	8.2
≤30	55	55	50	43	37	32	27.5	24	20.5	17.7	15	13	11	9.5
≤60	55	55	55	50	43	37	32	27.5	24	20.5	17.7	15	13	11

注：钻头为高速钢标准麻花钻。

表5.6　钻铸铁时的切削用量表

铸铁硬度/HBS	进给量f/(mm·r^{-1})												
140~152	0.20	0.24	0.30	0.40	0.53	0.70	0.95	1.3	1.7				
153~166	0.16	0.20	0.24	0.30	0.40	0.53	0.70	0.95	1.3	1.7			
167~181	0.13	0.16	0.20	0.24	0.30	0.40	0.53	0.70	0.95	1.3	1.7		
182~199		0.13	0.16	0.20	0.24	0.30	0.40	0.53	0.70	0.95	1.3	1.7	
200~217			0.13	0.16	0.20	0.24	0.30	0.40	0.53	0.70	0.95	1.3	1.7
218~240				0.13	0.16	0.20	0.24	0.30	0.40	0.53	0.70	0.95	1.3
钻头直径/mm	切削速度v_c/(m·min^{-1})												
≤3.2	40	35	31	28	25	22	20	17.5	15.5	14	12.5	11	9.5
≤8	45	40	35	31	28	25	22	20	17.5	15.5	14	12.5	11
≤20	51	45	40	35	31	28	25	22	20	17.5	15.5	14	12.5
>20	55	53	47	42	37	33	29.5	26	23	21	18	16	14.5

注:钻头为高速钢标准麻花钻。

活动6　钻孔废品分析和钻头损坏的原因

如果钻头或工件装夹不当、钻头刃磨不准确、切削用量选择不适当以及操作不正确等,在钻孔时都会产生废品,见表5.7。

表5.7　钻孔时的废品分析

废品形式	产生原因
孔径大于规定尺寸	1. 钻头振动大或产生摆动 2. 钻头两主切削刃的长短、高低不同
钻孔位置偏移或歪斜	1. 工件安装不正确,工件表面与钻头不垂直 2. 钻头横刃太长,引起定心不良 3. 钻床主轴与工作台不垂直 4. 进刀过于急躁,未试钻,未找正 5. 工件紧固不牢,引起工件松动
孔壁粗糙	1. 钻头已磨钝 2. 后角太大 3. 进给量太大 4. 切削液选择不当

当钻头用钝、切削用量太大,排屑不畅,工件装夹不妥以及操作不正确等,都易损坏钻头,见表5.8。

表 5.8　钻孔时钻头损坏的原因

损坏形式	损坏原因
钻头工作部分折断	1. 用磨钝的钻头钻孔 2. 进刀量太大 3. 切屑堵塞 4. 钻孔快穿通时,未减小进给量 5. 工件松动 6. 钻薄板或铜料时未修磨钻头 7. 钻孔已偏斜而强行借正 8. 钻削铸铁时,遇到缩孔
切削刃迅速磨损	1. 切削速度过高 2. 钻头刃磨角度与材料的硬度不相适应

活动 7　展示与评价

分组进行自评、小组间互评、教师评,在学习活动评价表相应等级的方格内画“√”。

学习活动评价表

学生姓名＿＿＿＿＿＿　教师＿＿＿＿＿＿　班级＿＿＿＿＿＿　学号＿＿＿＿＿＿

评价项目	自　评			组　评			师　评		
	优秀	合格	不合格	优秀	合格	不合格	优秀	合格	不合格
刃磨麻花钻的质量									
一般工件钻孔的掌握情况评价									
在圆柱形工件上钻孔的掌握情况评价									
在斜面上钻孔的掌握情况评价									
钻半圆孔的掌握情况评价									
钻孔安全文明生产的掌握情况评价									
总　评									

任务 5.2　扩　孔

【知识目标】

★ 了解扩孔钻的种类。

★ 了解扩孔钻的结构特点。

【技能目标】

★ 能按正确的方法进行扩孔。

【态度目标】

★ 树立环保意识。

活动1 了解扩孔的定义和加工特点

用扩孔钻(见图5.29(b))或麻花钻等扩孔工具扩大工件孔径的方法称为扩孔。扩孔具有切削阻力小,产生的切屑小、排屑容易,避免了横刃切削所引起的不良影响的特点。扩孔的公差等级可达IT10—IT9,表面粗糙度可达R_a12.5~3.2 μm。因此,扩孔常作为孔的半精加工和铰孔前的预加工。

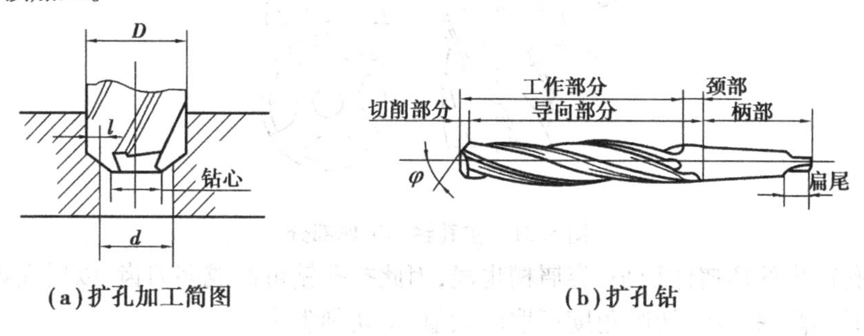

图5.29 扩孔与扩孔钻

活动2 了解扩孔钻的种类

(1)扩孔钻的种类

扩孔钻按刀体结构,可分为整体式和镶片式两种;按装夹方式,可分为直柄、锥柄和套式3种,如图5.30所示。

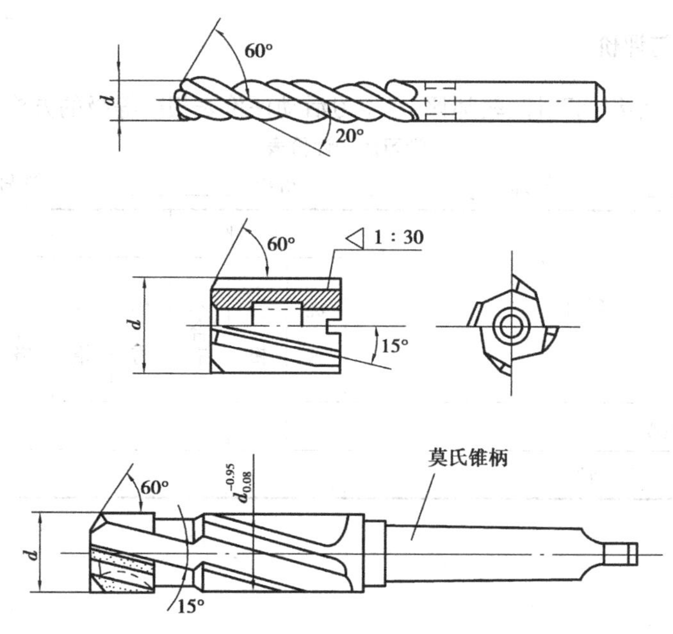

图5.30 部分扩孔钻的结构

(2)扩孔钻的结构特点

由于扩孔条件的改善，扩孔钻与麻花钻存在较大的不同，如图5.31所示。

①由于扩孔钻中心不切削，因此没有横刃，切削刃只有外缘处的一小段。

②钻心较粗，可以提高刚性，使切削更加平稳。

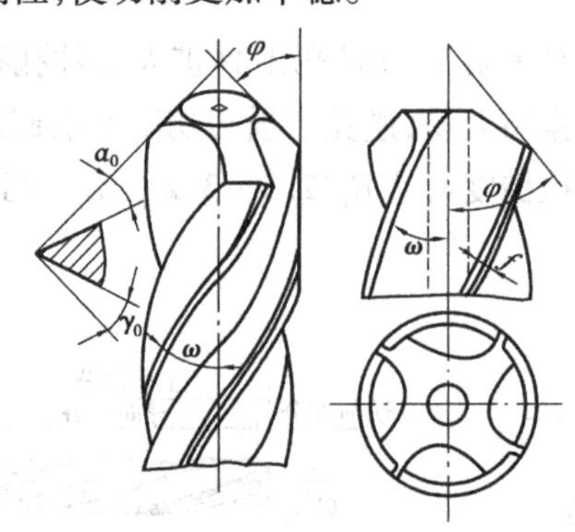

图5.31 扩孔钻的工作部分

③因扩孔产生的切屑体积小，容屑槽也浅，因此扩孔钻可制成多刀齿，以增强导向作用。

④扩孔时切削深度小，切削角度可取较大值，使切削省力。

活动3 扩孔的方法

①用扩孔钻扩孔时，必须选择合适的预钻孔直径和切削用量。

②当孔径较大时，可用两把麻花钻分两次加工孔，即第一次用直径为$(0.5 \sim 0.7)D$的钻头钻孔，第二次用直径为D的钻头扩孔。

③若用扩孔钻扩孔，扩孔前的钻孔直径d约为孔径D的0.9倍，如图5.29(a)所示。

活动4 展示与评价

分组进行自评、小组间互评、教师评，在学习活动评价表相应等级的方格内画"√"。

学习活动评价表

学生姓名__________ 教师__________ 班级__________ 学号__________

评价项目	自评			组评			师评		
	优秀	合格	不合格	优秀	合格	不合格	优秀	合格	不合格
扩孔操作的掌握情况									
总评									

任务5.3　锪　孔

【知识目标】

★ 了解锪孔的概念。

★ 知道锪钻的结构及主要参数。

【技能目标】

★ 能正确选择锪钻进行锪孔操作。

【态度目标】

★ 培养创新意识。

活动1　了解锪孔的概念

用锪削方法在孔口表面加工出一定形状的孔称为锪孔。锪孔类型主要有圆柱形沉孔、圆锥形沉孔以及锪孔口的凸台面，如图5.32所示。其作用是为了保证孔与连接件具有正确的相对位置，使连接更可靠。锪孔工具主要是锪钻或改制后的钻头。

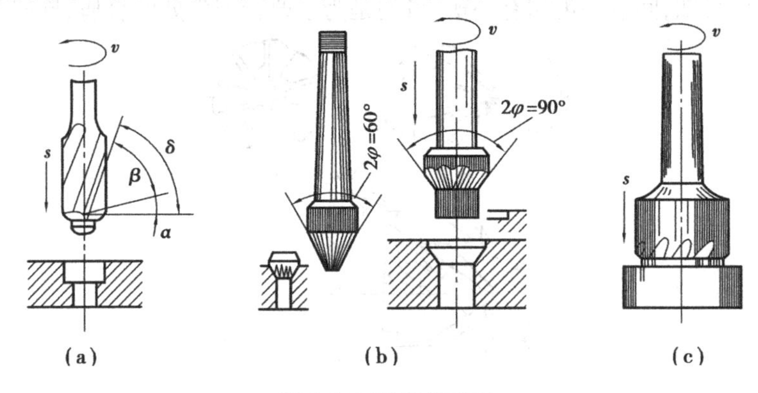

图5.32　锪钻的应用

活动2　了解锪钻的结构及主要参数

(1)柱形锪钻

柱形锪钻用于锪圆柱形沉孔，其结构如图5.32所示。它的主切削刃是端面刀刃，前角为螺旋槽的斜角，即$\gamma=\omega=15°$，后角$\alpha=8°$，图5.32柱形锪钻副切削刃是外圆柱面上的刀刃，起修光孔壁的作用；锪钻的前端有导柱，导柱直径与已有的孔采用H 7/f 7的间隙配合，使锪钻具有良好的定心作用和导向性，其前端的导柱有装卸式和整体式两种，装卸式的端面刀齿刃磨时较方便。

锪钻可由标准麻花钻改制而成。端面刀刃在锯片砂轮上磨出，导柱的两条螺旋槽的锋口要倒钝，如图5.33(a)所示，平底盲孔底端的加工可使用如图5.33(b)所示的平底锪钻。

(2)锥形锪钻

锥形锪钻用于锪锥形沉孔，其结构如图5.34所示。

根据工件上锥形沉孔的结构形状不同，锥形锪钻的锥角(2φ)有60°,75°,90°和120°这4

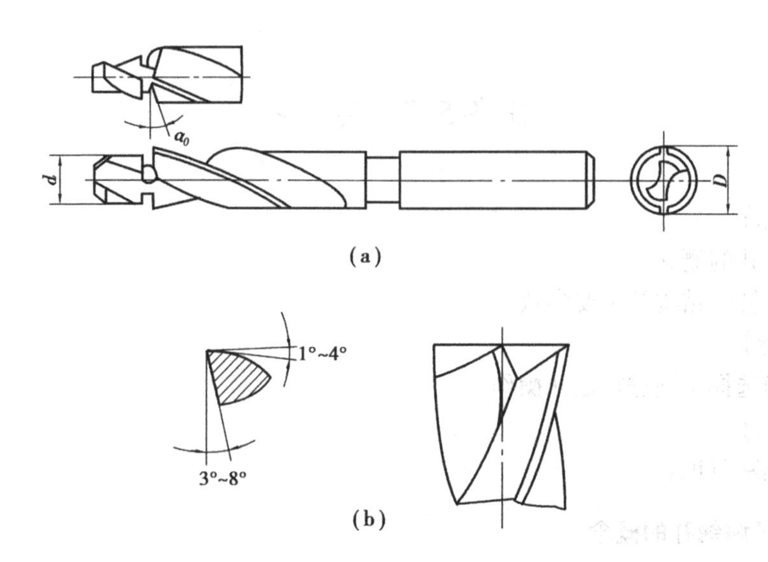

图5.33 用标准麻花钻改制的柱形锪钻

种。其中,以90°最为常见。锥孔锪钻的齿数根据直径大小而定,直径为12~60 mm,齿数为4~12个。直径大,齿数应多些。它的前角$\gamma=0°$,后角$\alpha=6°\sim8°$。

在图5.34中可知,间隔一齿切有一槽,目的是为了改善刀尖处的容屑、排屑条件。

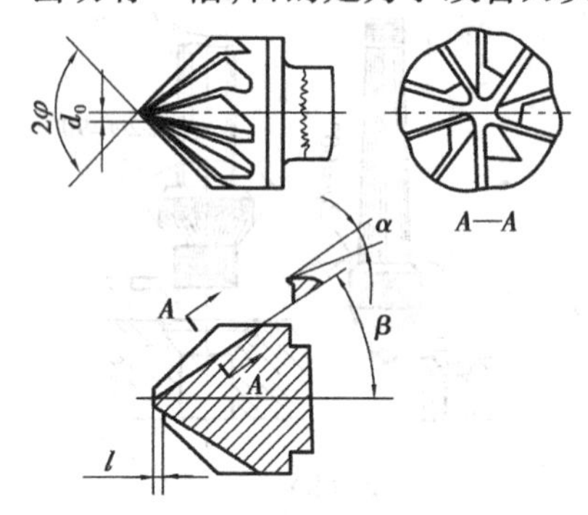

图5.34 锥形锪钻

锥形锪钻也可由标准麻花钻改制而成。由于齿数少,故应将后角α磨得小些,后刀面宽度为1~2 mm,再磨出双重后角$\alpha=15°$,这样可减少振动,其次,外缘处的前角也要磨得小些,两切削刃要对称。

(3)端面锪钻

专用于锪削孔口端面的刀具称为端面锪钻,其结构如图5.35所示。它的刀片由高速钢刀条磨成,并用螺钉紧固在刀杆上,其前角大小应根据加工材料而定。锪铸铁时$\gamma_0=5°\sim10°$;锪钢时,$\gamma_0=15°\sim25°$,后角$\alpha_0=6°\sim8°$,$\alpha_0'=4°\sim6°$。刀杆下端的导向圆柱与工件孔采用H7/f 7的间隙配合,以保证良好的引导作用。由于刀杆上安装刀片的方孔轴线与刀杆的轴线垂直,保证了刀片的端面与孔的轴线垂直,这样锪出的端面能与孔的轴线达到较好的垂直度。

(4)薄板上锪大孔的套料工具

当薄板上需制大直径的孔时,如果用大直径的麻花钻磨成薄板钻很不经济,并且没有直径太大的标准钻头。此时,可采用如图5.36所示的可调式套料工具进行大孔加工。其原理

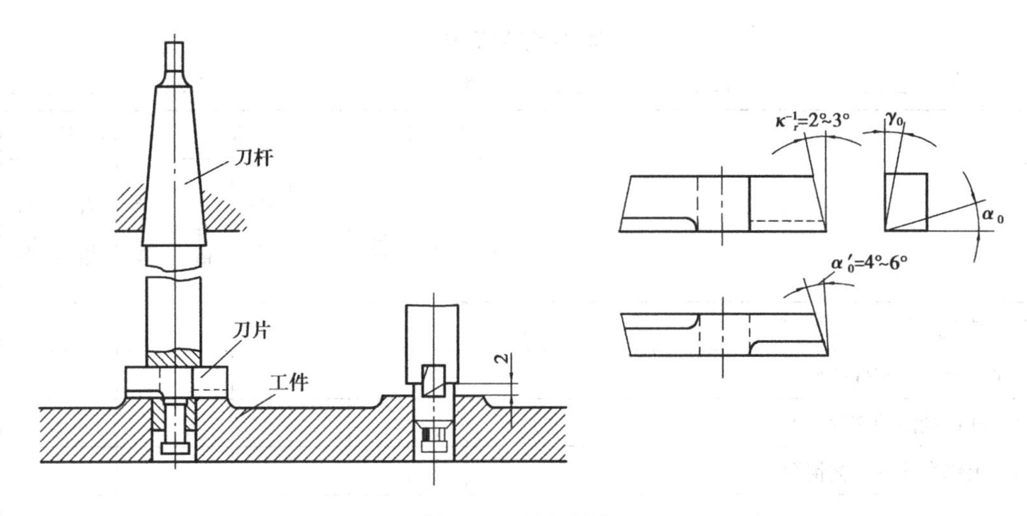

图5.35　端面锪钻

很简单,它的刀固定在刀杆上,而刀杆可在刀体的方槽中移动,待调节到所需的位置时,用螺钉紧固。刀体下方是一段定心圆柱。在锪孔前,要先在工件上钻一个孔以便与定心圆柱相配合。

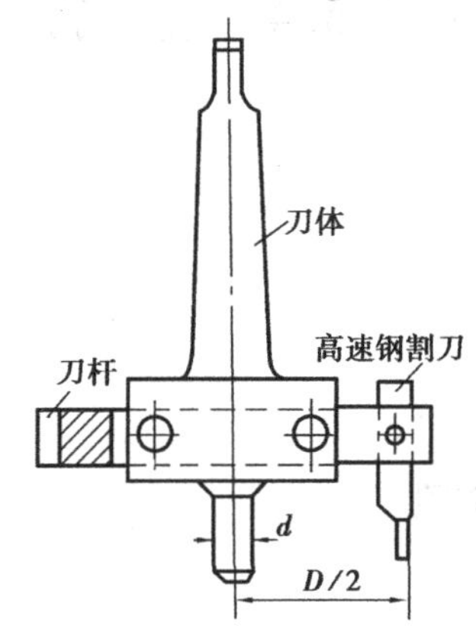

图5.36　在薄板上锪大孔用的可调式套料工具

活动3　锪孔工作时的注意事项

①避免刀具振动,保证锪钻具有一定的刚度,即当用麻花钻改制成锪钻时,要使刀杆尽量短。

②防止产生扎刀现象,适当减小锪钻的后角和外缘处的前角。

③切削速度要低于钻孔时的速度(一般选用钻孔速度的1/3~1/2)。精锪时甚至可利用停车后的钻轴惯性来进行。

④锪钻钢件时,要对导柱和切削表面进行润滑。

⑤注意安全生产,确保刀杆和工件装夹可靠。

活动4　展示与评价

分组进行自评、小组间互评、教师评,在学习活动评价表相应等级的方格内画"√"。

学习活动评价表

学生姓名＿＿＿＿＿＿ 教师＿＿＿＿＿＿ 班级＿＿＿＿＿＿ 学号＿＿＿＿＿＿

评价项目	自评			组评			师评		
	优秀	合格	不合格	优秀	合格	不合格	优秀	合格	不合格
锪圆柱形沉孔的掌握情况									
锪锥形沉孔的掌握情况									
锪削孔口端面的掌握情况									
薄板上锪大孔的掌握情况									
总评									

任务5.4 铰 孔

【知识目标】

★ 了解铰刀的种类及结构特点。

★ 知道铰削时的冷却润滑。

★ 知道铰孔时的操作要点。

【技能目标】

★ 能按图纸的技术要求进行铰孔。

【态度目标】

★ 培养团结合作的精神。

用铰刀从工件孔壁上切除微量的金属层,以提高孔的尺寸精度和降低表面粗糙度的加工方法,称为铰孔。铰孔属于对孔的精加工,一般铰孔的尺寸公差可达到IT9—IT7级,表面粗糙度可达 $R_a3.2 \sim 0.8\ \mu m$。

活动1 了解铰刀的种类及结构特点

按铰刀的使用方式不同,铰刀可分为机铰刀和手铰刀;按所铰孔的形状不同又可分为圆柱形铰刀和圆锥形铰刀;按铰刀的容屑槽的形状不同,可分为直槽铰刀和螺旋槽铰刀;按结构组成不同可分为整体式铰刀和可调式铰刀。

铰刀常用高速钢(手铰刀及机铰刀)或高碳钢(手铰刀)制成。

(1)标准圆柱铰刀

标准圆柱铰刀为整体式结构,它分为机铰刀和手铰刀两种,如图5.37所示。它的容屑槽为直槽。与钻头的结构组成类似,它由工作部分、颈部和柄部组成。工作部分又分为切削部分和校准部分。它的主要结构参数如下：

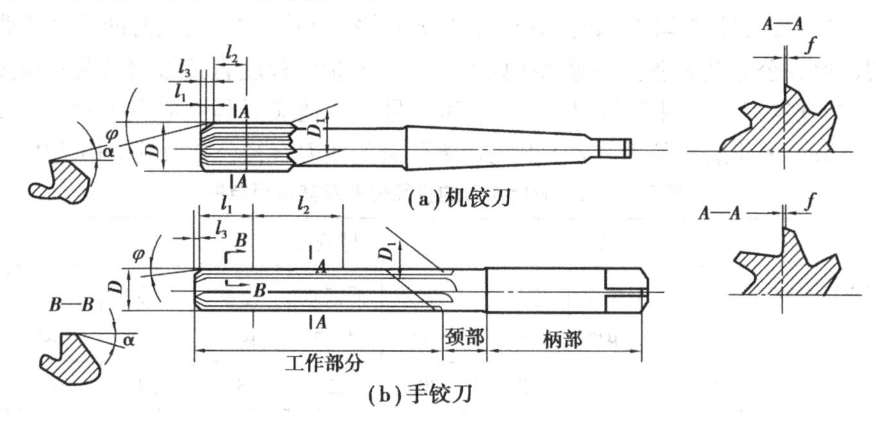

图5.37　标准圆柱铰刀的构造

1)切削锥角2φ

铰刀具有较小的切削锥角。对于机铰刀,铰削钢件及其他韧性材料的通孔时,$2\varphi=30°$;铰削铸铁及其他脆性材料的通孔时,$2\varphi=6°\sim10°$;铰盲孔时,$2\varphi=90°$。以便使铰出孔的圆柱部分尽量长,而圆锥顶角尽量短。

对于手铰刀,$2\varphi=1°\sim3°$,目的是加长切削部分,提高定心作用,使铰削时较省力。

2)前角γ

一般铰刀切削部分的前角$\gamma=0°\sim3°$,校准部分的前角为0°,这样的前角,使铰削近似于刮削,因此可得到较小的表面粗糙度值。

3)后角α

铰刀的后角一般为6°~8°。

4)校准部分棱边宽度f

校准部分的刀刃上留有无后角的窄的棱边,在保证导向和修光作用的前提下,应考虑尽可能地减少棱边与孔壁的摩擦,因此,棱边宽度$f=0.1\sim0.3$ mm,与麻花钻类似,校准部分也制成倒锥。其中,机铰刀的后段倒锥量为0.04~0.08 mm,以防铰刀振动而扩大孔口。它的校准部分的前段为圆柱形,制得较短,因为它的校准工作主要取决于机床本身。手铰刀由于要依靠校准部分导向,因此校准部分较长,且全长制成0.005~0.008 mm的较小倒锥。

5)齿数z

铰刀的齿数多,则刀刃上的平均负荷小,有利于提高铰孔精度,减轻铰刀磨损。但齿过多,会降低刀齿强度,减少容屑槽空间,不利于排屑,已加工表面易被切屑划伤,有时还会造成刀齿的崩刃。一般直径$D<20$ mm的铰刀,取$z=6\sim8$;$D=20\sim50$ mm时,取$z=8\sim12$。为测量铰刀直径,一般铰刀齿数取偶数个。

为获得较高的铰孔质量,一般手铰刀的齿距在圆周上是不均匀分布的。它可使铰刀在碰到孔壁上黏留的切屑或材料中的硬点时,各刀齿不重复向硬点的对称边让刀,以免孔壁产生轴向凹痕。另外由于手铰刀每次旋转的角度和停歇方位是大致相近的,如果用对称齿就会使某一处孔壁产生凹痕。

由于机铰刀是机床带动铰削,因此就不会产生上述现象。

6)铰刀直径 D

铰刀直径是铰刀最基本的参数。它包含被铰孔直径及其公差,铰孔时的孔径扩张量或收缩量,铰刀的磨损公差及制造公差等诸多因素。直径的精确程度直接影响铰孔的精度。用高速钢制成的标准铰刀分 3 种型号:1 号、2 号和 3 号。为适应具体孔径的具体需要,都留有 0.02 ~ 0.005 mm 的研磨量备用。表 5.9 为尚未研磨的铰刀直径公差及其适用范围。

表 5.9 未经研磨铰刀的直径公差及其适用范围

铰刀公称直径/mm	1 号铰刀			2 号铰刀			3 号铰刀		
	上偏差 + μm	下偏差 + μm	公差 μm	上偏差 + μm	下偏差 + μm	公差 μm	上偏差 + μm	下偏差 + μm	公差 μm
3 ~ 6	17	9	8	30	22	8	38	26	12
>6 ~ 10	20	11	9	35	26	9	46	31	15
>10 ~ 18	23	12	11	40	29	11	53	35	18
>18 ~ 30	30	17	13	45	32	13	59	38	21
>30 ~ 50	33	17	16	50	34	16	68	43	25
>50 ~ 80	40	20	20	55	35	20	75	45	30
>80 ~ 120	46	24	22	58	36	22	85	50	35
未经研磨适用的场合	H9			H10			H11		
经研磨后适用的场合	N7,M7,K7,J7			H7			H9		

铰孔后孔径可能缩小,其因素很多,铰孔时应根据实际情况决定铰刀直径。铰基准孔时铰刀的制造公差约为孔公差 TH 的 1/3,其中上偏差 es = (2/3) TH,下偏差 ei = (1/3) TH。这一确定方法在大批量生产中较为适用。而在单件或小批量生产中,可选用可调铰刀铰孔。

在高速铰孔和对硬材料铰孔时,可用镶有硬质合金刀片的机铰刀。这时,铰出的孔要收缩一些,因铰削过程中挤压现象较严重,所以在正式使用前应试铰。如发现孔径不符,应研磨铰刀。

(2)可调节手铰刀

如图 5.38 所示为可调节手铰刀。刀体上开有 6 条斜底的直槽,将 6 条具有相同斜度的刀片嵌在槽内,刀片的两端用调整螺母和压圈压紧。只要调节两端螺母,就可推动刀片沿斜槽底部移动,以达到调节铰刀直径的目的。这种铰刀主要用于单件小批量生产中,其孔径的加工范围为 6.25 ~ 44 mm,对直径的调节范围为 0.75 ~ 10 mm。

刀片切削部分的前角 γ 为 0°;后角 $\alpha_{切} = 8° \sim 10°$,标准部分的后角 $\alpha_{标} = 6° \sim 8°$;倒锥棱边宽度 $f = 0.25 \sim 0.4$ mm。

(3)锥铰刀

锥铰刀(见图 5.39)是用来铰削圆锥孔的。根据锥孔的种类不同,锥铰刀主要有以下 4 种:

1)1∶10 锥铰刀

1∶10 锥铰刀用于铰削联轴节上与锥销的配合锥孔。

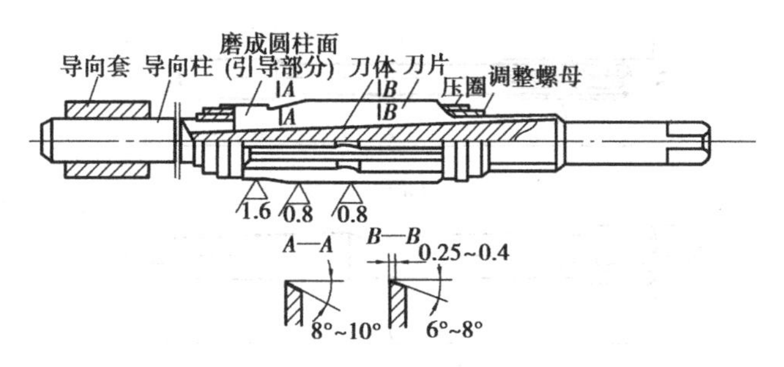

图5.38　可调节手铰刀

2)1∶30 锥铰刀

1∶30 锥铰刀用于铰削套式刀具上锥孔。

3)莫氏锥铰刀

莫氏锥铰刀用于铰削0~6号的莫氏锥孔,其锥度为1∶20.4~1∶19,一般近似认为1∶20。

4)1∶50 锥铰刀

1∶50 锥铰刀用于铰削锥形定位销孔。

1∶10 锥铰刀和莫氏锥铰刀一般为2~3把一套,其中一把为精铰刀,其余为粗铰刀。由于铰刀是全齿同时参与切削,铰削时较费力。为减轻粗铰时的负荷,在粗铰刀的刀刃上开有呈螺旋形分布的分屑槽,另外还可将铰削前的孔钻成阶梯孔,即以锥孔的小端直径为阶梯孔的最小直径,同时应保留铰削余量。阶梯的节数可由孔的长度及锥度大小决定。

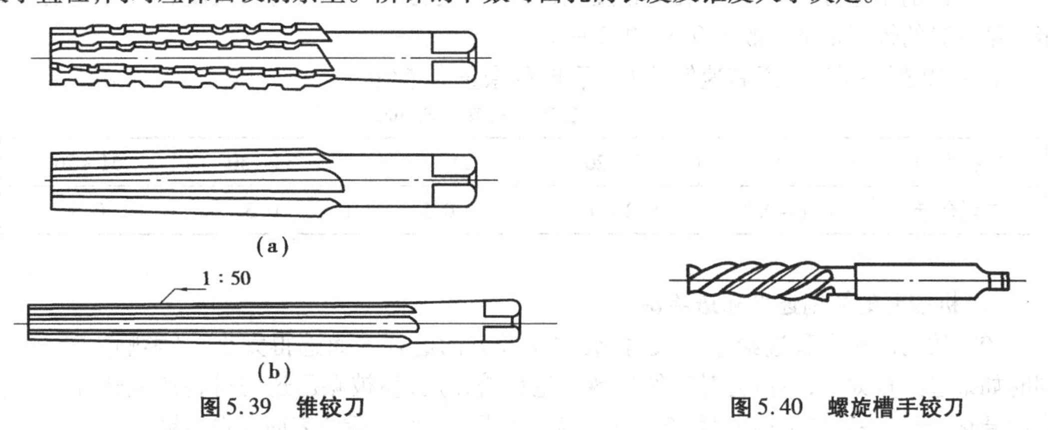

图5.39　锥铰刀　　**图5.40　螺旋槽手铰刀**

(4)螺旋槽手铰刀

如图5.40所示,螺旋槽手铰刀的切削刃沿螺旋线分布,因此铰孔时切削连续平稳,铰出的孔壁光滑。尤其是有键槽的孔,不能用直齿铰刀铰削,因为键槽侧边会勾住刀刃,易使键槽侧面受破坏,同时易引起铰刀振动。螺旋槽的方向一般为左旋,以免铰削时因铰刀正转而产生自动旋进的现象,并且左旋槽易于排屑。

(5)硬质合金机铰刀

硬质合金机铰刀(见图5.41)一般采用镶片式结构,适用于高速铰削和硬材料铰削。其刀片材料有YG类和YT类。YG类适合铰削铸铁材料,YT类适宜铰削钢件。

硬质合金机铰刀有直柄和锥柄两种。其中,直柄硬质合金机铰刀的规格是:按直径分为6,7,8,9 mm 4种;按公差分为1,2,3,4号,铰孔后可分别直接获得H7,H8,H9,H10级的孔;锥柄硬质合金铰刀的直径范围为10~28 mm,按公差分为1,2,3号,它的铰孔精度可达H9,H10,H11级。

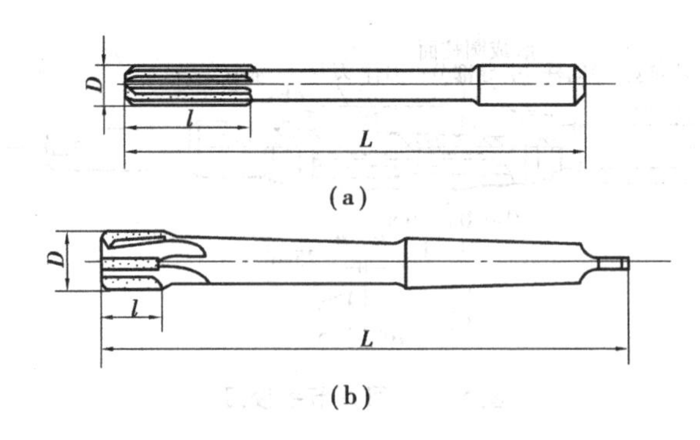

图 5.41 硬质合金机铰刀

活动 2 铰削用量的选择

铰削用量主要指铰削余量、切削速度和进给量。铰削用量的选择是否正确合理,直接影响铰孔质量。

(1)铰削余量的选择

铰削余量太小时,难以纠正上道工序残留下来的变形和刀痕,孔的质量达不到要求。其次余量太小,会使铰刀产生严重的啃刮现象,铰刀易磨损。而铰削余量太大时,各切削刃的负荷大,切削热增多,孔径易扩大,孔表面的粗糙度值增大,并且切削不平稳。

选择铰削余量时,应根据铰孔的精度、表面粗糙度、孔径大小、材料硬度和铰刀类型来决定。精铰时的铰削余量一般为 0.1 ~0.2 mm。

表 5.10 列举了用普通高速钢铰刀铰孔时的余量参考值。

表 5.10 铰削余量参考值/mm

铰孔直径	<5	5 ~ 20	21 ~ 32	33 ~ 50	51 ~ 70
铰削余量	0.1 ~0.2	0.2 ~0.3	0.3	0.5	0.8

(2)机铰时的切削速度和进给量

铰削的切削速度和进给量太大时,会加快铰刀的磨损。而选得太小,又影响生产效率。同时如果进给量太小,刀齿会对工件材料产生推挤作用,使被碾压过的材料产生塑性变形和表面硬化,当下一刀齿再切削时,会撕下一大片切屑,使加工后的表面变得粗糙。

使用普通标准高速钢铰刀时:

对铸铁铰孔,切削速度≤10 m/min,进给量 =0.8 mm/r。

对钢件铰孔,切削速度≤8 m/min,进给量 =0.4 mm/r。

活动 3 铰削时的冷却润滑

由于铰削时产生的切屑较细碎,易黏附在刀刃上或铰刀与孔壁之间,使已加工表面被拉毛,使孔径扩大,散热困难,易使工件和铰刀变形、磨损。如果在铰削时加入适当的切削液,就可及时对切屑进行冲洗,对刀具、工件表面进行冷却润滑,以减小变形,延长刀具使用寿命,提高铰孔的质量。

铰孔时切削液的选择见表 5.11。

表5.11 铰孔时的切削液选择

加工材料	切削液
钢	1. 10% ~20% 乳化液 2. 铰孔要求高时,采用30% 菜油加70% 肥皂水 3. 铰孔的要求更高时,可用菜油、柴油、猪油等
铸铁	1. 不用 2. 煤油,但会引起孔径缩小,最大缩小量达0.02 ~0.04 mm 3. 低浓度的乳化液
铝	煤油
铜	乳化液

活动4 铰孔方法

铰孔的方法分为手动铰孔和机动铰孔两种。

(1)铰刀的选用

铰孔时,首先要使铰刀的直径规格与所铰孔相符合,其次还要确定铰刀的公差等级。

标准铰刀的公差等级分为h7,h8,h9这3个级别。若铰削精度要求较高的孔,必须对新铰刀进行研磨,然后再进行铰孔。

(2)铰削操作方法

①装夹要可靠将工件夹正、夹紧。对薄壁零件,要防止夹紧力过大而将孔夹扁。

②手铰。起铰时,应用右手在沿铰孔轴线方向上施加压力,左手转动铰刀。两手用力要均匀、平稳,不应施加侧向力,保证铰刀能够顺利引进,避免孔口成喇叭形或孔径扩大。进给时,不要猛力推压铰刀,而应一边旋转,一边轻轻加压;否则,孔表面会很粗糙。当手铰刀被卡住时,不要猛力扳转铰刀,而应及时取出铰刀,清除切屑,检查铰刀后再继续缓慢进给。

③机铰。应尽量使工件在一次装夹过程中完成钻孔、扩孔、铰孔的全部工序,以保证铰刀中心与孔的中心的一致性。铰孔完毕后,应先退出铰刀,然后再停车,防止划伤孔壁表面。机铰时要注意机床主轴、铰刀、待铰孔三者间的同轴度是否符合要求,对高精度孔,必要时应采用浮动铰刀夹头装夹铰刀。

④铰通孔时铰刀的标准部分不要全出头,以防孔的下端被刮坏。

⑤铰刀只能顺转,否则切屑扎在孔壁与刀齿后刀面之间,既会将孔壁拉毛,又易使铰刀磨损,甚至崩刃。

⑥在铰孔过程中和退出铰刀时,为防止铰刀磨损及切屑挤入铰刀与孔壁之间,划伤孔壁,铰刀不能反转。

⑦铰削不通孔时,应经常退出铰刀,清除切屑。

(3)铰孔常见缺陷分析

铰孔中经常出现的问题及产生的原因见表5.12。

表 5.12　铰孔缺陷分析

缺陷形式	产生原因
加工表面粗糙度超差	1. 铰孔余量留得不当 2. 铰刀刃口有缺陷 3. 切削液选择不当 4. 切削速度过高 5. 铰孔完成后反转退刀
孔壁表面有明显棱面	1. 铰孔余量留得过大 2. 底孔不圆
孔径缩小	1. 铰刀磨损，直径变小 2. 铰铸铁时未考虑尺寸收缩量 3. 铰刀已钝
孔径扩大	1. 铰刀规格选择不当 2. 切削液选择不当或量不足 3. 手铰时两手用力不均 4. 铰削速度过高 5. 机铰时主轴偏摆过大或铰刀中心与钻孔中心不同轴 6. 铰锥孔时，铰孔过深

活动 5　孔加工综合技能训练

(1)技能训练内容

1)工件图样

工件图样如图 5.42 所示。

2)参考步骤

①按锉削平行面和垂直面的方法使四方铁达到尺寸 60 mm × 60 mm，垂直度、平行度 0.05 mm要求，并去毛刺。

②从 A，B 基准面出发，划 2 × ϕ5 mm 通孔中心线(中心线尺寸 20 mm × 20 mm，20 mm × 38 mm)；划 2 × ϕ10 mm 通孔中心线(中心线尺寸 10 mm × 30 mm，30 mm × 50 mm)；划两处 2 × ϕ6 mm通孔中心线(中心线尺寸 50 mm × 8 mm，50 mm × 22 mm，50 mm × 38 mm，50 mm × 52 mm)。用游标卡尺复查，达到孔距准确。

③用样冲打正中心样冲眼。

④用划规分别划 2 × ϕ5 mm，两处 2 × ϕ6 mm，3 处 2 × ϕ10 mm 孔的圆。还应划几个检查圆线，以便借正、准确落钻定心。

⑤分别钻 2 × ϕ4.5 mm 通孔、2 × ϕ9.8 mm 通孔、两处 2 × ϕ6 mm 通孔。达到尺寸精度和孔与基准面之间距离 20 ±0.1，30 ±0.15，50 ±0.01，8 ±0.20，10 ±0.15，22 ±0.20，38 ±0.20，52 ±0.20，50 ±0.015 mm 要求。

⑥用柱形锪钻锪 2 × ϕ10，用 90°锥形锪钻锪 90°孔。将零件翻转 180°按上述方法锪另一面。

⑦用手铰刀铰 $2\times\phi 10H7$ 通孔和 $2\times\phi 5$ 1∶50 锥孔。

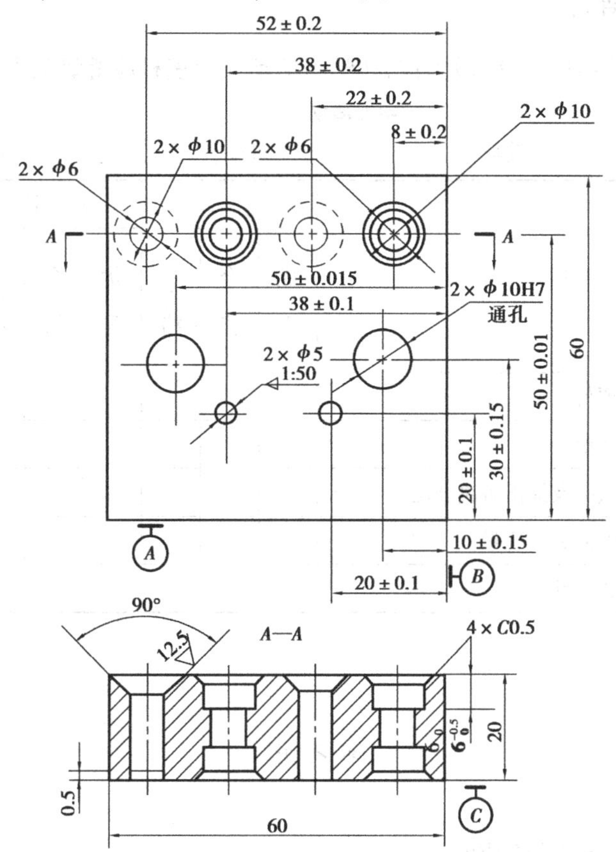

技术要求：

1. A,B,C 面相互垂直，且垂直度公差不大于 0.05 mm

2. A,B,C 的对应面平行于 A,B,C 面的平行度公差不大于 0.05 mm

实习件名称	材料	材料来源	下道工序	件数	工时/h
四方体上钻、锪、铰	Q235	65 × 65 × 22		1	12

图 5.42　钻孔、锪孔和铰孔

(2) 注意事项

①在刃磨麻花钻时，做到姿势动作正确，钻头的几何形状和角度正确。

②用钻夹头装夹钻头时，要用钻头钥匙，不可用扁铁和锤子敲击。

③钻孔时，手动进给压力应根据钻头工作情况，以目测和感觉来控制，钻头用钝后应及时修磨。

④锪孔时，要先调整好工件的螺栓通孔与锪钻的同轴度，再夹紧工件。工件夹紧要稳固，以减少振动。

⑤锪孔的切削速度应比钻孔低，手动进给压力不宜过大，并要均匀。

⑥铰孔时，由于铰刀排屑功能差，须经常退出铰刀清除切屑，以免铰刀被卡住。铰定位锥销时，因锥度小有自锁性，其进给量不能太小，以免铰刀卡死或折断。

⑦掌握好钻、锪、铰孔中常见问题及产生原因，以便练习中及时加以注意。

活动6　展示与评价

分组进行自评、小组间互评、教师评，在学习活动评价表相应等级的方格内画“√”。

学习活动评价表

学生姓名____________　教师____________　班级____________　学号____________

评价项目	自　评			组　评			师　评		
	优秀	合格	不合格	优秀	合格	不合格	优秀	合格	不合格
手工铰孔的掌握情况评价									
机器铰孔的掌握情况评价									
能否正确分析铰孔的缺陷及提出解决办法									
孔加工综合技能训练件的完成质量									
总　评									

练习题

1. 麻花钻由哪3个部分组成？
2. 请说出钻头的“六面五刃”具体的名称。
3. 钻头用钝后，对其刃磨的部位和刃磨后必须作哪些方面的检查？
4. 为什么要使麻花钻的钻心直径向柄部逐渐增大，而要将棱边磨成倒锥？
5. 麻花钻的顶角大小对钻削工作有何影响？
6. 麻花钻的前角、后角是怎样变化的？它对钻削工作有何影响？
7. 麻花钻的横刃长度对钻削工作有何影响？标准麻花钻的横刃长度应为多少？
8. 标准麻花钻有哪些缺点？为克服这些缺点，应采取哪些相应的措施？
9. 修磨麻花钻的横刃有哪些目的？
10. 为什么要修磨主切削刃？经修磨主切削刃后，麻花钻的顶角一般为多少？
11. 标准群钻最大的特点是什么？它有何意义？标准群钻与标准麻花钻有哪些不同？
12. 薄板群钻是怎样由麻花钻磨成的？
13. 为什么扩孔时的进给量可以比钻孔时大？
14. 钻孔时，选择切削用量的基本原则是什么？
15. 机铰刀和手铰刀的校准部分结构分别如何？为什么？
16. 为什么手铰刀刀齿的齿距在圆周上不均匀分布？
17. 铰孔时，为什么铰削余量不宜太大或太小？
18. 怎样按铰孔尺寸来选用铰刀？

19. 怎样解决锪孔时容易产生振痕的问题？

20. 钻头直径为50 mm，以50 mm/min的切削速度钻孔，试选择钻床的主轴转速（钻床现有的转速有290，320，510，640 r/min）。

21. 在钢板上钻直径为20 mm的孔，如钻床转速选320 r/min，试计算其切削速度。

项目 6
錾　削

錾削是利用锤子锤击錾子，实现对工件切削加工的一种方法。采用錾削，可除去毛坯的飞边、毛刺、浇冒口，切割板料、条料，开槽以及对金属表面进行粗加工等。尽管錾削工作效率低，劳动强度大，但由于它所使用的工具简单，操作方便，因此，在许多不便机械加工的场合仍起着重要作用。本项目主要介绍錾削平面、錾削油槽和錾切板料的方法。

任务 6.1　錾削平面

【知识目标】

★ 知道錾子的构造与种类。

★ 会判别錾削时錾子的角度对切削工作的影响。

【技能目标】

★ 会正确使用榔头。

★ 会錾子的刃磨与热处理。

★ 能正确地进行平面的錾削。

【态度目标】

★ 培养兢兢业业的工作态度。

活动 1　了解錾削工具

(1) 錾子

錾子一般由碳素工具钢锻成，切削部分磨成所需的楔形后，经热处理便能满足切削要求。錾子切削时各部位名称和角度如图 6.1(a)、(b)所示。

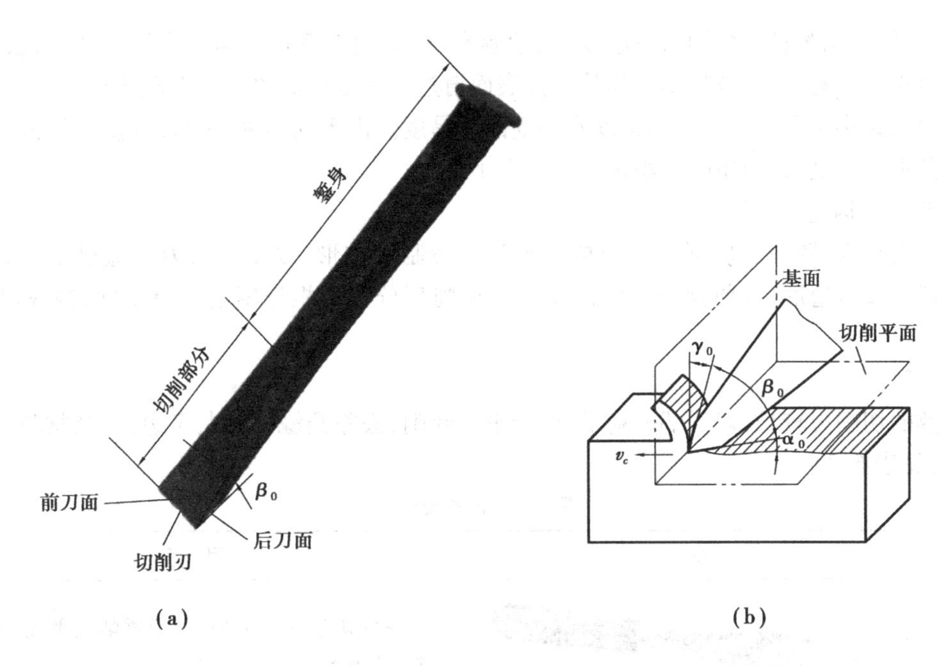

图6.1 錾削时的角度和各部位名称

1)錾子切削部分的两面一刃

①前刀面。錾子工作时与切屑接触的表面。

②后刀面。錾子工作时与切削表面相对的表面。

③切削刃。錾子前面与后面的交线。

2)錾子切削时的3个角度

首先介绍与切削角度有关的切削平面。

切削平面:通过切削刃并与切削表面相切的平面。

基面:通过切削刃上任一点并垂直于切削速度方向的平面。

很明显,切削平面与基面相互垂直,这对讨论錾子的3个角度很方便。

①楔角 β_0:前面与后面所夹的锐角。

②后角 α_0:后面与切削平面所夹的锐角。

③前角 γ_0:前面与基面所夹的锐角。

楔角大小由刃磨时形成,楔角大小决定了切削部分的强度及切削阻力大小。楔角越大,刃部的强度就越高,但受到的切削阻力也越大。因此,应在满足强度的前提下,刃磨出尽量小的楔角。一般錾削硬材料时,楔角可大些;錾削软材料时,楔角应小些,见表6.1。

表6.1 推荐选择的楔角大小

材 料	楔 角
中碳钢、硬铸铁等硬材料	60° ~70°
一般碳素结构钢、合金结构钢等中等硬度材料	50° ~60°
低碳钢、铜、铝等软材料	30° ~50°

后角的大小决定了切入深度及切削的难易程度,如图6.1(b)所示。后角越大,切入深度

就越大，切削越困难；反之，切入就越浅，切削容易，但切削效率低。但如果后角太小，会因切入分力过小而不易切入材料，錾子易从工件表面滑过。一般取后角 5°～8°较为适中。

前角的大小决定切屑变形的程度及切削的难易度。由于 $\gamma_0 = 90° - (\alpha_0 + \beta_0)$，因此，当楔角与后角都确定之后，前角的大小也就确定下来了。

3）錾子的构造与种类

錾子由头部、柄部及切削部分组成。头部一般制成锥形，以便锤击力能通过錾子轴心。柄部一般制成六边形，以便操作者定向握持。切削部分则可根据錾削对象不同，制成以下 3 种类型：

①扁錾

扁錾的切削刃较长，切削部分扁平，用于平面錾削，去除凸缘、毛刺、飞边，切断材料等，应用最广（见表 6.2）。

表 6.2　常用錾子

名　称	图　形	用　途
扁錾		它的切削部分扁平，用于錾削大平面、薄板料、清理毛刺等
窄錾		它的切削刃较窄，用于錾槽和分割曲线板料
油槽錾		它的刀刃很短，并呈圆弧状，用于錾削轴瓦和机床平面上的油槽等

②窄錾

窄錾的切削刃较短，并且刃的两侧面自切削刃起向柄部逐渐变狭窄，以保证在錾槽时，两侧不会被工件卡住。窄錾用于錾槽及将板料切割成曲线等（见表 6.2）。

③油槽錾

油槽錾的切削刃制成半圆形，并且很短，切削部分制成弯曲形状（见表 6.2）。

（2）锤子

锤子由锤头、木柄等组成。根据用途不同，锤头有软、硬之分。软锤头的材料种类有铅、铝、铜、硬木、橡皮等，也可在硬锤头上镶或焊一段铅、铝、铜材料。软锤头多用于装配和矫正。硬锤头主要用于錾削，其材料一般为碳素工具钢，锤头两端锤击面经淬硬处理后磨光。木柄用硬木制成，如胡桃木、檀木等。

锤子的常见形状如图 6.2 所示，使用较多的是两端为球面的一种。锤子的规格指锤头的质量，常用的有 0.25，0.5，1 kg 等。手柄的截面形状为椭圆形，以便操作时定向握持。柄长约 350 mm，若过长，会使操作不便，过短则又使挥力不够。

为了使锤头和手柄可靠地联接在一起，锤头的孔制成椭圆形，并且中间小两端大。木柄装入后，再敲入金属楔块，以确保锤头不会松脱。

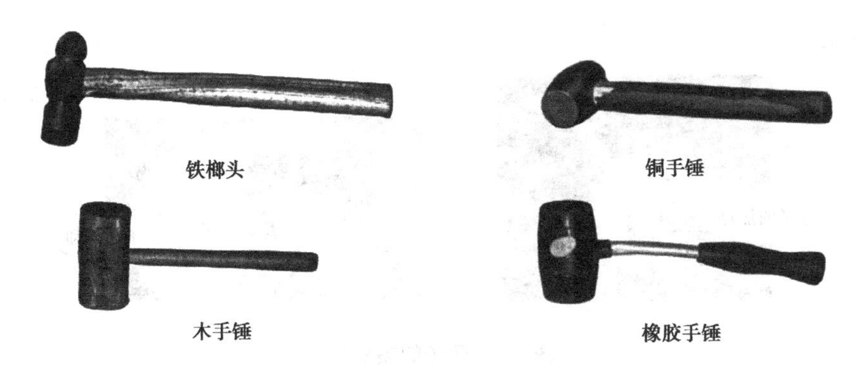

图6.2 锤子

(3)錾子的刃磨与热处理

1)錾子的刃磨

錾子的楔角大小应与工件硬度相适应,楔角与錾子中心线对称(油錾例外),切削刃要锋利。若錾削要求高,如錾削光滑的油槽或加工光洁的表面时,錾子在刃磨后还应在油石上精磨。

錾子切削刃的刃磨方法:将錾子刃面置于旋转着的砂轮轮缘上,并略高于砂轮的中心,且在砂轮的全宽方向作左右移动,如图6.3所示。刃磨时要掌握好錾子的方向和位置,以保证所磨的楔角符合要求。前、后两面要交替磨,以求对称。检查楔角是否符合要求,初学者可用样板检查,熟练后可由目测来判断。刃磨时,加在錾子上的压力不应太大,以免刃部因过热而退火,必要时,可将錾子浸入冷水中冷却。

图6.3 錾子的刃磨

2)錾子的热处理

合理的热处理能保证錾子切削部分的硬度和韧性。对錾子粗磨后再热处理,有利于清晰地观察切削部分的颜色变化。热处理时,把约20 mm长的切削部分加热到呈暗樱红色(为750~780 ℃)后迅速浸入冷水中冷却,如图6.4所示。浸入深度为5~6 mm。为了加速冷却,可手持錾子在水面慢慢移动,让微动的水波使淬硬与不淬硬的界线呈一波浪线,而不是直线。这样,錾削时錾子的刃部就不易在分界处断裂。当露在水面外的部分变成黑色时将其取出,利用上部的余热进行回火,以提高錾子的韧性。回火的温度可从錾子表面颜色的变化来判断。一般刚出水的颜色是白色,随后白色变为黄色,再由黄色变蓝色……当呈黄色时,把錾子全部浸入冷水中冷却,这一过程称“淬黄火”。如果呈蓝色时,把錾子全部浸入冷水中冷却,这一过程称“淬蓝火”。

“淬黄火”的錾子硬度较高,韧性差。“淬蓝火”的錾子硬度较低,韧性较好。一般可用两者之间的硬度。

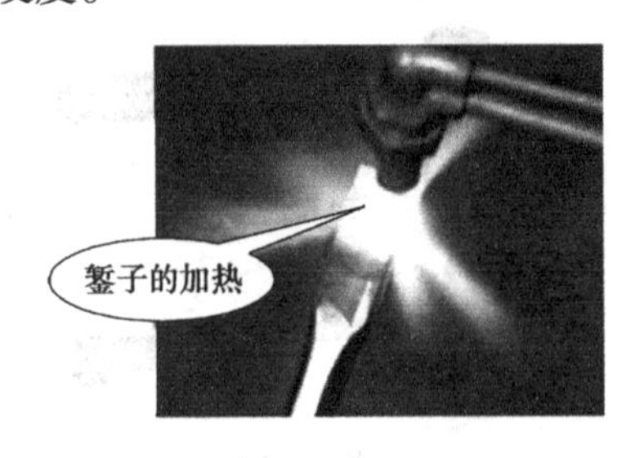

图6.4 錾子的热处理

活动2 学习錾削方法

(1)錾子和锤子的握法

1)錾子的握法

錾子的握法分正握法和反握法两种。

①正握法。手心向下,腕部伸直,用中指、无名指握住錾子,小指自然合拢,食指和大拇指自然伸直并松靠在一起,錾子的头部伸出约20 mm,如图6.5(a)所示。

②反握法。手心向上,手指自然捏住錾子,手掌悬空,如图6.5(b)所示。

这两种握法錾子都不要握得太紧,否则手所受的振动就大。錾削时,小臂要自然平放,并使錾子保持正确的后角。

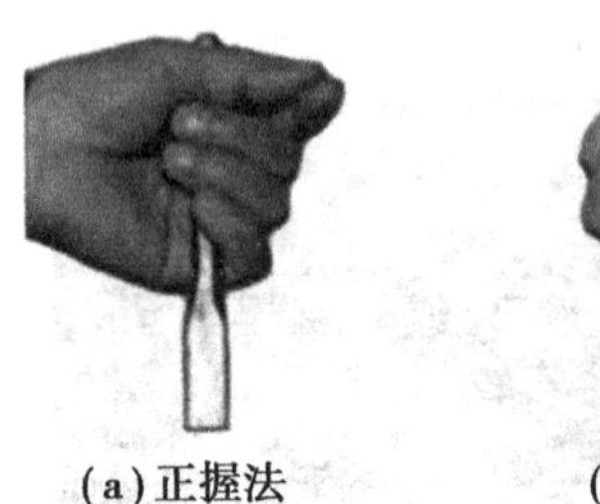

(a)正握法

(b)反握法

图6.5 錾子的握法

2)锤子的握法

锤子的握法分紧握法和松握法两种。

①紧握法。初学者往往采用此法。用右手五指紧握锤柄,大拇指合在食指上,虎口对准锤头方向,木柄尾端露出15~30 mm。敲击过程中五指始终紧握,如图6.6(a)所示。

②松握法。此法可减轻操作者的疲劳。操作熟练后,可增大敲击力。使用时用大拇指和食指始终握紧锤柄。锤击时,中指、无名指、小指在运锤过程中依次握紧锤柄。挥锤时,按相反的顺序放松手指,如图6.6(b)所示。

(2)挥锤方法及錾削姿势

1)挥锤方法

挥锤方法分腕挥、肘挥和臂挥3种。

①腕挥。只依靠手腕的运动来挥锤。此时锤击力较小,一般用于錾削的开始和结尾,或錾油槽等场合,如图6.7(a)所示。

②肘挥。利用腕和肘一起运动来挥锤。敲击力较大,应用最广,如图6.7(b)所示。

(a)紧握法　　(b)松握法

图6.6　锤子的握法

③臂挥。利用手腕、肘和臂一起挥锤。锤击力最大,用于需要大量錾削的场合,如图6.7(c)所示。

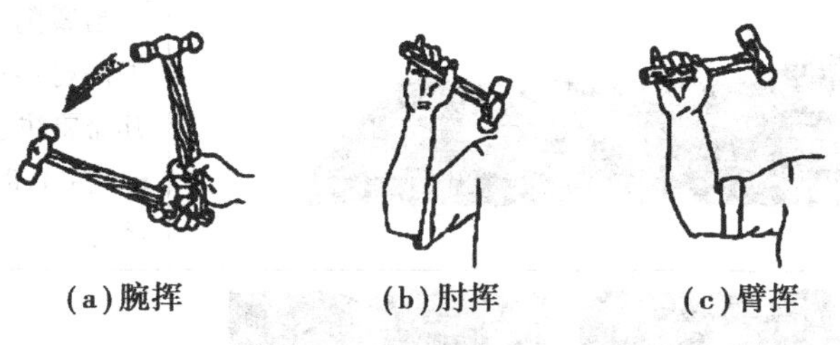

(a)腕挥　　(b)肘挥　　(c)臂挥

图6.7　挥锤方法

2)錾削姿势

①錾削姿势

如图6.8所示,錾削时,两脚互成一定角度,左脚跨前半步,右脚稍微朝后,身体自然站立,重心偏于右脚。右脚要站稳,右腿伸直,左腿膝盖关节应稍微自然弯曲。眼睛注视錾削处,以便观察錾削的情况,而不应注视锤击处。左手握錾使其在工件上保持正确的角度。右手挥锤,使锤头沿弧线运动,进行敲击。一般在肘挥时约40次/min,腕挥时约50次/min。

图6.8　錾削姿势

②錾削要求

錾削时的锤击要"稳、准、狠",其动作要一下一下有节奏地进行,手锤敲下去应是加速度,可增加锤击的力量。"稳"就是速度节奏为40次/min,"准"就是命中率要高,"狠"就是锤击要有力。

活动3　学习平面的錾削方法

錾削平面时,主要采用扁錾。

开始錾削时,应从工件侧面的尖角处轻轻起錾。因尖角处与切削刃接触面小,阻力小,易切入,能较好地控制加工余量,而不致产生滑移及弹跳现象。起錾后,再把錾子逐渐移向中间,使切削刃的全宽参与切削(见表6.3)。

表 6.3　起錾、终錾与平面錾削方法

錾削名称		图　例	錾削方法
起　錾		斜角起錾　正面起錾	起錾时，錾子尽可能向右斜45°左右。从工件边缘尖角处开始，并使錾子从尖角处向下倾斜30°左右，轻打錾子，可较容易切入材料。起錾后，按正常方法錾削
终　錾			当錾削到工件尽头时，要防止工件材料边缘崩裂，脆性材料尤其需要注意。因此，錾到尽头10 mm左右时，必须调头錾去其余部分
錾削平面	较宽平面		先用窄錾錾出直槽，再用扁錾錾去剩余部分
	窄平面		选用扁錾，并使切削刃与錾削方向倾斜一定角度

当錾削快到尽头，与尽头相距约10 mm时，应调头錾削；否则，尽头的材料会崩裂。对铸铁、青铜等脆性材料尤应如此。

錾削较宽平面时，应先用窄錾在工件上錾若干条平行槽，再用扁錾将剩余部分錾去，这样能避免錾子的切削部分两侧受工件的卡阻。

錾削较窄平面时，应选用扁錾，并使切削刃与錾削方向倾斜一定角度。其作用是易稳定住錾子，防止錾子左右晃动而使錾出的表面不平。

錾削余量一般为每次0.5 ~2 mm。余量太小，錾子易滑出，而余量太大又使錾削太费力，并且不易将工件表面錾平。

活动4　錾削平面技能训练

(1)技能训练要求

在老师的指导下认识各种錾削工具。

(2)刀具和工具的使用

练习錾子的握法和挥锤方法。

(3)錾削实例

如图6.9所示为一个錾削平面的图样。

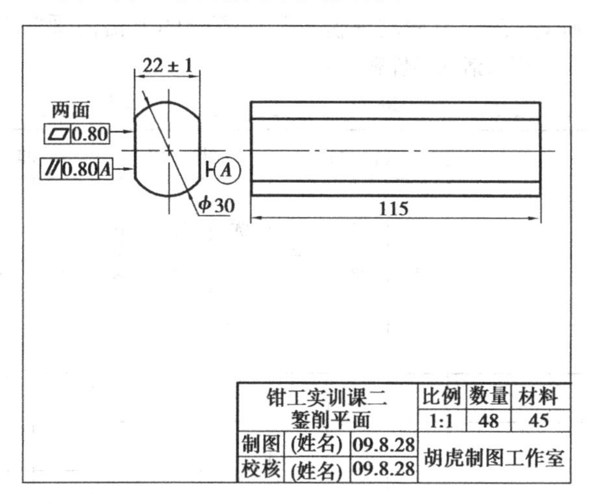

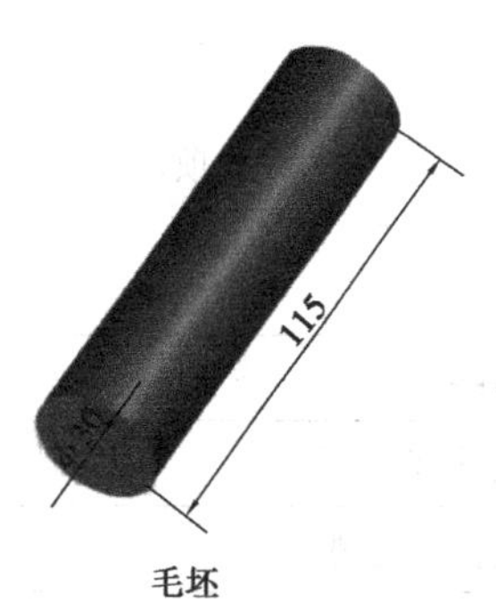

毛坯

图6.9　平面錾削

1)实训要求

①錾削姿势正确,錾削面平直。

②初步掌握用钢直尺、塞尺、游标卡尺检验尺寸和形位公差的方法。

2)使用的刀具、量具和辅助工具

高度游标尺、90°角尺、钢直尺、游标卡尺、锤子、扁錾、塞尺、划线平台等。

3)实训步骤

①检查毛坯材料以及外形尺寸是否合格。

②錾削参考步骤,如图6.10所示。

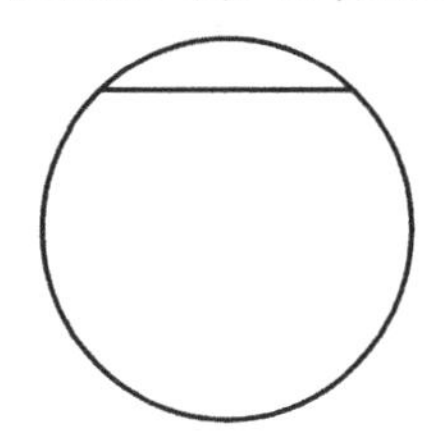

(a)用高度游标尺划出26 mm平面加工线

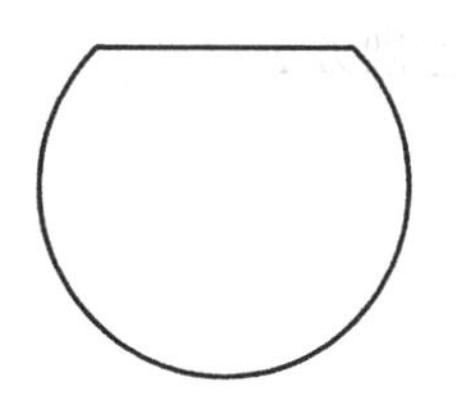

(b)按线錾削,平面度0.80 mm,表面粗糙度达要求

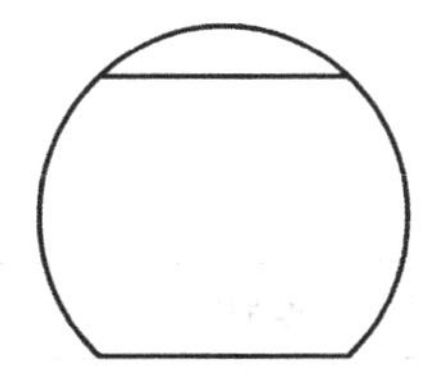

(c)用高度游标尺划出22 mm平面加工线

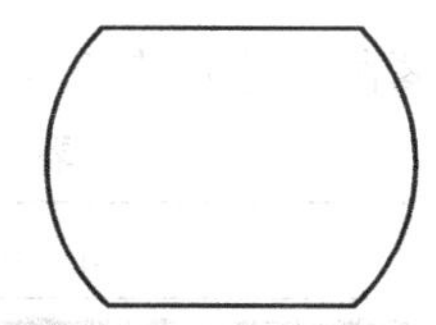

(d)按线錾削,尺寸22 mm,平行度0.80 mm,平面度0.80 mm,表面粗糙度达要求

图6.10　錾削参考步骤

活动5　展示与评价

分组进行自评、小组间互评、教师评，在学习活动评价表相应等级的方格内画“√”。

学习活动评价表

学生姓名＿＿＿＿＿＿　教师＿＿＿＿＿＿　班级＿＿＿＿＿＿　学号＿＿＿＿＿＿

评价项目	自评			组评			师评		
	优秀	合格	不合格	优秀	合格	不合格	优秀	合格	不合格
錾子的刃磨									
錾子的热处理									
錾削的动作与姿势									
技能训练件錾削后的平面度									
技能训练件錾削后的平行度									
总评									

任务6.2　油槽、板料的錾削

【知识目标】

★ 知道油槽的錾削方法。

★ 知道板料的錾削方法。

【技能目标】

★ 会錾削油槽。

★ 会錾切板料。

【态度目标】

★ 养成踏实肯干的劳动习惯。

油槽、板料的錾削方法见表6.4。

表6.4　油槽、板料的錾削方法

錾削名称	图例	錾削方法
錾削油槽		油槽起储油和送油的作用。錾削平面上的油槽方法与錾削平面一样。在曲面上錾削油槽，錾子的倾斜角度应随曲面的变化而变化

续表

錾削名称	图 例	錾削方法
錾切板料	在台虎钳上錾切	在台虎钳上錾切,工件的切断线要与钳口平齐,工件要夹紧,用扁錾沿着钳口并斜对着板面,自右向左錾切
	在平板上錾切	对尺寸较大的薄板料在平板上进行切断时,应在板料下面衬以软材料,以免损坏錾子刃口。錾切时,应由前向后依次錾切。开始时,錾子应放斜一些,以便于对齐切断线,对齐后再将錾子竖直进行錾切
	用密集排孔配合錾切	当需要錾切较复杂的毛坯时,先划线后钻密集的排孔,再用扁錾或窄錾錾切

活动1 錾削油槽

油槽一般起储存和输送润滑油的作用。当用铣床无法加工油槽时,可用油槽錾开油槽。油槽要求錾得光滑且深浅一致。

錾油槽前,首先要根据油槽的断面形状对油槽錾的切削部分进行准确刃磨,再在工件表面准确划线,最后一次錾削成形。同时,也可先錾出浅痕,再一次錾削成形。

在平面上錾油槽时,錾削方法基本上与錾削平面一样。而在曲面上錾槽时,錾子的倾斜角度应随曲面变化而变化,以保持錾削时的后角不变。錾削完毕后,要用刮刀或砂布等除去槽边的毛刺,使槽的表面光滑。

活动2 錾切板料

在缺乏机械设备的场合下,有时要依靠錾子切断板料或分割出形状较复杂的薄板工件。

(1)在台虎钳上錾切

见表6.4,当工件不大时,将板料牢固地夹在台虎钳上,并使工件的錾削线与钳口平齐,再进行切断。为使切削省力,应用扁錾沿着钳口并斜对着板面(为30°~45°)自左向右錾切。因为斜对着板面錾切时,扁錾只有部分刃錾削,阻力小而容易分割材料,切削出的平面也较平整。

(2)在铁砧或平板上錾切

当薄板的尺寸较大而不便在台虎钳上夹持时,应将它放在铁砧或平板上錾切,如图6.11所示。此时錾子应垂直于工件。为避免碰伤錾子的切削刃,应在板料下面垫上废旧的软铁材料。

(3)用密集排孔配合錾切

当需要在板料上錾切较复杂零件的毛坯时,一般先按所划出的轮廓线钻出密集的排孔,再用扁錾或窄錾逐步錾切成形,如图6.12所示。

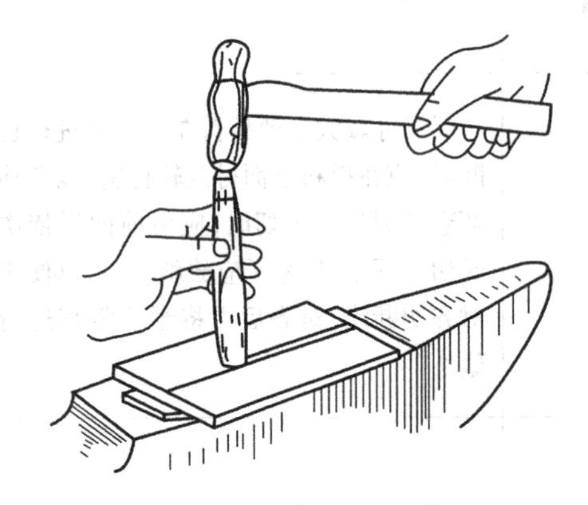

图6.11 在铁砧上錾切板料

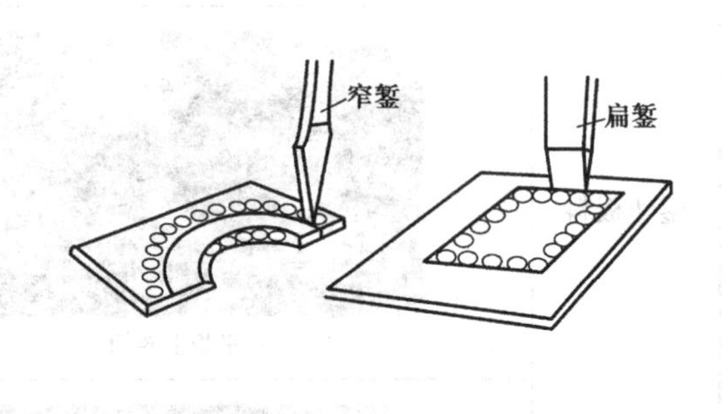

图6.12 弯曲部分的錾断

活动3 錾削直槽

(1)技能训练要求

掌握窄錾刃磨技术和錾削直槽的方法。

(2)使用的刀具、量具和辅助工具

划线盘、钢直尺、游标卡尺、窄錾、锤子、平板、90°角尺等。

(3)技能训练内容

1)工件图样

工件图样如图6.13所示。

2)参考步骤

①检查来料尺寸,划线表面上涂好涂料。

②按图样尺寸划线,直槽线可利用平板和划线盘划出(见图6.14(a)),也可用90°角尺和划针划出,如图6.14(b)所示。

③各自完成两把窄錾的修正刃磨,达到使用要求。

④錾削第1条槽。按正面起錾,先沿线条以0.5 mm的錾削量錾第一遍,再按直槽深3.5 mm分批錾削,最后一遍作平整修正。

⑤依次錾第2、第3、第4、第5、第6条槽。检查全部錾削质量。

(4)注意事项

①起錾时錾子刃口要摆平,并且刃口的一侧角需与槽位线对齐,同时,起錾后的斜面口尺寸应与槽形尺寸一致。

②錾削时錾子要握正、握稳,其刃口不能倾斜,锤击力要均匀适当,使錾痕整齐、槽形正

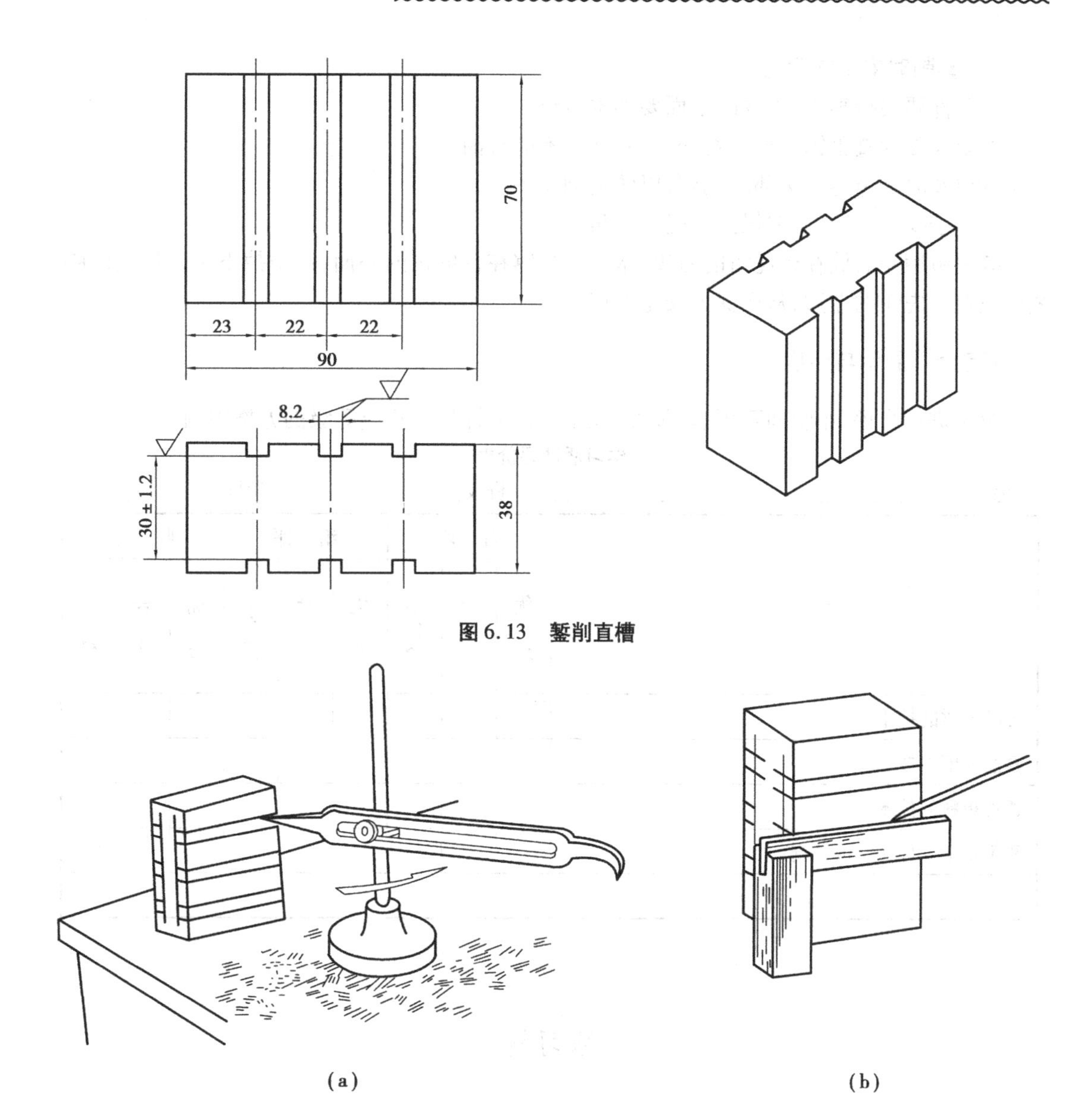

图6.13 錾削直槽

图6.14 划直槽线

确,并且不易使錾子损坏。另外,每錾一条槽最好用一把錾子錾结束,这样可控制槽宽上下一致。

③开始第一遍的錾削,必须根据一条划线线条为基准进行,并保证把槽錾直。

活动4 废品分析和安全文明生产

(1)錾削中常见的废品形式

①錾过了尺寸界线。

②錾崩了棱角或棱边。

③夹坏了工件表面。

造成以上废品的原因主要是操作者还未真正掌握操作技术。

(2)錾削时安全文明生产

①工件要夹持牢固,工件的下面要加木衬垫。

②要经常检查手锤木柄是否松动,木柄上不能有油。

③要及时磨掉錾子头部的毛刺,以防毛刺伤手。

④錾子要刃磨锋利,并保持正确的楔角。

⑤手锤用完后放在台虎钳的右边,木柄不能露在台虎钳的外面,以防掉下来砸伤人的脚。錾子放在台虎钳的左边,从而保证安全生产。

活动5　展示与评价

分组进行自评、小组间互评、教师评,在学习活动评价表相应等级的方格内画“√”。

学习活动评价表

学生姓名＿＿＿＿＿＿　教师＿＿＿＿＿＿　班级＿＿＿＿＿＿　学号＿＿＿＿＿＿

评价项目	自评			组评			师评		
	优秀	合格	不合格	优秀	合格	不合格	优秀	合格	不合格
刃磨窄錾的技术									
錾削油槽的技术									
錾切板料的技术									
錾削直槽工件的完成情况									
总　评									

练习题

1. 简述刃磨錾子的方法。

2. 示意画出錾子在錾削时的3个角度,并分别说明它们对切削工作的影响。

3. 刃磨錾子切削部分时,应根据哪些因素来决定楔角大小?当材料分别为铸铁、钢、紫铜时,楔角大小应分别为多少?

4. 錾子常用哪些材料制成?试述錾子的热处理过程,并说明什么是“淬黄火”和“淬蓝火”。

5. 起錾时,为什么要从工件的边缘尖角处开始?錾削快到尽头时,要注意什么问题?

项目 7
螺纹加工

螺纹被广泛应用于各种机械设备、仪器仪表中,作为联接、紧固、传动、调整的一种机构。本项目主要介绍螺纹加工即攻、套螺纹的方法;螺纹加工的工具;攻螺纹前的底孔直径计算方法;套螺纹前的圆杆直径的确定。

任务7.1 攻螺纹

【知识目标】

★ 明确螺纹的基本知识。

★ 掌握攻螺纹工具。

★ 掌握攻螺纹前底孔直径的计算。

【技能目标】

★ 能正确进行攻螺纹操作。

【态度目标】

★ 培养吃苦耐劳的品质。

活动1 攻螺纹的定义及种类

用丝锥在工件的孔中加工出内螺纹的操作方法称攻螺纹。常用的螺纹有以下4种:

①公制螺纹。公制螺纹也称普通螺纹,分粗牙普通螺纹和细牙普通螺纹两种,牙型角为60°。粗牙普通螺纹主要用于紧固与联接。

②英制螺纹。英制螺纹的牙型角为55°,目前只用于修配等场合,新产品已不再使用。

③管螺纹。管螺纹是用于管道连接的一种英制螺纹,其公称直径是指管子的内径。

④圆锥管螺纹。圆锥管螺纹也是用于管道连接的一种英制螺纹,牙型角有55°和60°两种,锥度为1∶16。

活动2 攻螺纹工具

(1)丝锥

丝锥是加工内螺纹的工具,主要分为机用丝锥和手用丝锥。

1)丝锥的构造

丝锥的主要构造如图7.1所示,由工作部分和柄部构成。其中,工作部分包括切削部分和校准部分。

丝锥的柄部制作有方榫,可便于夹持。

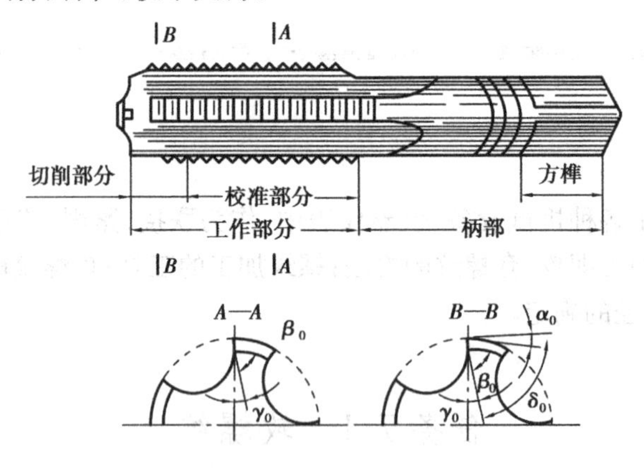

图7.1 丝锥的构造

2)丝锥的选用

丝锥的种类很多,常用的有机用丝锥、手用丝锥、圆柱管螺纹丝锥及圆锥管螺纹丝锥等。

机用丝锥由高速钢制成,其螺纹公差带分H1,H2和H3 3种;手用丝锥是指碳素工具钢的滚牙丝锥,其螺纹公差带为H4。

丝锥的选用原则参见表7.1。

表7.1 丝锥的选用

丝锥公差带代号	被加工螺纹公差等级	丝锥公差带代号	被加工螺纹公差等级
H1	5H,6H	H3	7G,6H,6G
H2	6H,5G	H4	7H,6H

3)丝锥的成组分配

为减少切削阻力,延长丝锥的使用寿命,一般将整个切削工作分配给几只丝锥来完成。

通常M6~M24的丝锥每组有两只;M6以下和M24以上的丝锥每组有3只;细牙普通螺纹丝锥每组有两只。

圆柱管螺纹丝锥与手用丝锥相似,只是其工作部分较短,一般每组有两只。

(2)铰杠

铰杠是手工攻螺纹时用来夹持丝锥的工具,分普通铰杠(见图7.2)和丁字铰杠(见图7.3)两类。各类铰杠又分为固定式和活络式两种。丁字铰杠主要用于攻工件凸台旁的螺纹或箱体内部的螺纹。活络式铰杠可以调节夹持丝锥方榫。

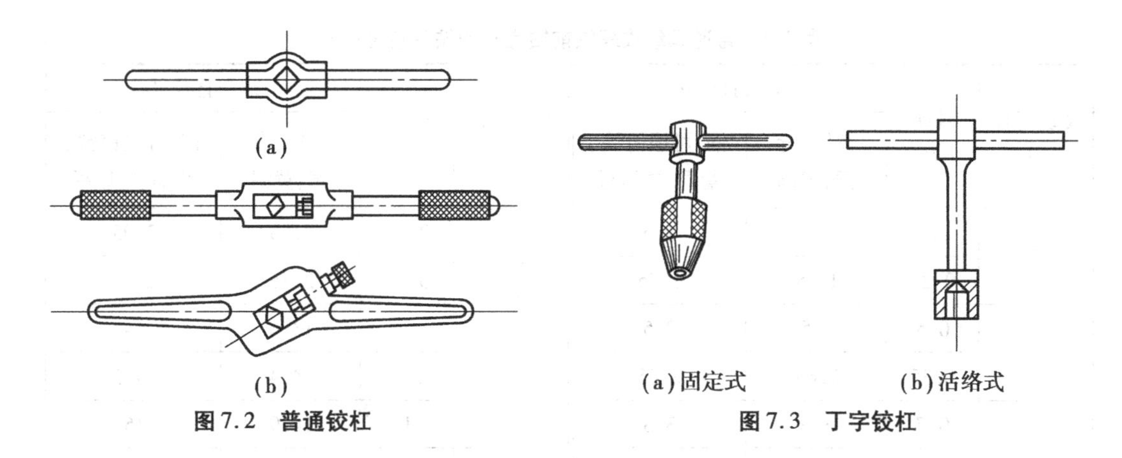

图7.2　普通铰杠　　　　图7.3　丁字铰杠

活动3　攻螺纹前底孔直径的计算

(1)攻螺纹前螺纹底孔直径的确定

攻螺纹时,丝锥的切削刃除起切削作用外,还对工件材料产生挤压作用。被挤压出来的材料凸出工件螺纹牙形的顶端,嵌在丝锥刀齿根部的空隙中,如图7.4所示。此时,如果丝锥刀齿根部与工件螺纹牙形顶端之间没有足够的空隙,丝锥就会被挤压出来的材料轧住,造成崩刃、折断和工件螺纹烂牙。因此,攻螺纹时螺纹底孔直径必须大于标准规定的螺纹内径。

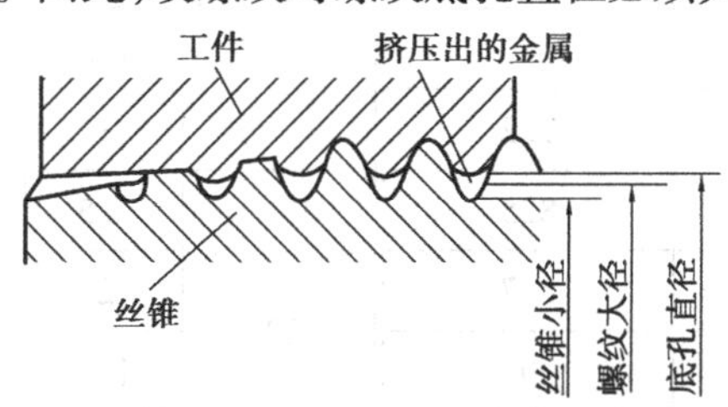

图7.4　攻螺纹前的挤压现象

螺纹底孔直径的大小,应根据工件材料的塑性和钻孔时的扩张量来考虑,使攻螺纹时既有足够的空隙来容纳被挤出的材料,又能保证加工出来的螺纹具有完整的牙形。

1)计算法

加工普通螺纹底孔的钻头直径可按表7.2中的公式计算。

表7.2　加工普通螺纹底孔钻头直径计算公式

被加工材料和扩张量	钻头直径计算公式
钢和其他塑性大的材料,扩张量中等	$d_0 = D - P$
铸铁和其他塑性小的材料,扩张量较小	$d_0 = D - (1.05 \sim 1.1)P$

注:d_0——攻螺纹前钻头直径;

D——螺纹公称直径;

P——螺距。

2)查表法

也可直接按表7.3选用。加工英制螺纹、圆柱管螺纹和圆锥管螺纹底孔的钻头直径可按表7.4和表7.5选用。

表 7.3　普通螺纹攻螺纹前钻底孔的钻头直径/mm

螺纹直径 D	螺距 P	钻头直径 d_0		螺纹直径 D	螺距 P	钻头直径 d_0	
		铸铁、青铜、黄铜	钢、可锻铸铁、紫铜、层压板			铸铁、青铜、黄铜	钢、可锻铸铁、紫铜、层压板
2	0.4	1.6	1.6	2.5	0.45	2.05	2.05
	0.25	1.75	1.75		0.35	2.15	2.15
3	0.5	2.5	2.5	16	2	13.8	14
	0.35	2.65	2.65		1.5	14.4	14.5
4	0.7	3.3	3.3		1	14.9	15
	0.5	3.5	3.5	18	2.5	15.3	15.5
5	0.8	4.1	4.2		2	15.8	16
	0.5	4.5	4.5		1.5	16.4	16.5
6	1	4.9	5		1	16.9	17
	0.75	5.2	5.2	20	2.5	17.3	17.5
8	1.25	6.6	6.7		2	17.8	18
	1	6.9	7		1.5	18.4	18.5
	0.75	7.1	7.2		1	18.9	19
10	1.5	8.4	8.5	22	2.5	19.3	19.5
	1.25	8.6	8.7		2	19.8	20
	1	8.9	9		1.5	20.4	20.5
	0.75	9.1	9.2		1	20.9	21
12	1.75	10.1	10.2	24	3	20.7	21
	1.5	10.4	10.5		2	21.8	22
	1.25	10.6	10.7		1.5	22.4	22.5
	1	10.9	11		1	22.9	23
14	2	11.8	12				
	1.5	12.4	12.5				
	1	12.9	13				

表7.4　英制螺纹、圆柱管螺纹攻螺纹前钻底孔的钻头直径

英制螺纹				圆柱管螺纹		
螺纹直径/in	每 in 牙数	钻头直径/mm		螺纹直径/in	每 in 牙数	钻头直径/mm
		铸铁、青铜、黄铜	钢、可锻铸铁			
3/16	24	3.8	3.9	1/8	28	8.8
1/4	20	5.1	5.2	1/4	19	11.7
5/16	18	6.6	6.7	3/8	19	15.2
3/8	16	8	8.1	1/2	14	18.9
1/2	12	10.6	10.7	3/4	14	24.4
5/8	11	13.6	13.8	1	11	30.6
3/1	10	16.6	16.8	$1\frac{1}{4}$	11	39.2
7/8	9	19.5	19.7	$1\frac{3}{8}$	11	41.6
1	8	22.3	22.5	$1\frac{1}{2}$	11	45.1
$1\frac{1}{8}$	7	25	25.2			
$1\frac{1}{4}$	7	28.2	28.4			
$1\frac{1}{2}$	6	34	34.2			
$1\frac{3}{4}$	5	39.5	39.7			
2	$4\frac{1}{2}$	45.3	45.6			

表7.5　圆锥管螺纹攻螺纹前钻底孔的钻头直径

55°圆锥管螺纹			60°圆锥管螺纹		
公称直径/in	每 in 牙数	钻头直径/mm	公称直径/in	每 in 牙数	钻头直径/mm
1/8	28	8.4	1/8	27	8.6
1/4	19	11.2	1/4	18	11.1
3/8	19	14.7	3/8	18	14.5
1/2	14	18.3	1/2	14	17.9
3/4	14	23.6	3/4	14	23.2

续表

55°圆锥管螺纹			60°圆锥管螺纹		
公称直径/in	每 in 牙数	钻头直径/mm	公称直径/in	每 in 牙数	钻头直径/mm
1	11	29.7	1	$11\frac{1}{2}$	29.2
$1\frac{1}{4}$	11	38.3	$1\frac{1}{4}$	$11\frac{1}{2}$	37.9
$1\frac{1}{2}$	11	44.1	$1\frac{1}{2}$	$11\frac{1}{2}$	43.9
2	11	55.8	2	$11\frac{1}{2}$	56

(2)攻不通孔螺纹的钻孔深度

攻不通孔螺纹时，由于丝锥切削部分不能切出完整的螺纹牙形，因此，钻孔深度要大于所需的螺孔深度。一般取为：

$$钻孔深度 = 所需螺孔深度 + 0.7D(D:螺纹公称直径)$$

活动4　手攻螺纹的操作要点

(1)手攻螺纹的注意事项

手攻螺纹时必须注意以下9点：

①攻螺纹前螺纹底孔口要倒角，通孔螺纹两端孔口都要倒角。这样可使丝锥容易切入，并防止攻螺纹后孔口的螺纹崩裂。

②攻螺纹前，工件的装夹位置要正确，应尽量使螺孔中心线置于水平或垂直位置，其目的是攻螺纹时便于判断丝锥是否垂直于工件平面。

③开始攻螺纹时，应把丝锥放正，用右手掌按住铰杠中部沿丝锥中心线用力加压，此时左手配合作顺向旋进；或两手握住铰杠两端平衡施加压力，并将丝锥顺向旋进，保持丝锥中心与孔中心线重合，不能歪斜，如图7.5所示。当切削部分切入工件1~2圈时，用目测或角尺检查和校正丝锥的位置，如图7.6所示。当切削部分全部切入工件时，应停止对丝锥施加压力，只需平稳地转动铰杠靠丝锥上的螺纹自然旋进。

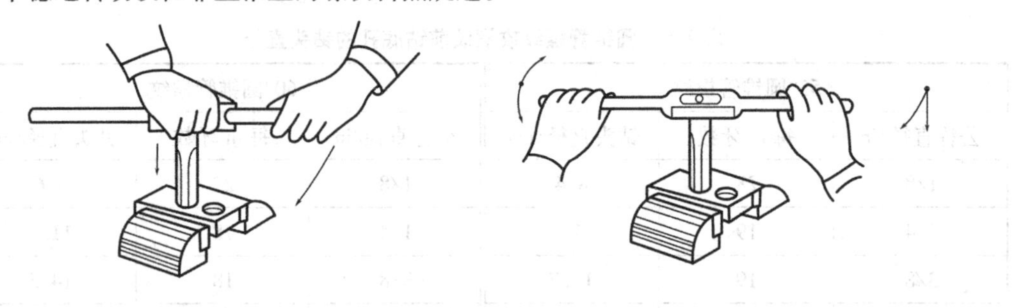

图7.5　起攻方法

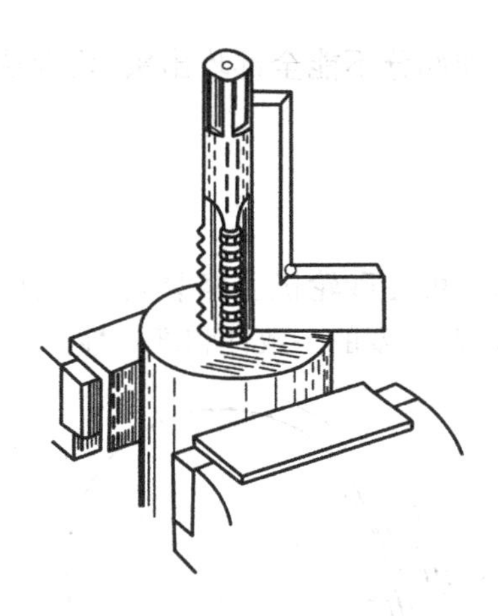

图7.6　检查攻螺纹垂直度

④为了避免切屑过长咬住丝锥,攻螺纹时应经常将丝锥反方向转动1/2圈左右,使切屑碎断后容易排出。

⑤攻不通孔螺纹时,要经常退出丝锥,排除孔中的切屑。当将要攻到孔底时,更应及时排出孔底积屑,以免攻到孔底丝锥被轧住。

⑥攻通孔螺纹时,丝锥校准部分不应全部攻出头,否则会扩大或损坏孔口最后几牙螺纹。

⑦丝锥退出时,应先用铰杠带动螺纹平稳地反向转动,当能用手直接旋动丝锥时,应停止使用铰杠,以防铰杠带动丝锥退出时产生摇摆和振动,破坏螺纹表面粗糙度。

⑧在攻螺纹过程中,换用另一支丝锥时,应先用手将丝锥旋入已攻出的螺孔中,直到用手旋不动时,再用铰杠进行攻螺纹。

⑨在攻材料硬度较高的螺孔时,应头锥、二锥交替攻削,这样可减轻头锥切削部分的载荷,防止丝锥折断。

(2)切削液的使用

攻塑性材料的螺孔时,要加切削液,以减少切削阻力和提高螺孔的表面质量,延长丝锥的使用寿命。一般用机油或浓度较大的乳化液,要求高的螺孔也可用菜油或二硫化钼等。

活动5　机攻螺纹的操作要点

机攻螺纹前应先按表7.6选用合适的切削速度。当丝锥即将进入螺纹底孔时,进刀要慢,以防止丝锥与螺孔发生撞击。在螺纹切削部分开始攻螺纹时,应在钻床进刀手柄上施加均匀的压力,帮助丝锥切入工件。当切削部分全部切入工件时,应停止对进刀手柄施加压力,而靠丝锥螺纹自然旋进攻螺纹。

表7.6　攻螺纹速度/($m \cdot min^{-1}$)

螺孔材料	切削速度
一般钢材	6~15
调质钢或较硬钢	5~10
不锈钢	2~7
铸铁	8~10

机攻通孔螺纹时,丝锥的校准部分不能全部攻出头,攻螺纹前应对丝锥进行认真的检查和修磨。

活动6　丝锥的修磨

①当丝锥的切削部分磨损时,可在砂轮机上修磨其后刀面,如图7.7所示。修磨时应注意保持切削部分各刀齿的半锥角及长度的一致性和准确性。

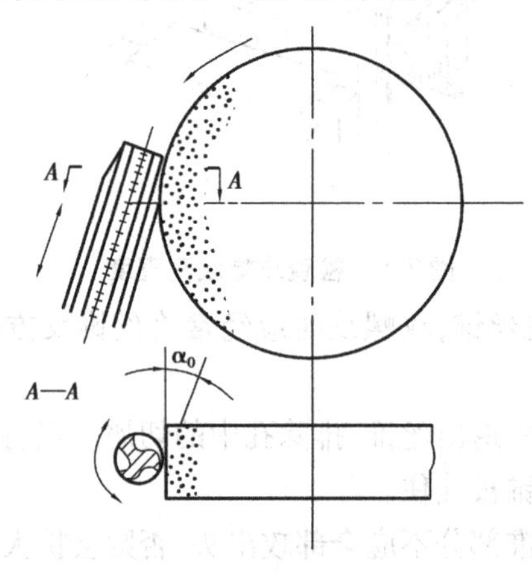

图7.7　刃磨丝锥后刀面

②当丝锥的校准部分磨损时,应修磨丝锥的前刀面。如果磨损少,可用柱形油石涂一些润滑油,进行研磨;如果磨损严重,应在工具磨床上用棱角修圆的片状砂轮修磨,如图7.8所示。修磨时,应控制好丝锥的前角。

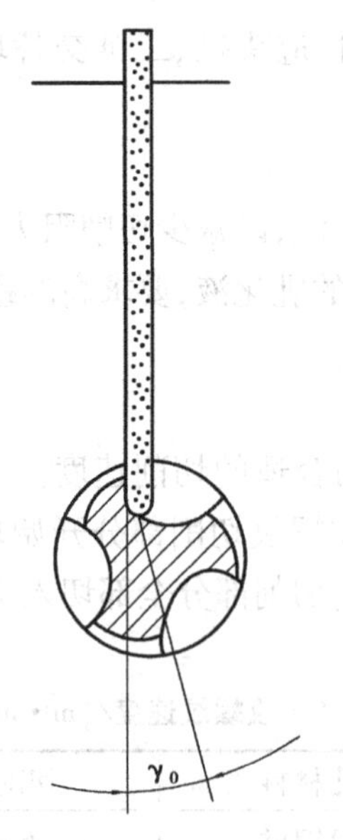

图7.8　修磨丝锥的前刀面

活动7　攻螺纹时常见缺陷分析

攻螺纹时常见缺陷分析见表7.7。

表7.7　攻螺纹时常见缺陷分析

缺陷形式	产生原因
丝锥崩刃、折断	1. 底孔直径小或深度不够 2. 攻螺纹时没有经常倒转断屑 3. 用力过猛或两手用力不均 4. 丝锥与底孔端面不垂直
螺纹烂牙	1. 底孔直径小或孔口未倒角 2. 丝锥磨钝 3. 攻螺纹时没有经常倒转断屑
螺纹中径超差	1. 螺纹底孔直径选择不当 2. 丝锥选用不当 3. 攻螺纹时铰杠晃动
螺纹表面粗糙度超差	1. 工件材料太软 2. 切削液选用不当 3. 攻螺纹时铰杠晃动 4. 攻螺纹时没有经常倒转断屑

活动8　从螺孔中取出断丝锥的方法

在取出断丝锥前，应先把孔中的切屑和丝锥碎屑清除干净，以防轧在螺纹与丝锥之间而阻碍丝锥的退出。从螺孔中取出断丝锥有以下5种方法：

①用狭錾或冲头抵在断丝锥的容屑槽中顺着退出的方向轻轻敲击，必要时再顺着旋进方向轻轻敲击，使丝锥在多次正反方向的轻敲下产生松动，则退出就容易了。这种方法仅适用于断丝锥尚露出孔口或接近孔口时。

②在带方榫的断丝锥上拧上两个螺母，用钢丝（根数与丝锥槽数相同）插入断丝锥和螺母的空槽中，然后用铰杠按退出方向扳动方榫，把断丝锥取出，如图7.9所示。

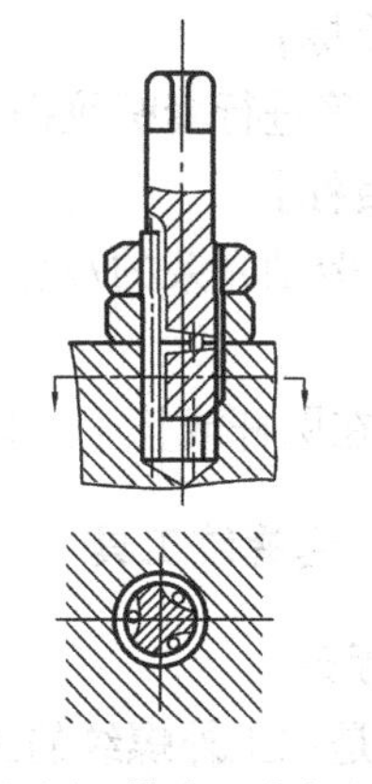

图7.9　用钢丝插入槽内取出断丝锥的方法

③在断丝锥上焊上一个六角螺钉，然后用扳手扳六角螺钉而使断丝锥退出。

④用乙炔火焰或喷灯使断丝锥退火，然后用钻头钻一盲孔。此时钻头直径应比螺纹底孔直径略小。

⑤用电火花加工设备将断丝锥熔掉。

活动9　展示与评价

分组进行自评、小组间互评、教师评，在学习活动评价表相应等级的方格内画“√”。

学习活动评价表

学生姓名__________ 教师__________ 班级__________ 学号__________

评价项目	自评			组评			师评		
	优秀	合格	不合格	优秀	合格	不合格	优秀	合格	不合格
手攻螺纹的技术									
机攻螺纹的技术									
攻螺纹时常见缺陷的分析及提出解决办法的能力									
从螺孔中取出断丝锥的技术									
总评									

任务 7.2 套螺纹

【知识目标】

★ 掌握套螺纹工具。

★ 掌握套螺纹前圆杆直径的计算。

【技能目标】

★ 能正确进行套螺纹操作。

【态度目标】

★ 培养劳动光荣的观念。

用板牙在圆杆或管子上切削加工外螺纹的方法,称为套螺纹。

活动1 套螺纹工具

(1)圆板牙

圆板牙是加工外螺纹的工具,其外形像一个圆螺母,只是在它上面钻有几个排屑孔并形成刀刃,如图7.10所示。圆板牙两端的锥角 2φ 部分是切削部分。切削部分不是圆锥面(圆锥面的刀齿后角 $\alpha=0°$),而是经过铲磨而成的阿基米德螺旋面,形成后角 $\alpha=7°\sim9°$。锥角的大小一般是 $\varphi=20°\sim25°$(即 $2\varphi=40°\sim50°$)。板牙的中间一段是校准部分。圆板牙的前刀面为曲线形,因此,前角大小沿着切削刃而变化,在内径处前角 γ_d 最大,外径处前角 γ_{d0} 最小,如图7.11所示。一般 $\gamma_{d0}=8°\sim12°$。粗牙 $\gamma_d=30°\sim35°$,1级、2级细牙 $\gamma_d=25°\sim30°$。

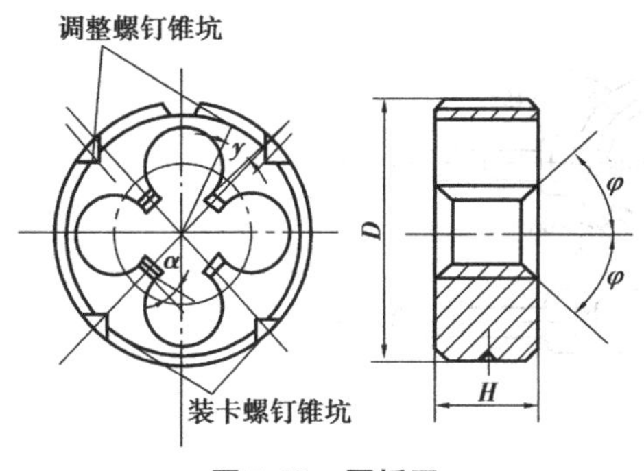

图7.10　圆板牙

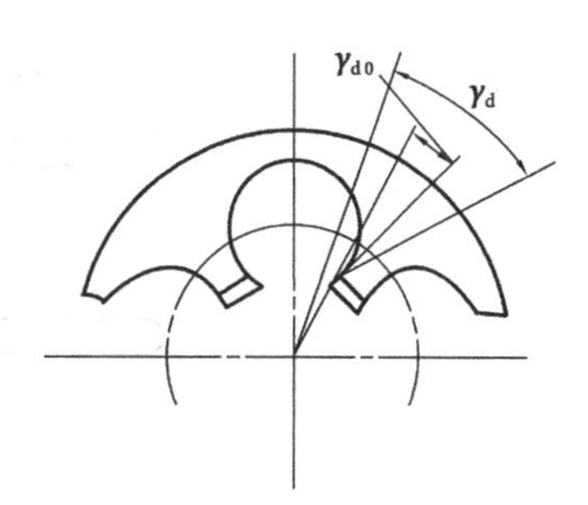

图7.11　圆板牙的前角

M3.5以上的圆板牙,其外圆上有4个紧定螺钉坑和一条V形槽,如图7.10所示。图7.10中,下面两个轴线通过板牙直径线的螺钉坑,是将圆板牙固定在铰杠中用来传递扭矩的。圆板牙切削部分一端磨损后可换另一端使用。校准部分因磨损而使螺纹尺寸变大以致超出公差范围时,可用锯片砂轮沿板牙V形槽将板牙切割出一条通槽。此时V形槽成为调整槽。使用时可通过铰杠的紧定螺钉使圆板牙孔径缩小。由于受结构的限制,螺纹孔径的调整量一般为0.10~0.25 mm。

(2)管螺纹板牙

管螺纹板牙分圆柱管螺纹板牙和圆锥管螺纹板牙。

圆柱管螺纹板牙的结构与圆板牙相仿。圆锥管螺纹板牙,如图7.12所示。它的基本结构也与圆板牙相仿,只是在单面制成切削锥,只能单面使用。圆锥管螺纹板牙所有刀刃均参加切削,因此,切削时很费力。板牙的切削长度影响管螺纹牙形的尺寸,因此,套螺纹时要经常检查,不能使切削长度超过太多,只要相配件旋入后能满足要求就可以了。

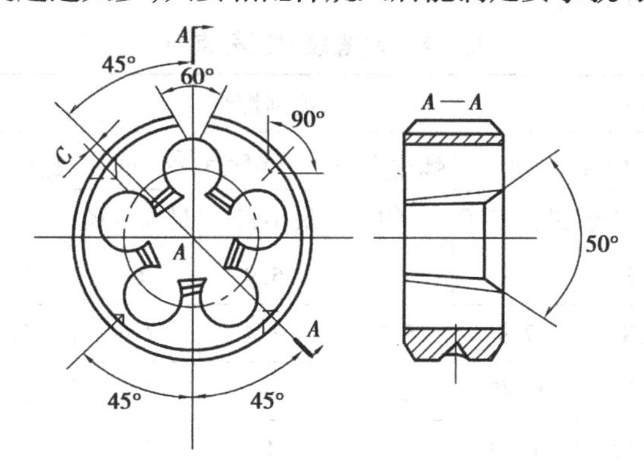

图7.12　圆锥管螺纹板牙

(3)板牙铰杠

板牙铰杠是手工套螺纹时的辅助工具,如图7.13所示。

板牙铰杠的外圆旋有4个紧定螺钉和一个调整螺钉,使用时,紧定螺钉将板牙紧固在铰杠中,并传递套螺纹时的扭矩。当使用的圆板牙带有V形调整槽时,通过调节上面两个紧定螺钉和调整螺钉,可使板牙螺纹直径在一定范围内变动。

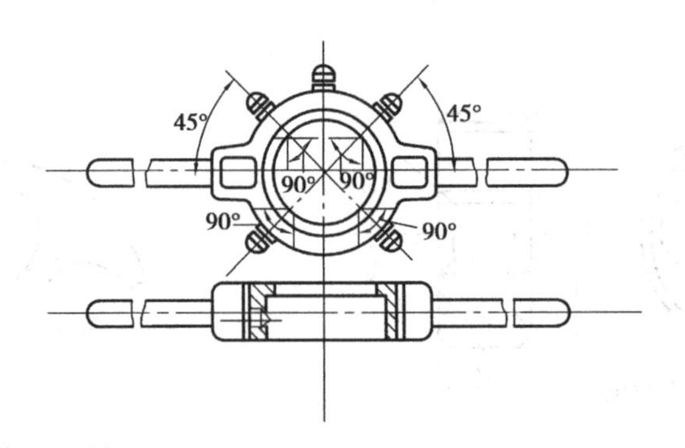

图 7.13　板牙铰杠

活动 2　套螺纹方法

套螺纹前圆杆直径的确定方法有计算法和查表法两种。

1)计算法

与攻螺纹一样,用圆板牙在钢料上套螺纹时,螺孔牙尖也要被挤高一些,因此,圆杆直径应比螺纹的大径(公称直径)小一些。

圆杆直径可用下列公式计算,即

$$d_0 \approx d - 0.13P$$

式中　d——螺纹大径,mm;

P——螺距 mm。

2)查表法

圆杆直径可由表 7.8 查得。

表 7.8　套螺纹时圆杆直径

粗牙普通螺纹				英制螺纹			圆柱管螺纹		
螺纹直径/mm	螺距/mm	螺杆直径/mm		螺纹直径/in	螺杆直径/mm		螺纹直径/in	管子外径/mm	
		最小直径	最大直径		最小直径	最大直径		最小直径	最大直径
M6	1	5.8	5.9	1/4	5.9	6	1/8	9.4	9.5
M8	1.25	7.8	7.9	5/16	7.4	7.6	1/4	12.7	13
M10	1.5	9.75	9.85	3/8	9	9.2	3/8	16.2	16.5
M12	1.75	11.75	11.9	1/2	12	12.2	1/2	20.5	20.8
M14	2	13.7	13.85	—	—	—	5/8	22.5	22.8
M16	2	15.7	15.85	5/8	15.2	15.4	3/4	26	26.3
M18	2.5	17.7	17.85	—	—	—	7/8	29.8	30.1
M20	2.5	19.7	19.85	3/4	18.3	18.5	1	32.8	33.1
M22	2.5	21.7	21.85	7/8	21.4	21.6	$1\frac{1}{8}$	37.4	37.7
M24	3	23.65	23.8	1	24.5	24.6	$1\frac{1}{4}$	41.4	41.7

续表

粗牙普通螺纹				英制螺纹			圆柱管螺纹		
螺纹直径/mm	螺距/mm	螺杆直径/mm		螺纹直径/in	螺杆直径/mm		螺纹直径/in	管子外径/mm	
		最小直径	最大直径		最小直径	最大直径		最小直径	最大直径
M27	3	36.65	26.8	$1\frac{1}{4}$	30.7	31	$1\frac{3}{8}$	43.8	44.1
M30	3.5	29.6	29.8	—	—	—	$1\frac{1}{2}$	47.3	47.6
M36	4	35.6	35.8	$1\frac{1}{2}$	37	37.3	—	—	—
M42	4.5	41.55	41.75	—	—		—	—	—
M48	5	47.5	47.7	—	—		—	—	—
M52	5	51.5	51.7	—	—		—	—	—
M60	5.5	59.45	59.7	—	—		—	—	—
M64	6	63.4	63.7	—	—		—	—	—
M68	6	67.4	67.7	—	—		—	—	—

活动3　套螺纹的操作要点

套螺纹时必须注意以下7点：

①为使板牙容易对准工件和切入工件，圆杆端部要倒成圆锥斜角为15°～20°的锥体，如图7.14所示。锥体的最小直径可略小于螺纹小径，使切出的螺纹端部避免出现锋口和卷边而影响螺母的拧入。

②为了防止圆杆夹持出现偏斜和夹出痕迹，圆杆应装夹在用硬木制成的V形钳口或软金属制成的衬垫中，如图7.15所示。在加衬垫时，圆杆套螺纹部分离钳口要尽量近。

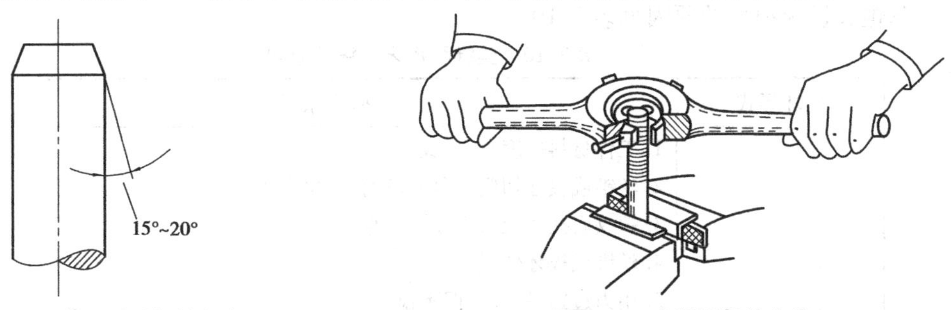

图7.14　套丝时圆杆的倒角　　图7.15　夹紧圆杆的方法

③套螺纹时应保持板牙端面与圆杆轴线垂直，否则套出的螺纹两面会有深浅，甚至烂牙。

④在开始套螺纹时，可用手掌按住板牙中心，适当施加压力并转动铰杠。当板牙切入圆杆1～2圈时，应目测检查和校正板牙的位置。当板牙切入圆杆3～4圈时，应停止施加压力。而仅平稳地转动铰杠，靠板牙螺纹自然旋进套螺纹。

⑤为了避免切屑过长，套螺纹过程中板牙应经常倒转。

⑥在钢件上套螺纹时要加切削液,以延长板牙的使用寿命,减小螺纹的表面粗糙度。

⑦切削液的选用与攻螺纹一样,套螺纹时必须选用合适的切削液,一般使用加浓的乳化液或机油,要求较高时用菜油或二硫化钼。

活动4　套螺纹废品分析

套螺纹时产生废品的原因见表7.9。

表7.9　套螺纹时产生废品的原因

废品形式	产生的原因
烂　牙	1. 圆杆直径太大 2. 板牙磨钝 3. 套螺纹时,板牙没有经常倒转 4. 铰杠掌握不稳,套螺纹时,板牙左右摇摆 5. 板牙歪斜太多,套螺纹时强行修正 6. 板牙刀刃上黏附有切屑瘤 7. 用带调整槽的板牙套螺纹,第二次套螺纹时板牙没有与已切出螺纹旋合,就强行套螺纹 8. 未采用合适的切削液
螺纹歪斜	1. 板牙端面与圆杆不垂直 2. 用力不均匀,铰杠歪斜
螺纹中径小(齿形瘦)	1. 板牙已切入仍施加压力 2. 由于板牙端面与圆杆不垂直而多次纠正,使部分螺纹切去过多
螺纹牙深不够	1. 圆杆直径太小 2. 用带调整槽的板牙套螺纹时,直径调节太大

活动5　丝锥和板牙损坏的原因

丝锥和板牙损坏的原因见表7.10。

表7.10　丝锥和板牙损坏的原因

损坏形式	损坏原因
崩牙或扭断	1. 工件材料硬度太高,或硬度不均匀 2. 丝锥或板牙切削部分刀齿前、后角太大 3. 螺纹底孔直径太小或圆杆直径太大 4. 丝锥或板牙位置不正 5. 用力过猛,铰杠掌握不稳 6. 丝锥或板牙没有经常倒转,致使切屑将容屑槽堵塞 7. 刀齿磨钝,并黏附有积屑瘤 8. 未采用合适的切削液 9. 攻不通孔时,丝锥碰到孔底时仍在继续扳转 10. 套台阶旁的螺纹时,板牙碰到阶台仍在继续扳转

活动6　攻、套螺纹综合技能训练

(1)技能训练要求

①掌握攻螺纹底孔直径和套螺纹圆杆直径的确定方法。

②掌握攻螺纹和套螺纹方法。

③掌握丝锥折断和攻螺纹、套螺纹中产生废品的原因和防止方法。

④提高麻花钻的刃磨技能。

(2)使用的工具、量具

麻花钻、丝锥、钻床、台虎钳、游标卡尺等。

(3)技能训练内容

1)工件图样

工件图样如图7.16所示。

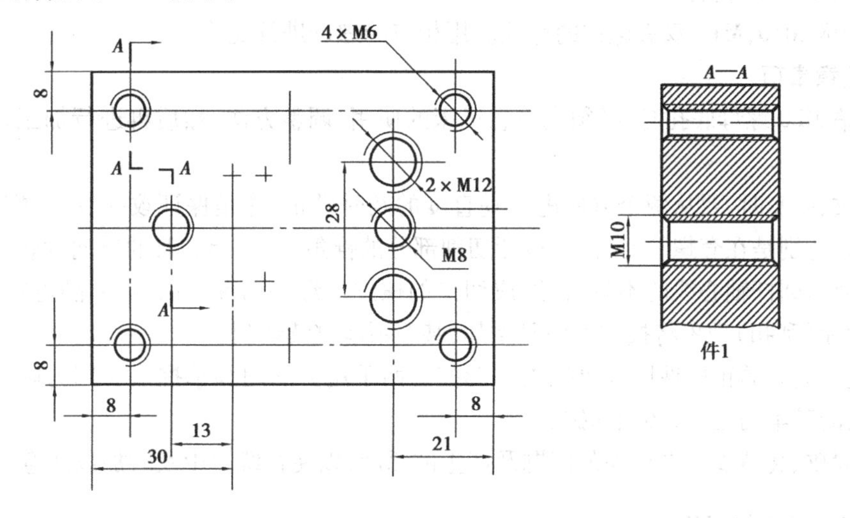

件1

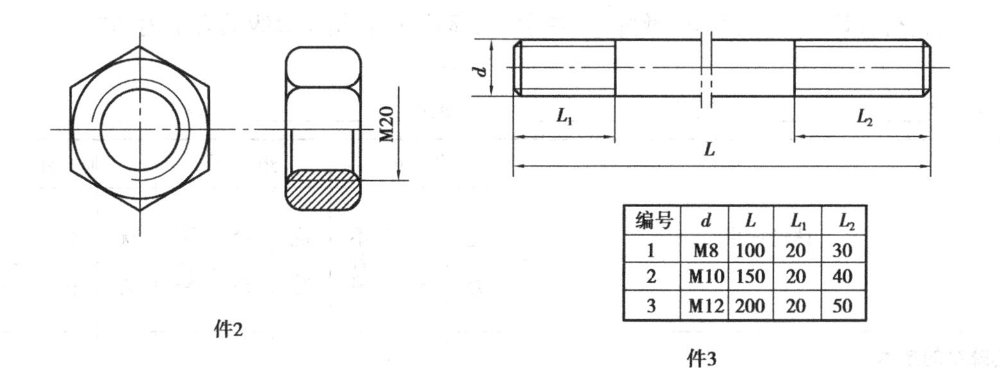

编号	d	L	L_1	L_2
1	M8	100	20	30
2	M10	150	20	40
3	M12	200	20	50

件2

件3

件　号	实习件名称	材　料	材料来源	下道工序	件　数	工时/h
1	长方形	HT150	备料		1	
2	六角螺母	35 钢	备料		3	7
3	双头螺柱	Q235	备料		3	

图 7.16　攻螺纹、套螺纹

2)参考步骤

攻螺纹的步骤如下:

①按图样要求划出螺孔的位置线,钻螺孔底孔并对孔口进行倒角。

②攻 M8,M10,2—M12,4—M6 以及 M20 螺纹(件 2)。用相应的螺钉进行配检。

套螺纹的步骤如下:

①按图样尺寸落料。

②套 M8,M10,M12 双头螺柱的螺纹。用相应的螺母进行配检。

(4)注意事项

①在钻 M20 螺母底孔时,必须先熟悉机床的使用、调整方法,然后再进行加工,并注意安全操作。

②起攻、起套时,要从两个方向进行垂直度的及时借正,这是保证攻螺纹、套螺纹质量的重要一环。特别是在套螺纹时,由于板牙切削部分的锥角较大,起套时的导向性较差,容易产生板牙端面与圆杆轴心线的不垂直,造成切出的螺纹牙形一面深一面浅,并随着螺纹长度的增加,其烂牙(乱扣)现象将按比例明显增加,甚至不能继续切削。

③起攻、起套的正确性以及攻螺纹时能控制两手用力均匀和掌握最大用力限度,是攻螺纹、套螺纹的基本功之一,必须掌握。

④掌握攻、套螺纹中常出现的问题及产生的原因,以便在练习中及时加以注意。

活动 7　展示与评价

分组进行自评、小组间互评、教师评,在学习活动评价表相应等级的方格内画“√”。

学习活动评价表

学生姓名____________　教师____________　班级____________　学号____________

评价项目	自评			组评			师评		
	优秀	合格	不合格	优秀	合格	不合格	优秀	合格	不合格
套螺纹的技术									
套螺纹时常见缺陷的分析及提出解决办法的能力									
攻、套螺纹综合技能训练件的完成情况									
总　评									

练习题

1. 攻螺纹的定义是什么?
2. 常用的螺纹有哪几种?
3. 丝锥的构造有哪几部分?
4. 丝锥的种类有哪些?
5. 攻螺纹前底孔直径是否等于螺纹小径？为什么?
6. 试用计算法和查表法确定攻螺纹前钻底孔的钻头直径:
(1)在钢样上攻 M18 ×2 的螺纹。
(2)在铸铁上攻 M18 ×2 的螺纹。
7. 试述手攻螺纹的操作要点。
8. 当丝锥的切削部分和校准部分磨损时,应怎样修磨?
9. 攻螺纹时常见缺陷有哪些?
10. 套螺纹的定义是什么?
11. 套螺纹前圆杆直径为什么要比螺纹直径小一些?
12. 试述套螺纹的操作要点。
13. 分析套螺纹时产生废品的原因。
14. 丝锥和板牙损坏的原因有哪些?

项目 8
刮 削

刮削是用刮刀刮除工件表面很薄一层金属的加工方法。刮削后的工件可获得很高的尺寸精度、形状和位置精度、表面质量和接触精度。本项目主要介绍刮削的基本概念、刮削工具、平面和曲面的刮削方法、刮削的质量检验。

任务 8.1 平面刮削

【知识目标】

★ 了解刮削基本知识。

★ 了解刮刀的材料、种类、结构和平面刮刀的尺寸及几何角度。

★ 懂得刮削的特点和应用。

【技能目标】

★ 能进行平面刮刀的刃磨。

★ 会刮削平面。

【态度目标】

★ 培养精益求精的精神。

活动 1 了解刮削的基本知识

用刮刀在工件表面上刮去一层很薄的金属,以提高工件加工精度的操作,称为刮削。

(1)刮削原理

将工件与标准工具或与其配合的工件之间涂上一层显示剂,经过对研,使工件上较高的部位显示出来,然后用刮刀进行微量切削,刮去较高部位的金属层。经过这样反复地对研和刮削,工件就能达到正确的形状和精度要求。

(2)刮削特点和作用

刮削具有切削量小、切削力小、产生热量小、装夹变形小等特点,不存在车、铣、刨等机械加工中不可避免的振动、热变形等因素,因此,能获得很高的尺寸精度、形状和位置精度、接触精度、传动精度和较小的表面粗糙度值。

在刮削过程中,由于工件多次反复地受到刮刀的推挤和压光作用,因此使工件表面组织变得比原来紧密,并得到较光的表面。经过刮削,可提高工件的形状精度和配合精度;增加接触面积,从而增大了承载能力;形成比较均匀的微浅凹坑,创造良好的存油条件;提高工件表面质量,从而提高工件的耐磨和耐蚀性,延长使用寿命。刮削还能使工件表面和整机增加美观。

机床导轨和滑动轴承的接触面、工具和量具的接触面及密封表面等,在机械加工之后也常用刮削方法进行加工。

(3)刮削余量

刮削是一种繁重的操作,每次的刮削量又很少,因此,机械加工所留下的刮削余量不能太大,一般为0.05~0.4 mm。合理的刮削余量与工件面积有关,具体数值见表8.1。

表8.1 刮削余量/mm

平面的刮削余量					
平面宽度	平面长度				
	100~500	500~1 000	1 000~2 000	2 000~4 000	4 000~6 000
100以下	0.10	0.15	0.20	0.25	0.30
100~500	0.15	0.20	0.25	0.30	0.40

孔的刮削余量			
孔 径	孔 长		
	100以下	100~200	200~300
80以下	0.05	0.08	0.12
80~180	0.10	0.15	0.25
180~360	0.15	0.20	0.35

在确定刮削余量时,应考虑到工作面积大时余量大;刮削前加工误差大时余量大;工件结构刚性差时,容易变形,余量也应大些。一般来说,工件在刮削前的加工精度(直线度和平面度),应不低于形位公差规定的9级精度。

(4)刮削种类

刮削可分为平面刮削和曲面刮削两种。

1)平面刮削

平面刮削有单个平面刮削(如平板、工件台面等)和组合平面刮削(如V形导轨面、燕尾槽面等)两种。

2)曲面刮削

曲面刮削有内圆柱面、内圆锥面和球面刮削等。

活动2 认识刮削工具

(1)校准工具

校准工具也称研具,它是用来合磨研点和检验刮削面准确性的工具。常用的有以下3种:

1)标准平板

标准平板主要用来检验较宽的平面,其面积尺寸有多种规格。选用时,它的面积一般应不大于刮削面的3/4。它的结构和形状如图8.1所示。

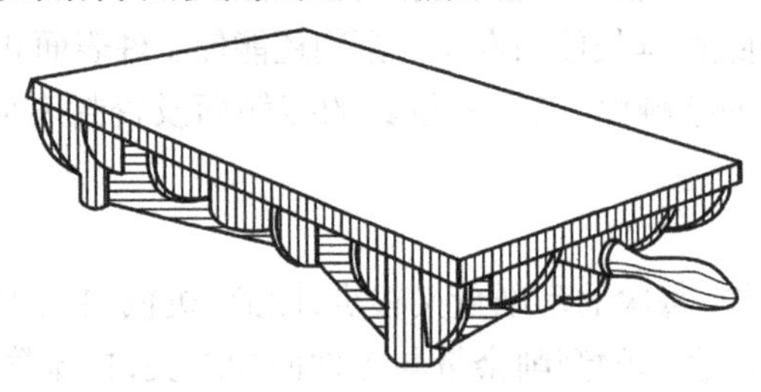

图8.1　标准平板的结构和形状图

2)校准直尺

校准直尺主要用来检验狭长的平面。常用的有桥式直尺和工字形直尺两种,其结构形状如图8.2(a)、(b)所示。

桥式直尺主要用来检验大导轨的直线度。工字形直尺分单面和双面两种。单面工字形直尺的一面经过精刮,精度较高,常用来检验较短导轨的直线度;双面工字形直尺的两面都经过精刮且互相平行,它常用来检验狭长平面相对位置的准确性。

3)角度直尺

角度直尺主要用来校验两个刮面成角度的组合平面,如燕尾导轨的角度等。其结构和形状如图8.2(c)所示。两基准面经过精刮,并成为所需的标准角度,如55°,60°等。第三面只是作为放置时的支承面,因此不必经过精密加工。

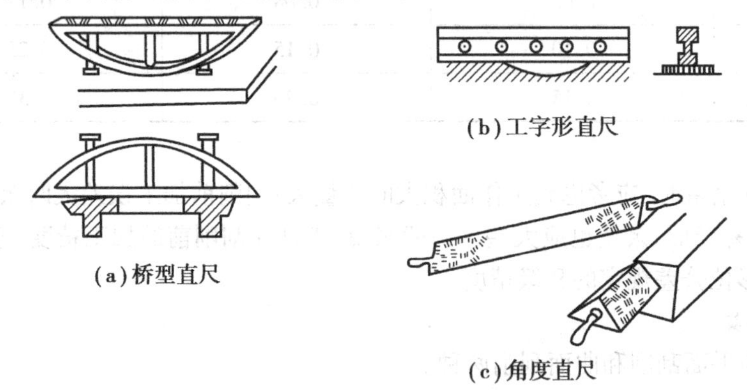

图8.2　校准直尺和角度直尺

各种直尺不用时,应将其吊起。不便吊起的应安放平整,以防变形。

检验各种曲面时,多数是用与其相配合的零件作为校准工具。如齿轮和蜗轮的齿面,则用与其相啮合的齿轮和蜗杆作为校准工具。

(2)刮刀

刮刀是刮削的主要工具,刀头应具有较高的硬度,刃口必须保持锋利。刮刀一般采用碳素工具钢T10A—T12A或弹性较好的GCr15滚动轴承钢锻造而成,并经刃磨和热处理淬硬。刮削硬工件时,也可焊上硬质合金刀头。

根据用途不同,刮刀可分为平面刮刀和曲面刮刀两大类。

平面刮刀如图8.3(a)所示,主要用来刮削平面,如平板、工作台等,也可用来刮削外曲面。

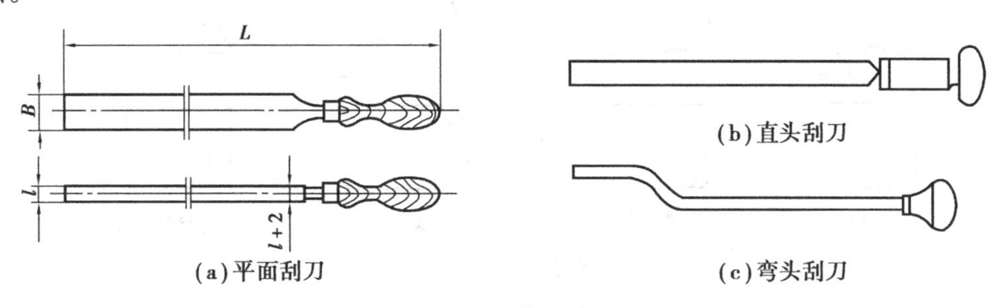

图8.3 平面刮刀

平面刮刀按所刮表面的精度要求不同,又可分为粗刮刀、细刮刀和精刮刀3种。刮刀的长短宽窄的选择,由于人体手臂长短的不同,并无严格规定,以使用适当为宜。平面刮刀的尺寸规格见表8.2。

表8.2 平面刮刀规格/mm

种 类	尺 寸		
	全长 L	宽度 B	厚度 t
粗刮刀	450~600	25~30	3~4
细刮刀	400~500	15~20	2~3
精刮刀	400~500	10~12	1.5~2

平面刮刀按形状不同有直头刮刀和弯头刮刀(见图8.3(b)、(c))。直头刮刀的切削部分硬度较高,柄部硬度较低,而且富于弹性。弯头刮刀的刀体是曲形,能增加弹性,刮出来的工件表面质量较好。

(3)刮刀的几何角度和刮削时角度变化及其影响

由于操作者的握持姿势不同,刮削材料的硬度、刮刀的长度及其弹性等也不尽相同。因此,刮削的几何角度也应随着变化。

1)刮刀的几何角度

平面刮刀的几何角度如图8.4(a)所示,其楔角 β 的大小,应根据粗、细、精刮的要求而定。粗刮刀 β 为90°~92.5°,刀刃必须平直;细刮刀 β 为95°左右,刀刃稍带圆弧;精刮刀 β 为97.5°左右,刀刃圆弧半径比细刮刀小些。如用于刮削韧性材料,β 可磨成小于90°,但只适用于粗刮。在刃磨时,必须防止磨出如图8.4(b)所示的几种错误形式。

2)刮削时刮刀角度变化及影响

刮刀在刮削平面时,作前后直线运动,其与工件表面形成的角度,前角 $\gamma=15°\sim35°$,后角 $\alpha=20°\sim40°$,楔角 $\beta=90°\sim97.5°$,切削角 $\delta=125°\sim145°$。刮削时,粗刮施力大,精刮施力小。刮刀由于受力而产生弹性变形,导致刮削角度随之发生变化,前角 γ 和后角 α 逐渐由大变小。结果不仅使它具有一定的切削角,而且通过前刀面对刮削表面进行挤压,产生压光作用,从而获得较小的表面粗糙度值,这是刮削能提高表面质量的原因之一。

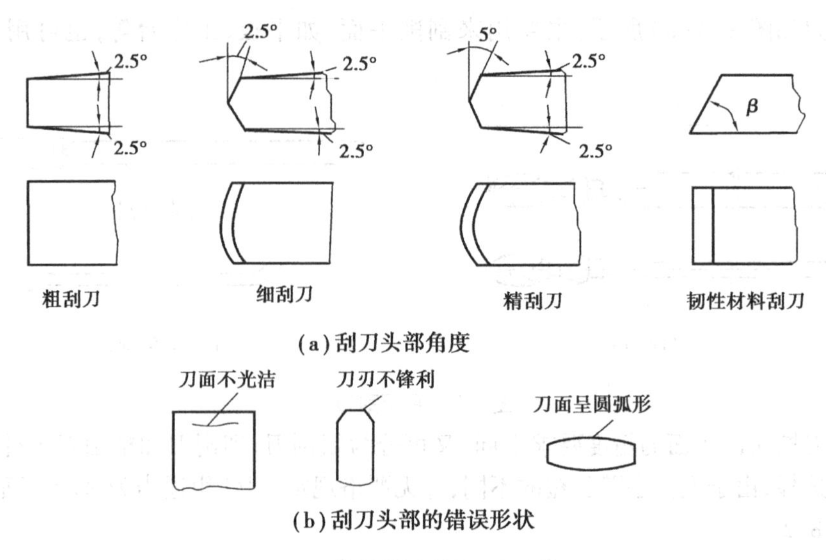

(a)刮刀头部角度

(b)刮刀头部的错误形状

图8.4　刮刀的头部形状和角度

活动3　平面刮刀的刃磨

(1)粗磨

先在砂轮上粗磨刮刀平面(见图8.5(a)),使刮刀平面在砂轮外圆上来回移动,将两平面上的氧化皮磨去,再将两个平面分别在砂轮的侧面上磨平,要求达到两平面互相平行。然后刃磨刮刀的两侧面。最后将刮刀的顶端放在砂轮缘上平稳地左右移动,刃磨到使顶端与刀身中心线垂直即可,如图8.5(b)所示。

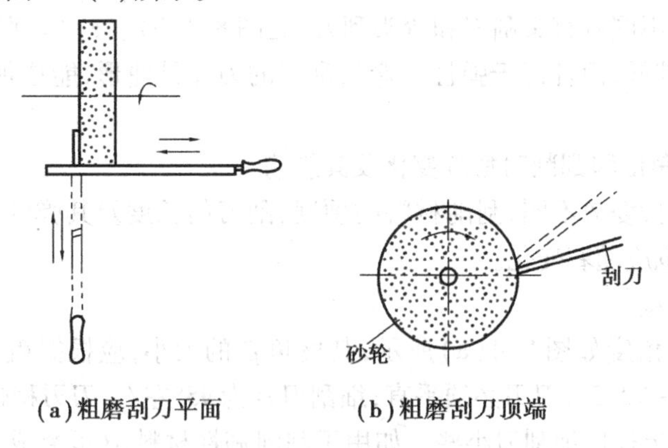

(a)粗磨刮刀平面　　(b)粗磨刮刀顶端

图8.5　平面刮刀和粗磨

(2)热处理

将粗磨好的刮刀,头部长度约25 mm处放在炉中缓慢加热到780～800 ℃(呈樱红色),取出后迅速放入冷水中冷却,浸入深度为8～16 mm。刮刀接触水面时应作缓慢平移和间断地少许上下移动,这样可使淬硬与不淬硬的界限处不发生断裂。当刮刀露出水面部分颜色呈黑色,由水中取出部分颜色呈白色时,即迅速再把刮刀全部浸入水中冷却。精刮刀及刮花刮刀淬火时,可用油冷却,这样刀头不易产生裂纹,金属的组织较细,容易刃磨,切削部分硬度接近60 HRC。

(3)热处理后的粗磨

热处理后的刮刀一般还须在细砂轮上粗磨,粗磨时的刮刀形状和几何角度须达到要求。但热处理后的刮刀刃磨时必须经常蘸水冷却,以防刃口部分退火。

(4)精磨

经粗磨后的刮刀,刀刃还不符合平整和锋利的要求,必须在油石上精磨。精磨时,应在油石表面上滴上适量机油,然后将刀头平面平贴在油石上来回移动(见图8.6(a)),直至平面光整为止。精磨刮刀顶端时(见图8.6(b)),应用右手握住刀身头部,左手扶住刀柄,使刮刀直立在油石上,然后右手用力向前推移。在拉回时,刀身应略微提起一些,使刀头与油石脱离,以免磨损刀刃,精磨顶端的另一种方法是两手握刀身,向后拉动以磨锐刀刃,前推时应将刮刀提起。这种方法易掌握,但刃磨速度较慢。

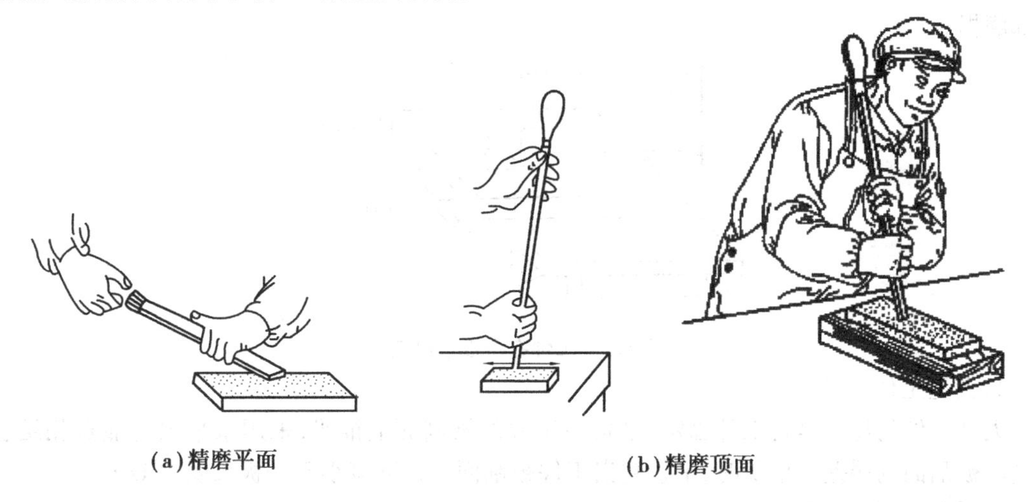

(a)精磨平面　　(b)精磨顶面

图8.6　平面刮刀的精磨

平面刮刀的精磨在刃磨刮刀顶端时,它与刀头平面就形成刮刀的楔角β,楔角的大小,一般应按粗、细和精刮的不同要求而定。

活动4　显示剂的使用

工件和校准工具对研时,所加的涂料称为显示剂,其作用是显示工件误差的位置和大小。

(1)显示剂的种类

常用的显示剂有红丹粉和蓝油。

1)红丹粉

红丹粉用氧化铁或氧化铅加机油调和而成。前者呈紫红色,后者呈橘黄色。常用于铸铁和钢的刮削。由于红丹粉显点清晰,没有反光,故应用非常广泛。

2)蓝油

蓝油用蓝色墨水加蓖麻油调和而成,呈深蓝色。研点小而清楚,多用于精密工件和有色金属及其合金的工件。

(2)显示剂用法

刮削时,显示剂可涂在工件上或涂在标准研具上。显示剂涂在工件上,显示的结果是红底黑点,没有闪光,容易看清,适于精刮时选用。涂在标准研具上,显示结果是灰白底,黑红色点子,有闪光,不易看清楚,但刮削时铁屑不易黏在刀口上,刮削方便,适于粗刮时选用。

调和显示剂时,应注意:粗刮时,显示剂可调得稀一些,以便于涂抹,涂层可厚些,显示的研点也大;精刮时,应调得稠一些,涂层应薄而均匀,使显示出的点子细小而清晰。当刮削到即将符合要求时,显示剂涂层应更薄,只把工件上在刮削后的剩余显示剂涂抹均匀即可。

(3)显点的方法

显点应根据工件的不同形状和被刮削面积的大小区别进行。

1)中、小型工件的显点

中、小型工件的显点,一般是校准平板固定不动,工件被刮面在平板上推研。如果工件被刮面小于平板面,推研时最好不超过平板;如果被刮面等于或稍大于平板面,如图8.7所示,允许工件超出平板,但超出部分应小于工件长度的1/3,还应在整个平板上推研,以防止平板局部磨损。

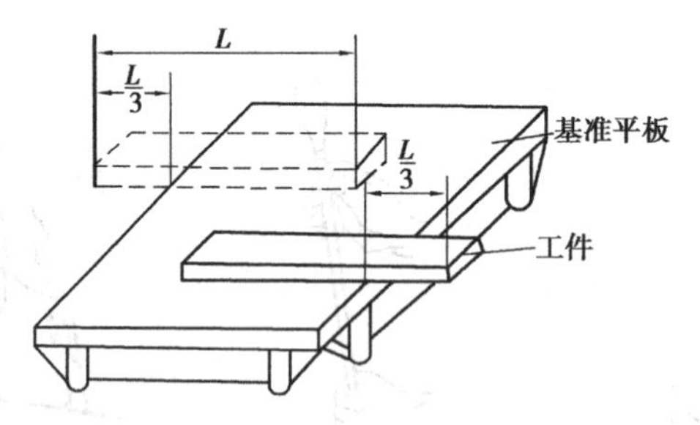

图8.7 工件在平板上显点

2)大型工件的显点

大型工件的显点是将工件固定,平板在工件的被刮面上推研,采用水平仪与显点相结合来判断被刮面的误差。推研时,平板超出工件被刮面的长度应小于平板长度的1/5。

3)质量不对称工件的显点

质量不对称工件的显点,推研时应在工件某个部位托或压(见图8.8),但用力的大小要适当、均匀。显点时还应注意,如果两次显点有矛盾时,应分析原因。如果显点里多外少或里少外多,若不作具体分析,仍按显点刮削,那么刮出来的表面很可能中间凸出,因此压和托用力要得当,才能反映出正确的显点。

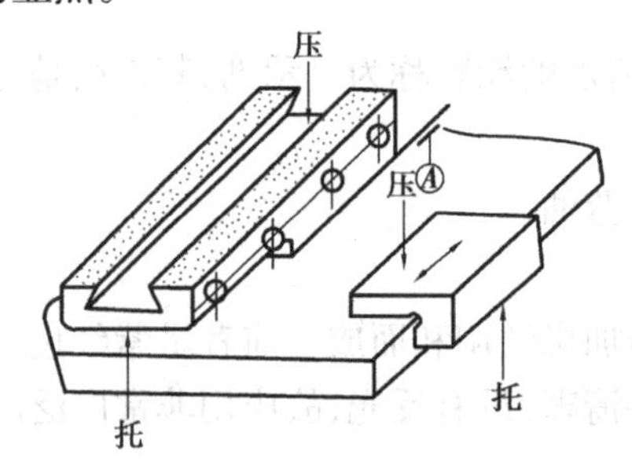

图8.8 不对称的工件显点

4)薄板工件的显点

薄板工件的显点,因其厚度薄、刚性差、易变形,所以只能靠自重在平板上推研,即使用手按住推研,也要使受的力均匀分布在整个薄板上,以反映出正确的显点;否则,往往会出现中间凹的情况。

活动5 刮削精度的检查

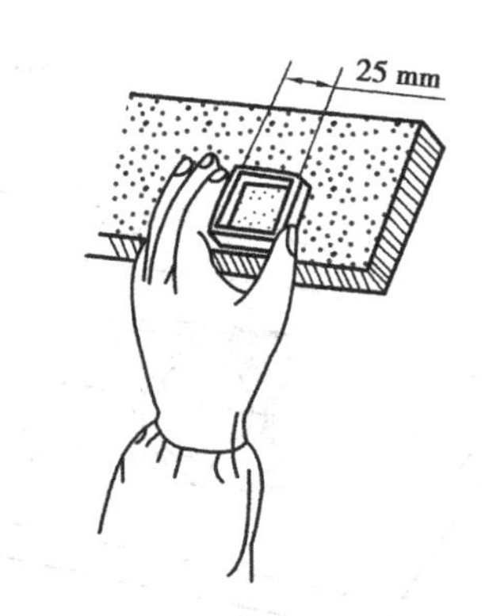

图8.9 正方形内含研点数目

对刮削面的质量要求，一般包括形状和位置精度、尺寸精度、接触精度及贴合程度、表面粗糙度等。根据工件的工作要求不同，检查刮削精度的方法主要有以下两种：

(1)以贴合点的数目来表示

以贴合点的数目来表示即以边长为25 mm的正方形内含研点数目的多少来表示，如图8.9所示。

各种平面接触精度的研点数见表8.3，曲面刮削中，常见的是滑动轴承的内孔刮削，其各种不同接触精度的研点数见表8.4。

表8.3 各种平面接触精度研点数

平面种类	每(25×25)mm² 内的研点数	应用举例
一般平面	2~5	较粗糙机件的固定接合面
	5~8	一般接合面
	8~12	机器台面、一般基准面、机床导向面、密封接合面
	12~16	机床导轨及导向面、工具基准面、量具接触面
精密平面	16~20	精密机床导轨、直尺
	20~25	1级平板、精密量具
超精密平面	>25	0级平板、高精度机床导轨、精密量具

表8.4 滑动轴承的研点数

轴承直径/mm	机床或精密机械主轴轴承			锻压设备、通用机械的轴承		动力机械、冶金设备的轴承	
	高精度	精密	普通	重要	普通	重要	普通
	每(25×25) mm² 内的研点数						
≤120	25	20	16	12	8	8	5
>120		16	10	8	6	6	2

(2)用允许的平面度和直线度表示

工件大范围平面内的平面度以及机床导轨面的直线度等，可用方框水平仪检查，如图8.10所示。同时，其接触精度应符合规定的技术要求。有些精度较低的机件，其配合面之间的精度可用塞尺来检查。

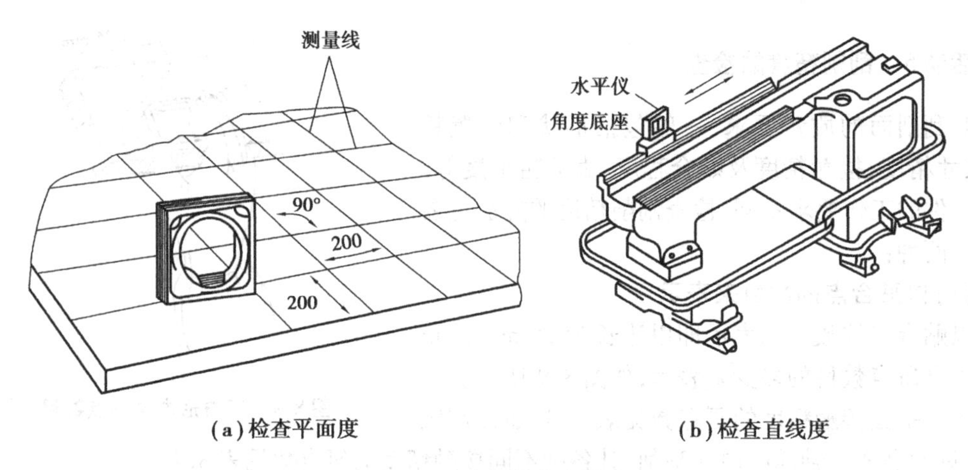

(a)检查平面度　　(b)检查直线度

图8.10　用水平仪检查精度

活动6　刮削方法

(1)刮削前的准备工作

1)工作场地的选择

刮削场地的光线应适当,太强或太弱都可能看不清研点。当刮削大型精密工件时,还应有温度变化小、坚实地基的地面和良好环境卫生的场地,以保证刮削后工件不变形。

2)工件的支承

工件必须安放平稳,使刮削时不产生摇动。安放时要选择合理的支承点,使工件保持自由状态,不应因支承不当而使工件受到附加压力。对于刚性好、质量大、面积大的工件(如机器底座、大型平板等),应该用垫铁三点支承,如图8.11(a)所示;对于细长易变形工件,可用垫铁两点支承,如图8.11(b)所示。在安放工件时,工件刮削面位置的高低要方便操作,便于发挥力量。

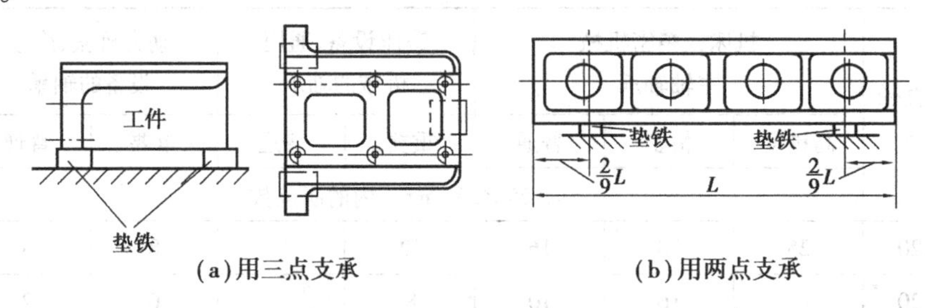

(a)用三点支承　　(b)用两点支承

图8.11　刮削工件的支承方式

3)工件的准备

应去除工件刮削面毛刺,锐边要倒角,以防划伤手指,擦净刮削面上油污,以免影响显示剂的涂布和显示效果。

4)刮削工具的准备

根据刮削要求应准备所需的粗、细、精刮刀及校准工具和有关量具等。

(2)刮削方法

1)平面刮削方法

①平面刮削的姿势

平面刮削的姿势有手刮法和挺刮法两种。

A.手刮法

如图8.12所示,刮削时右手如握挫刀柄姿势,左手四指向下蜷曲握住刮刀近头部约50 mm处,刮刀与刮面的角度为25°~30°。左脚前跨一步,上身随着推刮而向前倾斜,以增加左手压力,以便于看清刮刀前面的研点情况。右臂利用上身摆动使刮刀向前推进,在推进的同时,左手下压,引导刮刀前进,当推进到所需距离后,左手迅速提起,这样就完成了一个手刮动作。这种刮削方法动作灵活、适应性强,应用于各种工作位置,对刮刀长度要求不太严格,姿势可合理掌握,但手较易疲劳,故不宜在加工余量较大的场合采用。

B.挺刮法

如图8.13所示,刮削时将刮刀柄放在小腹右下侧,双手握住刀身,左手在前,握于距刀刃约80 mm处,右手在后;刀刃对准研点,左手下压,利用腿部和臀部力量将刮刀向前推进。当推进到所需距离后,用双手迅速将刮刀提起,这样就完成了一个挺刮动作。由于挺刮法用下腹肌肉施力,每刀切削量较大,因此适合大余量的刮削,工作效率较高,需要弯曲身体操作,故腰部易疲劳。

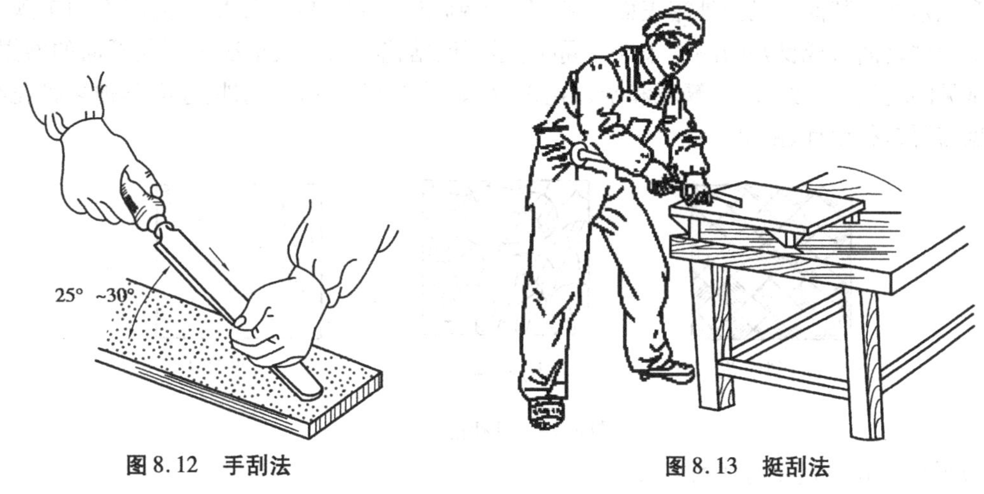

图8.12 手刮法 **图8.13 挺刮法**

②平面刮削步骤

平面刮削可按粗刮、细刮、精刮和刮花4个步骤进行。

A.粗刮

当工件表面有明显的加工痕迹或严重生锈、加工余量较大(0.05 mm以上)时,必须进行粗刮。刮削时,可采用连续推铲方法,刮削的刀迹连成长片。整个刮削面上要均匀地刮削,不能出现中间低,边缘高的现象,如果刮削面有平行度要求时,刮削前应先测量一下,根据前道加工所遗留的误差情况,进行不同量的刮削,以消除显著的不平行情况,提高刮削精度。当刮到每$(25\times25)\,\text{mm}^2$方框内有2~3个研点时,即可转入细刮。

B.细刮

用细刮刀在刮削面上刮去稀疏的大块研点,以进一步改善不平行现象。细刮时,采用的刮刀不能太宽，在15 mm左右为宜，可采用短刮法（刀迹长度约为刀刃的宽度）。随着研点的增多，刀迹逐步缩短。在刮第一遍时，须保持一定方向，刮第二遍时要交叉刮削，形成45°～60°的网纹，以消除原方向的刀迹，达到精度要求。当整个刮削面上，在每$(25\times25)\ mm^2$内出现12～15个研点时，即可进行精刮。

C. 精刮

在细刮的基础上，通过精刮来增加研点，能显著提高刮削面的表面质量。精刮时，刀迹长度一般为5 mm左右，若刮面越狭小，精度要求就越高，刀迹则越短。刮削时，落刀要轻，起刀要迅速挑起，在每个研点只能刮一刀，不应重复，并始终交叉地进行刮削。当研点逐渐增多到每$(25\times25)\ mm^2$内有20个研点以上时，即可分3类区别对待。最大最亮的研点全部刮去；中等研点在其顶点刮去一小片；小研点留着不刮。这样连续刮几遍，即能迅速达到所要求的研点数。在刮到最后两三遍时，交叉刀迹应大小一致，排列整齐，以使刮削面美观。

在不同的刮削步骤中，每刮一刀的深度，应适当控制。刀迹的深度，可从刀迹的宽度上反映出来。因此，可从控制刀迹宽度来控制刀迹深度。左手对刮刀的压力大，刮后的刀迹则宽而深。粗刮时，刀迹宽度不要超过刃口宽度的2/3～3/4，否则刀刃的两侧容易陷入刮削面造成沟纹。细刮时，刀迹宽度为刃口宽度的1/3～1/2，刀迹过宽也会影响到单位面积内的研点数。精刮时，刀迹宽度应该更窄。

D. 刮花

刮花是在刮削面或机器外露表面上利用刮刀刮出装饰性花纹，以增加刮削面的美观，并能使滑动件之间造成良好的润滑条件。同时，还可根据花纹的消失情况来判断平面的磨损程度。常见的花纹有斜纹花、鱼鳞花和半月花3种，如图8.14所示。此外，还有其他多种花纹，可根据需要自行设计、刮出。

(a)斜纹花

(b)鱼鳞花

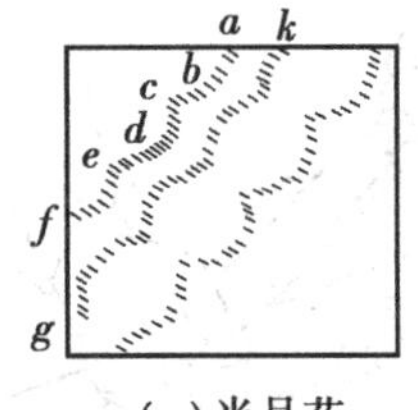

(c)半月花

图8.14　刮花的花纹

2)平行面和垂直面的刮削方法

①平行面的刮削方法

先确定被刮削的一个平面为基准面，然后进行粗、细、精刮，达到单位面积研点数的要求后，以此面为基准面，再刮削对应面的平行面。刮削前用百分表测量该面对基准面的平行度误差，确定粗刮时各刮削部分的刮削量，并以标准平板为测量基准，结合显点刮削，以保证平面度要求。在保证平面度和初步达到平行度的情况下，进入细刮工序。细刮时，除了用显点方法来确定刮削部位外，还要结合百分表进行平行度测量，以作必要的刮削修正。达到细刮要求后，可进行精刮，直到单位面积的研点数和平行度都符合要求为止。

用百分表测量平行度时，将工件的基准平面放在标准平板上，百分表底座与平板相接触，百分表的测量头接触在加工表面上，如图8.15所示。测量头触及被测量表面时，应调整到使其有0.3 mm左右的初始读数，然后将百分表沿着工件被测表面的四周及两条对角线方向进行测量，测得最大读数与最小读数之差即为平行度误差。

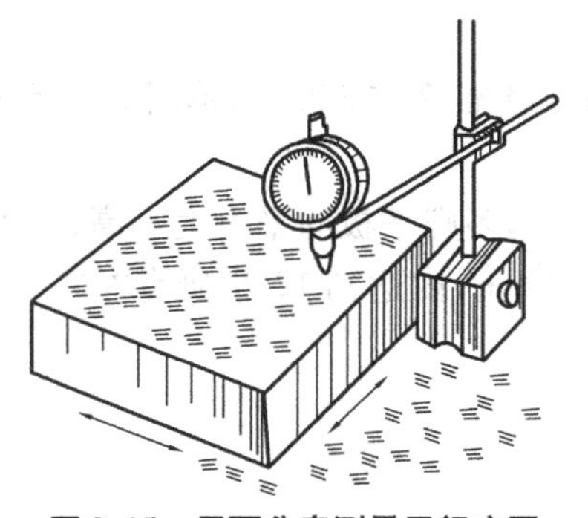

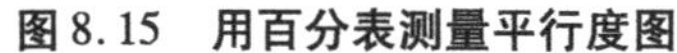
图8.15　用百分表测量平行度图

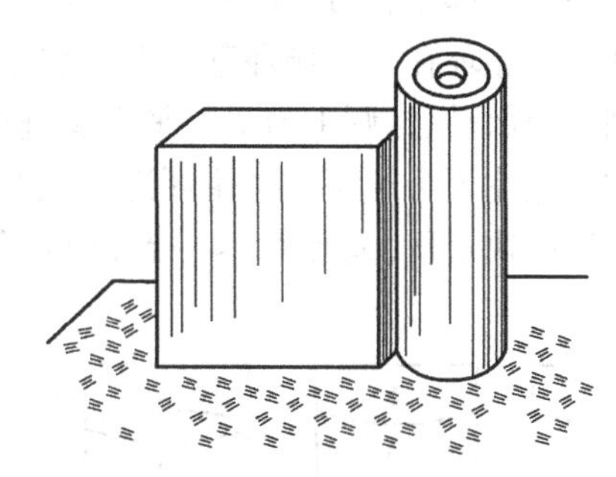
图8.16　垂直度测量方法

②垂直面的刮削方法

垂直面的刮削方法与平行面刮削相似，先确定一个平面进行粗、细、精刮后作为基准面，然后对垂直面进行测量，如图8.16所示，以确定粗刮的刮削部分和刮削量，并结合显点刮削，以保证达到垂直度要求。细刮和精刮时，除按研点进行刮削外，还要不断地进行垂直度测量，直到被刮面的单位面积研点数和垂直度都符合要求为止。

活动7　刮削原始平板

校准平板是检验、划线及刮削中的基本工具，要求非常精密。校准平板可以在已有的校准平板上用合研显点的方法刮削。如果没有校准平板，则可用3块平板互研互刮的方法，刮成原始的精密平板。刮削原始平板要经过正研和对角研两个步骤进行。

(1)正研

1)正研的刮削原理

先将3块平板单独进行粗刮，去除机械加工的刀痕和锈斑等。然后将原始平板分别编号为1,2,3，采用1与2、1与3、3与2合研。对研方向为如图8.17所示的箭头。

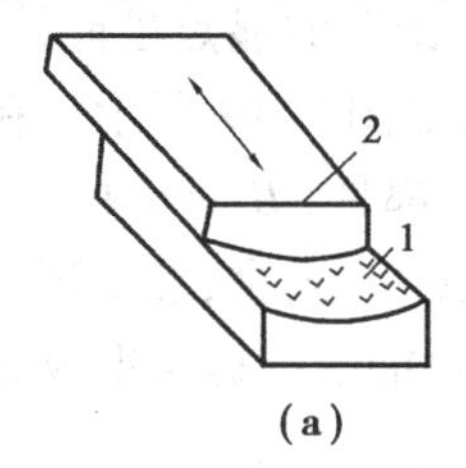

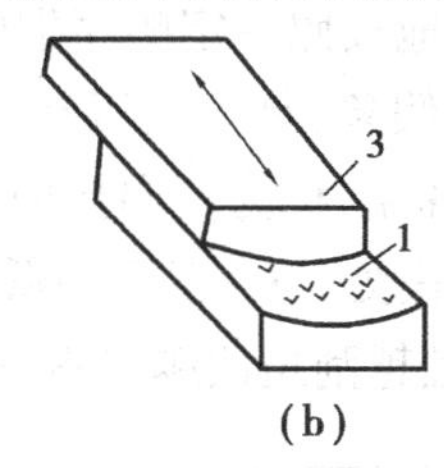

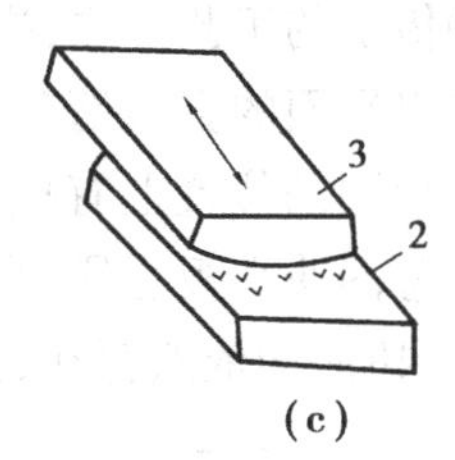

图8.17　正研刮削原理

由图8.17中可知，2,3号平板都与1号平板对研，1号平板称过渡基准。刮研的结果是：图8.17(a)为2号凸，图8.17(b)为3号凸，图8.17(c)则可消除2号和3号的凸。如果再分别以2,3号平板为过渡基准重复上面的过程，即3块轮换的刮削方法，能消除平板表面的不平情况。

2)正研的步骤和方法

正研刮削的具体步骤如下(见图8.18)：

①一次循环以1为过渡基准，1与2互研互刮，至贴合。再将3与1互研，单刮3使3与1贴合。然后2与3互研互刮，至贴合。此时，2与3的平直度略有改进。

②二次循环在上一循环基础上,按顺序以2为过渡基准,1与2互研,单刮1,然后3与1互研互刮至全部贴合,这样平直度又有所提高。

③三次循环在上一循环基础上按顺序以3为过渡基准,2与3互研,单刮2,然后1与2互研互刮至全部贴合,则1与2的平直度进一步提高。

重复上述3个顺序依次循环进行刮削,循环次数越多则平板的平直度越高,直到3块平板中任取两块对研,显点基本一致,即在每$(25\times25)\ mm^2$内达到12个研点左右,正研即告完成。

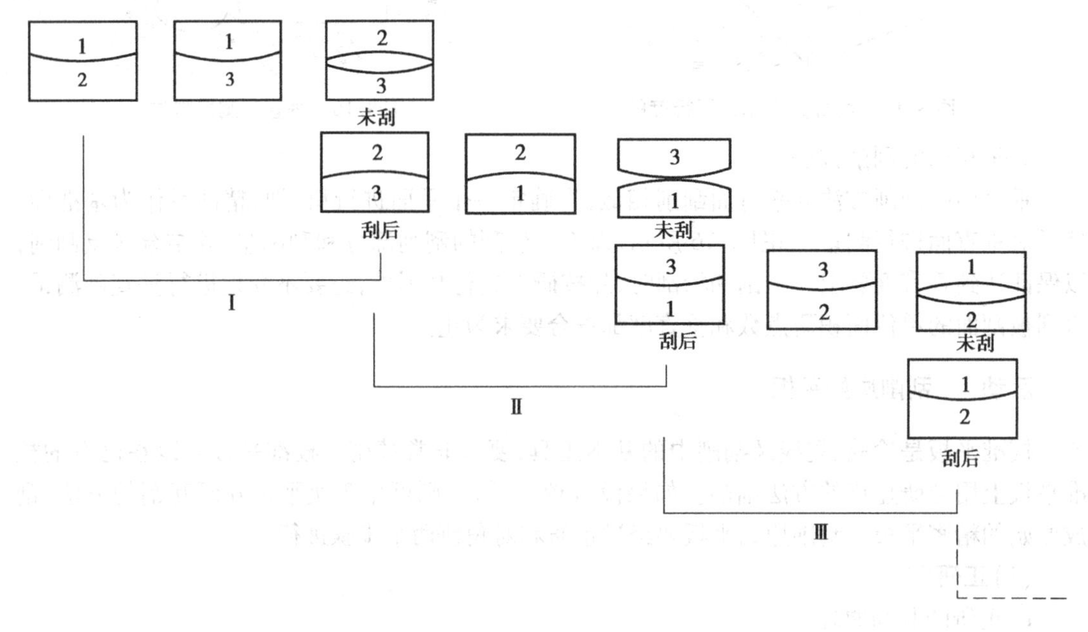

图8.18 原始平板循环刮研法

3)正研存在的问题

正研是一种传统的工艺方法,机械地按照一定顺序配研,刮后的显点虽能符合要求,但有的显点不能反映出平面的真实情况,系假象,易给人以错觉,如图8.19所示。在正研过程中出现3块平板在相同的位置上有扭曲现象,称为同向扭曲,即都是*AB*对角高,而*DC*对角低。如果采取其中任意两块平板互研,则是高处(+)正好和低处(-)重合,经刮削后其显点也可能分布得很好,但扭曲却依然存在,而且越刮扭曲越严重,故不能继续提高平板的精度。

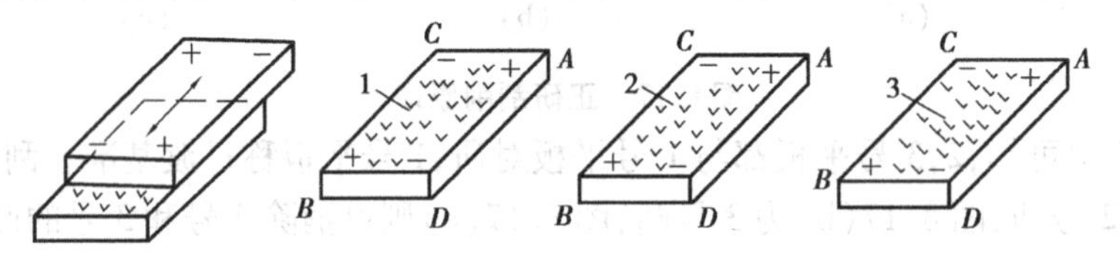

图8.19 正研的缺点

(2)对角研

为进一步消除扭曲并提高精度,可采用对角研的方法进行刮研,如图8.20(a)所示。研磨时,高角对高角,低角对低角。经合研后,*AB*角重,中间轻,*CD*无点,扭曲现象会明显地显示出来,如图8.20(b)所示。根据研点修刮,直至研点分布均匀和消除扭曲,使3块平板相互之间,无论是正研、对角研,研点情况完全相同,研点数符合要求为止。如图8.20所示为对角研示意图。有时为了使大面积的平板符合平面度要求,可用水平仪来配合测量,检查平板各个部位在垂直平面内的直线度,按测得的误差大小,分别轻重进行修刮,以达到精度等级要求。

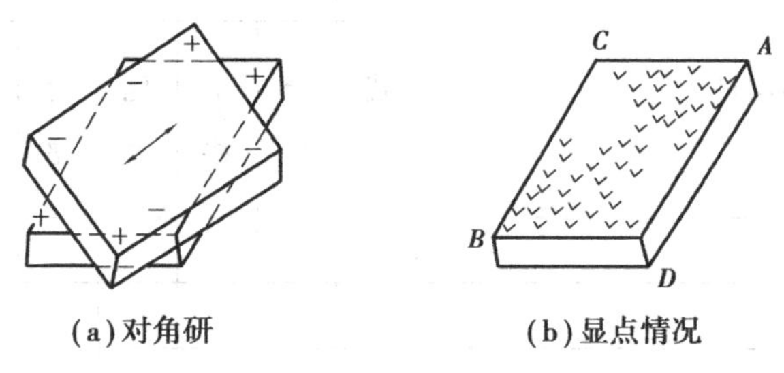

(a)对角研　(b)显点情况

图8.20　对角研示意图

活动8　刮削面质量缺陷分析

刮削面质量缺陷分析见表8.5。

表8.5　刮削面缺陷和产生的原因

缺陷形式	特　征	产生原因
深凹痕	刀迹太深,局部显点稀少	1.粗刮时用力不均匀,局部落刀太重 2.多次刀痕重叠 3.刀刃圆弧过小
梗痕	刀迹单面产生刻痕	刮削时用力不均匀,使刃口单面切削
撕痕	刮削面上呈粗糙刮痕	1.刀刃不光洁、不锋利 2.刀刃缺口或裂纹
落刀或起刀痕	在刀迹的起始或终了处产生深的刀痕	落刀时,左手压力和动作速度较大及起刀不及时
振痕	刮削面上呈有规则的波纹	多次同向切削,刀迹没有交叉
划道	刮削面上划有深浅不一的直线	显示剂不清洁或研点时有砂粒、铁屑等杂物
切削面精度不高	显点变化情况无规律	1.研点时压力不均匀,工件外露太多而出现假点子 2.研具不正确 3.研点时放置不平稳

活动9　展示与评价

分组进行自评、小组间互评、教师评,在学习活动评价表相应等级的方格内画“√”。

学习活动评价表

学生姓名＿＿＿＿＿＿　教师＿＿＿＿＿＿　班级＿＿＿＿＿＿　学号＿＿＿＿＿＿

评价项目	自评			组评			师评		
	优秀	合格	不合格	优秀	合格	不合格	优秀	合格	不合格
刃磨平面刮刀的技术									
刮削精度的检查									
手刮法的技术									
挺刮法的技术									
分析刮削质量缺陷及提出解决措施的能力									
总评									

任务8.2　曲面刮削

【知识目标】

★ 了解曲面刮刀的种类及几何角度。

★ 懂得曲面刮削的方法。

【技能目标】

★ 能进行曲面刮刀的刃磨。

★ 会刮削曲面。

【态度目标】

★ 培养积极向上的态度。

活动1　了解曲面刮刀的基本知识

曲面刮刀主要用来刮削内曲面,如滑动轴承的内孔等。曲面刮刀的种类较多,常用的有三角刮刀和蛇头刮刀两种,如图8.21所示。

(1)三角刮刀

三角刮刀可用三角锉刀改制,如图8.21(a)所示,也可用T10A碳素工具钢直接锻制,如图8.21(b)所示。三角刮刀断面为三角形,其3条尖棱就是3个成弧形的刀刃。在3个面上有3条凹槽,刃磨时用来存油并减少刃磨面积。常用于刮削曲面及去除毛刺等,用途较广。

(2)蛇头刮刀

蛇头刮刀如图8.21(c)所示,常用T10A碳素工具钢锻制。刀头部具有4个带圆弧形的刀刃,两平面内边磨有凹槽。这种刮刀,可利用两个圆弧刀刃交替刮削内曲面,由于楔角较大,刮削时不易产生振动,开出的凹槽便于修磨,故常用于刮削轴瓦、轴套,使用方便、灵活,刮

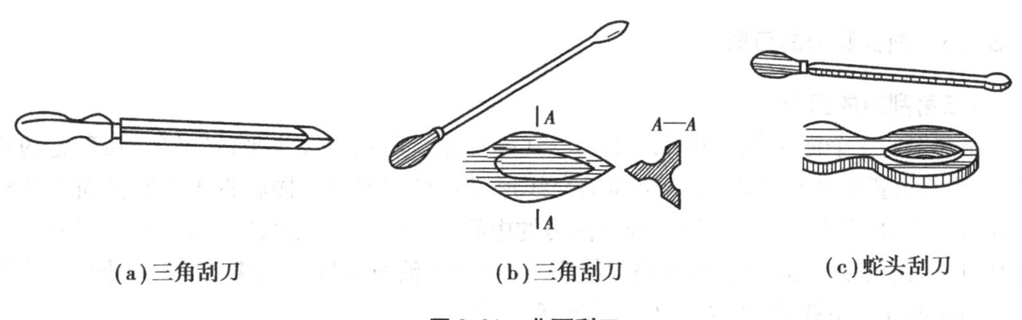

(a)三角刮刀　　(b)三角刮刀　　(c)蛇头刮刀

图8.21　曲面刮刀

削效果较好。

活动2　曲面刮削方法

曲面刮削一般是指内曲面刮削。其刮削原理与平面刮削一样,只是刮削方法及所用的刀具不同。内曲面刮削时,应根据其不同形状和不同的刮削要求,选择合适的刮刀和显点方法。一般是以标准轴(也称工艺轴)或与其相配合的轴作为内曲面研点的校准工具。研合时将显示剂涂在轴的圆周上,使轴在内曲面中旋转显示研点(见图8.22(a)),然后根据研点进行刮削。

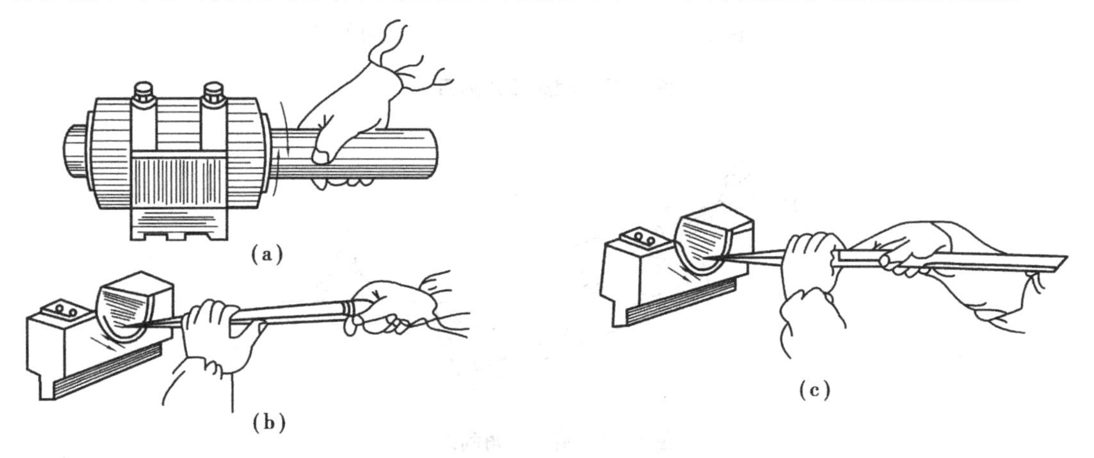

(a)　(b)　(c)

图8.22　内曲面的刮削姿势

如图8.22所示为内曲面的显示方法与刮削姿势。内曲面的刮削姿势有以下两种:第一种如图8.22(b)所示,刮削时右手握刀柄,左手掌掌心向下,四指横握刀身,大拇指抵住刀身,左、右手同时作圆弧运动,并顺曲面刮刀作后拉或前推的螺旋运动,刀迹与曲面轴线成45°夹角,并且交叉进行。第二种如图8.22(c)所示,刮刀柄搁在右手臂上,双手握住刀身,刮削动作和刮刀运动轨迹与上一种姿势相同。

曲面刮削注意事项如下:

①刮削时用力不可太大,以不发生抖动,不产生振痕为宜。

②交叉刮削,刀迹与曲面内孔中心线约成45°,以防止刮面产生波纹,研点也不会为条状。

③研点时相配合的轴应沿曲面作来回转动,精刮时转动弧长应小于25 mm,切忌沿轴线方向作直线研点。

④在一般情况下,由于孔的前后端磨损快,因此刮削内孔时,前后端的研点要多些,中间段的研点可以少些。

活动 3　曲面刮刀的刃磨

(1)三角刮刀的刃磨

三角刮刀的 3 个面应分别刃磨,如图 8.23(a)所示。将刮刀以水平位置轻压在砂轮的外圆弧上,按刀刃弧形来回摆动,使 3 个面的交线形成弧形的刀刃。接着将 3 个圆弧面在砂轮角上开槽,如图 8.23(b)所示。槽应开在两刃的中间,并使两刃边都只留有 2 ~ 3 mm 的棱边。三角刮刀经粗磨后还必须用油石精磨。精磨时,在顺着油石长度方向来回移动的同时,还要按刀刃的弧形作上下摆动(见图 8.24),直至刀刃锋利为止。

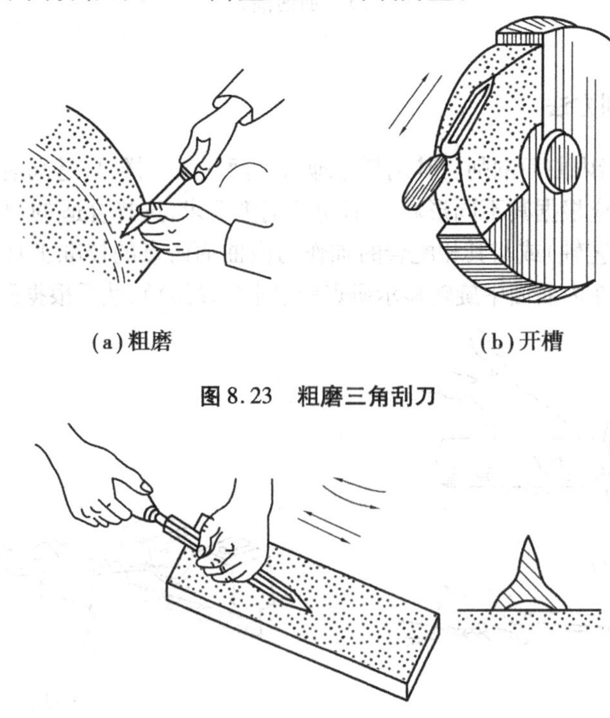

(a)粗磨　　(b)开槽

图 8.23　粗磨三角刮刀

图 8.24　精磨三角刮刀

(2)蛇头刮刀的刃磨

两平面的粗磨和精磨与平面刮刀相同,刀头两侧圆弧面的刃磨方法与三角刮刀的磨法基本相同。

(3)刀刃磨锐和油石保养

刮刀在刮削过程中,刀刃易钝,需经常在油石上磨锐。平面刮刀的主要磨锐部位是其顶端,磨锐后将平面修磨几下,以去掉刃口毛刺。三角刮刀的 3 个面均须磨锐。蛇头刮刀的主要磨锐部位是两侧圆弧面,磨锐后,也必须将平面修磨几个以去掉毛刺。刮刀的磨锐质量的好坏,除取决于刃磨方法外,还与油石的合理使用和保养有很大的关系。新油石在使用前应放入机油中浸几天,使油石润透。使用时,油石面必须有足够的润滑油;否则,磨出的刀刃不光滑,油石也容易损坏。使用的润滑油必须清洁,刃磨时防止铁屑沾上油石。刮刀在油石上刃磨时,不能固定在某一部位上刃磨,以免油石磨出沟槽。油石不用时,不应干燥无油和放在空气中太久,而应放在有盖的盒内,以免油石表面变硬,降低使用寿命。

活动 4　展示与评价

分组进行自评、小组间互评、教师评，在学习活动评价表相应等级的方格内画“√”。

学习活动评价表

学生姓名__________　教师__________　班级__________　学号__________

评价项目	自评			组评			师评		
	优秀	合格	不合格	优秀	合格	不合格	优秀	合格	不合格
刮削曲面的技术									
刃磨曲面刮刀的技术									
总　评									

练习题

1. 什么叫刮削？刮削的原理是什么？
2. 刮削特点和作用是什么？
3. 平面刮刀分粗、细、精 3 种，它们的楔角 β 有什么不同？
4. 在粗刮和精刮时，调制和涂布红丹粉有何不同？为什么？使用时，应注意些什么？
5. 刮削精度如何检查？
6. 平面刮削的步骤是怎样的？
7. 正研存在什么问题？怎样消除？
8. 曲面刮削的注意事项有哪些？

项目 9

研　磨

研磨是用研磨工具(研具)和研磨剂从工件表面磨去一层极薄金属的精加工方法。通过研磨可使工件获得很高的加工尺寸精度和形位精度;能够获得很好的表面粗糙度(可达 R_a0.8 ~0.05 μm,最小可达到 R_a0.006 μm;能够提高工件几何形状的正确性;能够延长工件的使用寿命。研磨余量通常为 0.005 ~0.03 mm 比较适宜。本项目主要介绍研具和研磨剂;研磨平面、研磨外圆柱面、研磨内圆柱面及圆锥面的方法。

任务 9.1　研磨平面

【知识目标】

★ 了解研磨的基本概念及基本知识。

★ 懂得研磨的特点和应用。

【技能目标】

★ 能正确选用研具和研磨剂。

★ 掌握正确的研磨平面的方法。

【态度目标】

★ 培养艰苦奋斗的精神。

活动 1　了解研具和研磨剂

(1)研具

研具是研磨加工中保证被研零件几何精度的重要因素,因此对研具的材料、精度和粗糙度都有较高的要求。

1)研具材料

研具材料的组织结构应细密均匀,要有较高的稳定性和耐磨性,具有较好的嵌存磨料的性能,工作面的硬度应比工件表面硬度稍软。

①灰铸铁。灰铸铁是常用的研具材料,它强度较高,不易变形,润滑性能好,磨损较慢,硬度适中,便于加工,并且研磨剂易于涂布均匀,研磨效果较好。

②球墨铸铁。球墨铸铁比灰铸铁更容易嵌存磨粒,并且嵌得更均匀牢固,能增加研具的耐用度。因此,用球墨铸铁制作的研具,精度保持性更好。

③软钢。软钢的韧性较好,不易折断,常用来制作小型的研具,如研磨螺纹和小直径工具、工件等。

④铜。铜的性质较软,表面容易被磨料嵌入,适于制作软钢研磨加工范围的研具。

2)研具的类型

生产中需要研磨的工件是多种多样的,不同形状的工件应用不同类型的研具。常用的研具有以下几种:

①研磨平板。研磨平板如图9.1所示,它主要用来研磨平面,如块规、精密量具的测量面等。它可分有槽的和光滑的两种。有槽的用于粗研,研磨时易于将工件压平,防止将工件磨成凸起的弧面。精研时,则应在光滑的平板上进行。

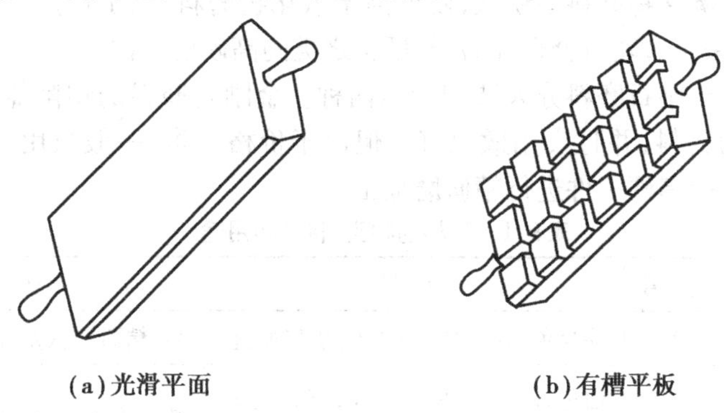

(a)光滑平面　　(b)有槽平板

图9.1　研磨平板

②研磨环。研磨环如图9.2所示,它主要用来研磨外圆柱表面。研磨环的内径通常比工件的外径大0.025~0.05 mm。经过一段时间研磨后,研磨环的内径增加,这时可通过拧紧调节螺钉使孔径缩小,以保持所需的间隙。

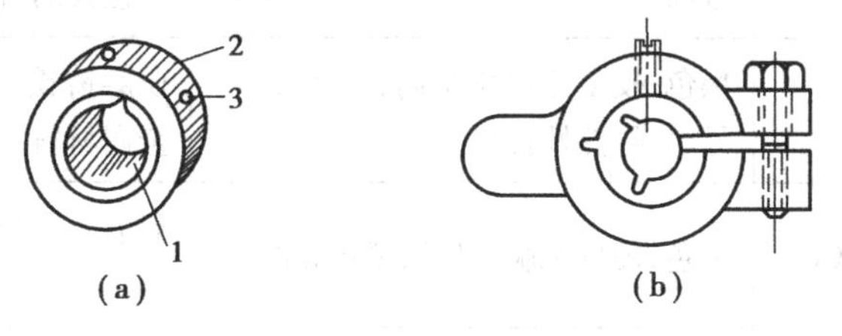

(a)　　(b)

图9.2　研磨环

1—开口调节圈;2—外圈;3—调节螺钉

③研磨棒。研磨棒如图9.3所示,它主要用来研磨圆柱孔,有固定式和可调式两种。

固定式研磨棒制造容易,但磨损后无法补偿。因此对工件上某一孔位的研磨,需要2~3个预先制好的有粗、半粗、精研磨余量的研磨棒来完成。有槽的用于粗研,光滑的用于精研。多用于单件研磨或机修中。

因为能在一定的尺寸范围内进行调整,可调式研磨棒适用于成批生产中工件孔位的研磨,可延长使用寿命,应用较广。

(2)研磨剂

研磨剂是由磨料和研磨液调和而成的混合剂。

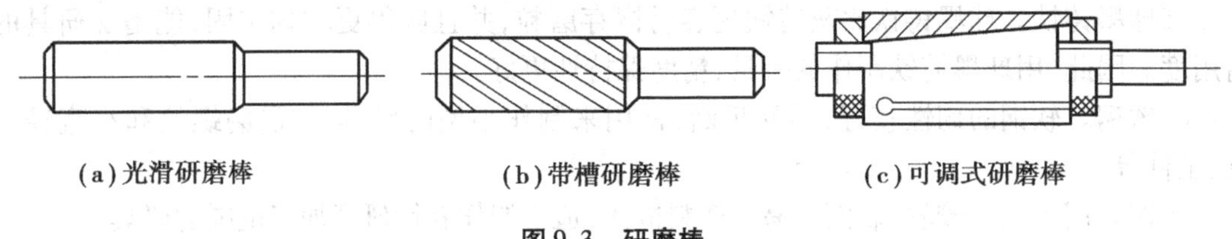

(a)光滑研磨棒　　(b)带槽研磨棒　　(c)可调式研磨棒

图 9.3　研磨棒

1)磨料

磨料在研磨中起切削作用,研磨工作的效率、精度、表面粗糙度及研磨成本都与磨料有密切的关系。磨料的种类、特性和用途见表 9.1。常用的磨料有以下 3 类:

①氧化物磨料。氧化物磨料有粉状和块状两种。它主要用于碳素工具钢、合金工具钢、高速钢和铸铁工件的研磨。

②碳化物磨料。碳化物磨料呈粉状,硬度高于氧化物磨料,除了可用于研磨一般的钢铁材料制件外,主要用来研磨硬质合金、陶瓷与硬铬之类的高硬度工件。

③金刚石磨料。金刚石磨料分人造和天然两种。金刚石磨料的切削能力和硬度均高于氧化物磨料和碳化物磨料,并且实用效果好。但由于价格昂贵,一般只用于对硬质合金、硬铬、宝石、玛瑙和陶瓷等高硬工件进行精研磨加工。

表 9.1　磨料的种类、特性和用途

类　别	磨料名称	代　号	特　性	适用范围
氧化物	棕刚玉	A	棕褐色,硬度高,韧性大,价格便宜	粗、精研铸铁及硬青铜
	白刚玉	WA	白色,硬度比棕刚玉高,韧性比棕刚玉差	精研淬火钢、高速钢及有色金属
	铬刚玉	PA	玫瑰红或紫色,韧性大	研磨各种钢件、量具、仪表工件等
	单晶钢玉	SA	淡黄色或白色,硬度和韧性比白刚玉高	研磨不锈钢、高钒高速钢等强度高、韧性大的材料
碳化物	黑碳化硅	C	黑色,硬度比白刚玉高,脆而锋利,导电、导热性良好	研磨铸铁、黄铜、铝、耐火材料及非金属材料
	绿碳化硅	GC	绿色,硬度和脆性比黑碳化硅高	研磨硬质合金、硬铬、宝石、陶瓷、玻璃等
	碳化硼	BC	灰黑色,硬度次于金刚石,耐磨性好	精研和抛光硬质合金和人造宝石等硬质材料
超硬磨料	天然金刚石	JT	硬度极高,价格昂贵	精研和超精研硬质合金
	人造金刚石	JR	无色透明或淡黄色,硬度高,比天然金刚石脆,表面粗糙	粗、精研硬质合金和天然宝石
软磨料	氧化铁		红色或暗红色,比氧化铬软	精研或抛光钢、铸铁、玻璃、单晶硅等
	氧化铬	PA	深绿色	

2)研磨液

研磨液在研磨中起调和磨料、冷却和润滑的作用。研磨液应具备以下条件:

①有一定的黏度和稀释能力

磨料通过研磨液的调和与研具表面有一定的黏附性,使磨料对工件产生切削作用。同时,研磨液对磨料有稀释能力,特别是积团状的磨料颗粒,在使用之前,必须经过研磨液的稀释。越精密的研磨,对磨料的稀释越重要。

②有良好的润滑和冷却作用

研磨液在研磨过程中应起到良好的润滑和冷却作用。

③对工件无腐蚀性,并且不影响人体健康

选用研磨液首先应考虑以不损害操作者的皮肤和健康为主,而且易于清洗干净。

常用的研磨液有煤油、汽油、工业用甘油、透平油及熟猪油等。

活动2 研磨方法

研磨分手工研磨和机械研磨两种。手工研磨时,要使工件表面各处都受到均匀的切削,应合理选择运动轨迹,这对提高研磨效率、工件表面质量和研具的耐用度都有直接的影响。

手工研磨的运动轨迹,一般采用直线、直线摆动、螺旋线和8字形或仿8字形等。不论哪一种轨迹的研磨运动,其共同特点是工件的被加工面与研具的工作面在研磨中始终保持相密合的平行运动。这样既能获得比较理想的研磨效果,又能保持研具的均匀磨损,提高研具的耐用度。

(1)直线研磨运动轨迹

如图9.4(a)所示,这种运动轨迹研磨由于不能相互交叉,容易直线重叠,使工件难以获得很小的表面粗糙度值,但可获得较高的几何精度,故常用于有阶台的狭长面上的研磨。

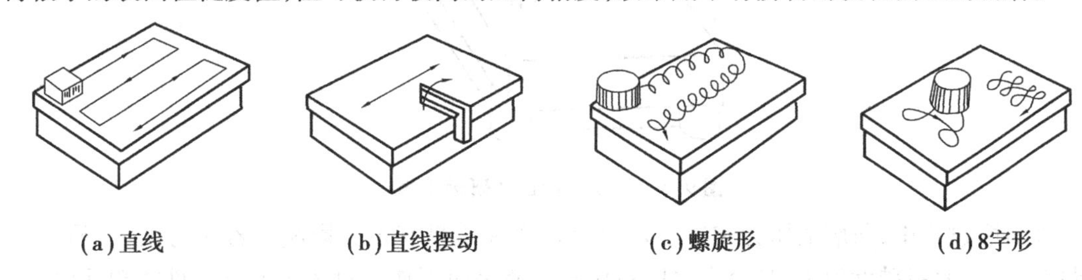

(a)直线　(b)直线摆动　(c)螺旋形　(d)8字形

图9.4 手工平面研磨的运动轨迹

(2)摆动式直线研磨运动轨迹

如图9.4(b)所示,这种运动轨迹研磨是在作横向直线往复移动的同时,工件作前后摆动。如研磨刀形直尺、样板角尺侧面的圆弧时,由于主要是要求平直度,采用这种轨迹研磨可使研磨表面的直线度得到保证。

(3)螺旋形研磨运动轨迹

如图9.4(c)所示,这种运动轨迹研磨能获得较高的平面度和很小的表面粗糙度值。它适于圆片或圆柱形工件端面等的研磨。

(4)8字形或仿8字形研磨运动轨迹

如图9.4(d)所示,这种运动轨迹研磨能使研磨表面保持均匀接触,有利于提高工件的研磨质量,使研具均匀磨损。它适于小平面工件的研磨和研磨平板的修整。

上述4种研磨运动轨迹，应根据工件被研磨表面的形状特点合理选用。

活动3　研磨平面

(1)一般平面的研磨

平面的研磨一般是在非常平整的平板上进行的，平板分有槽的和光滑的两种，如图9.5所示。粗研时，可在有槽的平板上进行。有槽平板能保证工件在研磨时整个平面内有足够研磨剂，这样粗研时就不会使表面磨成凸弧面。精研时，则应在光滑的平板上进行。

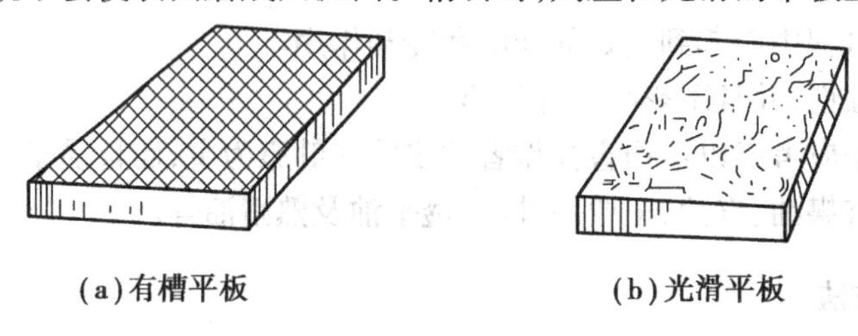

(a)有槽平板　　(b)光滑平板

图9.5　研磨用平板图

研磨前，先用煤油或汽油把研磨平板的工作表面清洗并擦干，再在平板上涂上适当的研磨剂，然后把工件需研磨的表面合在平板上，沿平板的全部表面以8字形或螺旋形与直线形相结合的运动轨迹进行研磨，并不断地变更工件的运动方向。由于无周期性的运动，使磨料不断在新的方向起作用，工件就能较快达到所需的精度要求，如图9.6所示。

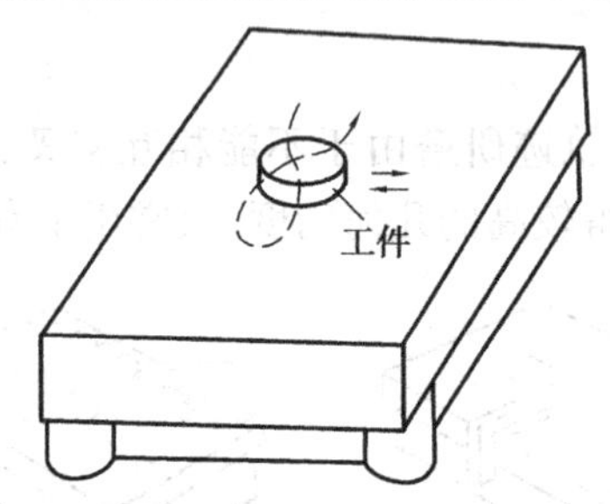

图9.6　用8字形运动研磨平面

在研磨过程中，研磨的压力和速度对研磨效率和质量有很大影响。若压力太大，研磨切削量就大，表面粗糙度值大，甚至会将磨料压碎而使表面划伤。对较小的硬工件或粗研时，可用较大的压力、较低的速度进行研磨。有时由于工件自身太重或接触面较大，互相贴合后的摩擦阻力大，为减小研磨时的推力，可加些润滑油或硬脂酸起润滑作用。在研磨中，应防止工件发热。若稍有发热，应立即暂停研磨，如继续研磨下去会使工件变形，特别是薄壁和壁厚不均匀的工件，更易发生变形。此外，工件发热时，不能进行测量，否则使所测尺寸不准。

(2)狭窄平面的研磨

在研磨狭窄平面时，应采用直线研磨的运动轨迹，保证工件的垂直度，可用金属块作导靠，金属块的工作面与侧面应具有良好的垂直度，使金属块与工件紧紧地靠在一起，并跟工件一起研磨，如图9.7(a)所示。

研磨工件的数量较多时，可用C形夹，将几个工件夹在一起同时研磨。既防止了工件加工面的倾斜，又提高了效率。对一些易变形的工件，可用两块导靠块将其夹在中间，然后用C

形夹固定在一起进行研磨,如图9.7(b)所示。

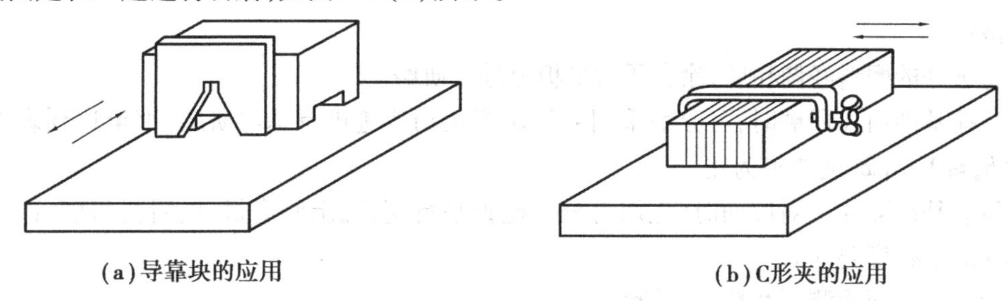

(a)导靠块的应用 (b)C形夹的应用

图9.7 平面研磨中辅助工具的应用

活动4 平面研磨技能训练

(1)技能训练要求

①了解研磨的特点及使用的工具、材料。

②正确选用和配制研磨剂。

③初步掌握平面研磨的方法,并能达到一定精度和表面粗糙度。

(2)使用的工具、量具

量块,千分尺,刀口形直尺,研磨平板,百分表等。

(3)技能训练内容

1)工件图样

工件图样如图9.8所示。

实习件名称:研磨平行面。

材料:HT150。

件数:1件。

工时:8 h。

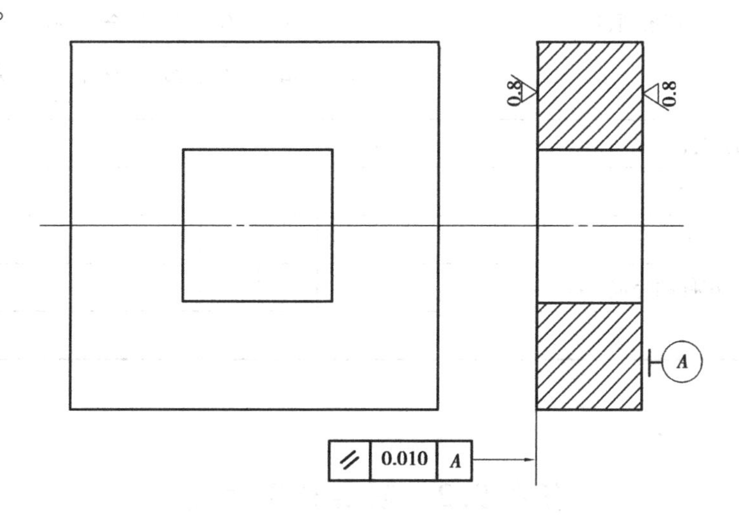

图9.8 研磨平行面

2)参考步骤

①用千分尺检查工件的平行度,观察其表面质量,确定研磨方法。

②选择磨料，粗研可用粒度在100#～280#范围内的磨粉，精研可用粒度在W40～W20范围内的微粒。

③将选好的磨料经调和后，涂在研磨平板上进行研磨。

④选择基准面A研磨时，可分别采用4种研磨运动轨迹进行练习研磨，直至达到表面粗糙度为$R_a \leq 0.8$ μm的要求为止。

⑤研磨基准面A的对应面时，先用百分表检查平行度，确定研磨量，然后再研磨，以保证0.01 mm的平行度要求。

⑥用量块全面检测研磨精度，送验。

(4)注意事项

①粗、精研磨工作要分开进行，若粗、精研磨采用同一块平板作研具，在改变研磨工序时，必须作全面清洗，以清除上道工序所留下的较粗磨料。

②研磨剂每次上料不宜太多，并要分布均匀，以免造成工件边缘研坏。

③研磨时要特别注意清洁工作，不要使研磨剂中混入杂质，以免反复研磨时划伤工件表面。

④应经常改变工件在研具上的研磨位置，以防止研具因磨损而降低研磨质量。同时为使工件均匀受压，应在研磨一段时间后，将工件调头轮换进行。

活动5　展示与评价

分组进行自评、小组间互评、教师评，在学习活动评价表相应等级的方格内画“√”。

学习活动评价表

学生姓名＿＿＿＿＿　教师＿＿＿＿＿　班级＿＿＿＿＿　学号＿＿＿＿＿

评价项目	自评			组评			师评		
	优秀	合格	不合格	优秀	合格	不合格	优秀	合格	不合格
研具和研磨剂的掌握情况									
一般平面的研磨技术									
狭窄平面的研磨技术									
平面研磨技能训练件的完成情况									
总评									

任务9.2　研磨外圆柱面

【知识目标】

★ 了解研磨外圆柱面的基本知识。

【技能目标】

★ 能正确选用研具和研磨剂。

★ 掌握正确的研磨外圆柱面的方法。

【态度目标】

★ 培养团队精神。

活动1 研磨外圆柱面的工具

研磨外圆柱面一般是在车床或钻床上用研磨环对工件进行研磨。研磨环的内径应比工件的外径略大0.025~0.05 mm,研磨环的长度一般为其孔径的1~2倍。

活动2 研磨外圆柱面的方法

外圆柱在研磨时,工件可由车床或钻床带动。在工件上均匀地涂上研磨剂,套上研磨环并调整好研磨间隙(其松紧程度,应以用力能转动为宜)。通过工件的旋转运动和研磨环在工件上沿轴线方向作往返运动进行研磨,如图9.9所示。一般工件的转速在直径小于80 mm时为100 r/min,直径大于100 mm时为50 r/min。研磨环往复运动的速度,要根据工件上出现的网纹来控制,如图9.10所示,当往复运动的速度适当,工件上研磨出来的网纹成45°交叉线;太快了,网纹与工件轴线夹角较小;太慢了,网纹与工件轴线夹角就较大。

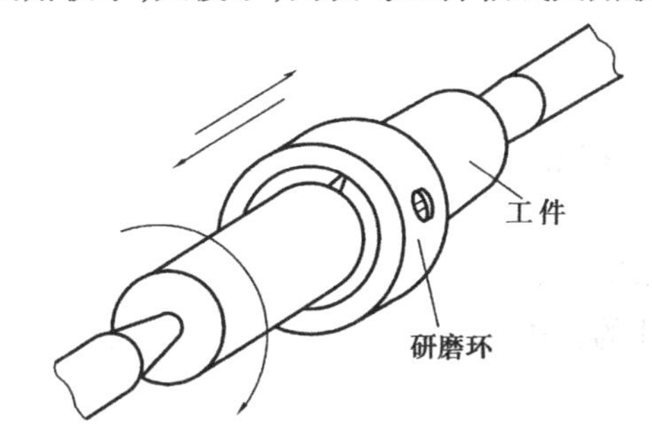

图9.9 研磨外圆柱面示意图

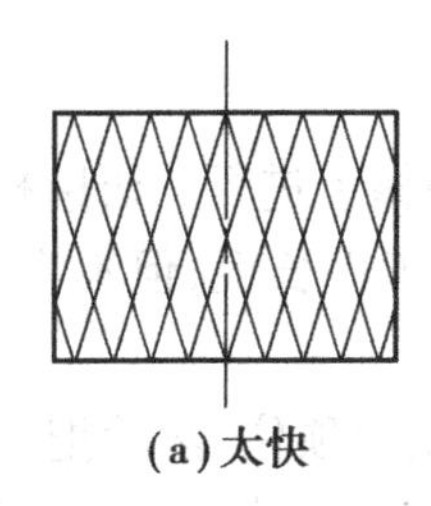

(a)太快

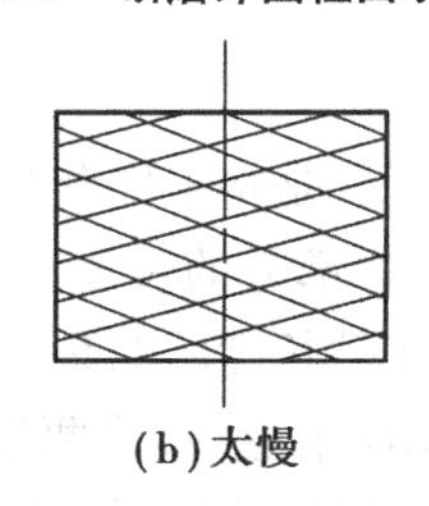

(b)太慢

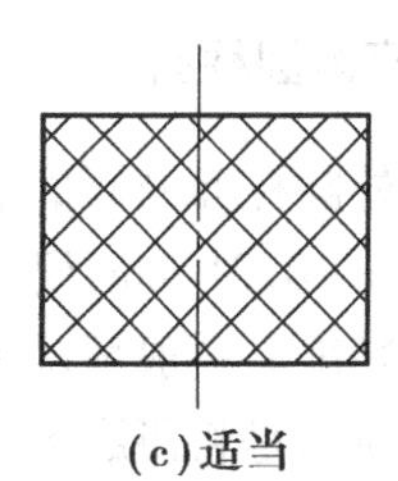

(c)适当

图9.10 研磨环的移动速度

活动3 研磨外圆柱面的注意事项

①在研磨过程中,由于上道工序的加工误差而造成工件直径大小不一时(在研磨时,可感觉到直径大的部位,移动研磨感到比较紧,而小的部位感到比较松),可在直径大的部位多研磨几次,一直到工件的直径尺寸相同为止。

②研磨一段时间后,应将工件调头再研磨,这样能使工件容易得到准确的几何形状,同

时,研磨环的磨损也比较均匀。

活动 4　展示与评价

分组进行自评、小组间互评、教师评,在学习活动评价表相应等级的方格内画“√”。

学习活动评价表

学生姓名＿＿＿＿＿＿　教师＿＿＿＿＿＿　班级＿＿＿＿＿＿　学号＿＿＿＿＿＿

评价项目	自评			组评			师评		
	优秀	合格	不合格	优秀	合格	不合格	优秀	合格	不合格
研磨外圆柱面的掌握情况									
总评									

任务 9.3　研磨内圆柱面和圆锥面

【知识目标】

★ 了解研磨内孔的基本知识。

【技能目标】

★ 能正确选用研具和研磨剂。

★ 掌握正确的研磨内孔的方法。

【态度目标】

★ 培养集体荣誉感。

活动 1　研磨内圆柱面

内圆柱面与外圆柱面的研磨恰恰相反,是将工件套在研磨棒上进行。研磨棒的外径应比工件内径小 0.025 ~0.01 mm,研磨棒工作部分的长度应大于工件长度,但不宜太长,否则会影响工件的研磨精度。一般情况下,是工件长度的 1.5 ~2 倍。

内圆柱面的研磨是将研磨棒夹在车床卡盘内,或两端用顶尖顶住,然后把工件套在研磨棒上进行研磨。研磨时应调节研磨棒与工件的松紧程度,一般以手推工件时不十分费力为宜。研磨时如工件的两端有过多的研磨剂被挤出时,应及时揩掉,否则会研磨成喇叭口形状。如孔口要求很高,可将研磨棒的两端用砂布磨得略小一些,避免孔口扩大。研磨后,因工件含有热量,应待其冷却至室温后再进行测量。

活动 2　研磨圆锥面

圆锥表面的研磨,包括圆锥孔和外圆锥面的研磨。研磨时必须要用与工件锥度相同的研磨棒或研磨环。

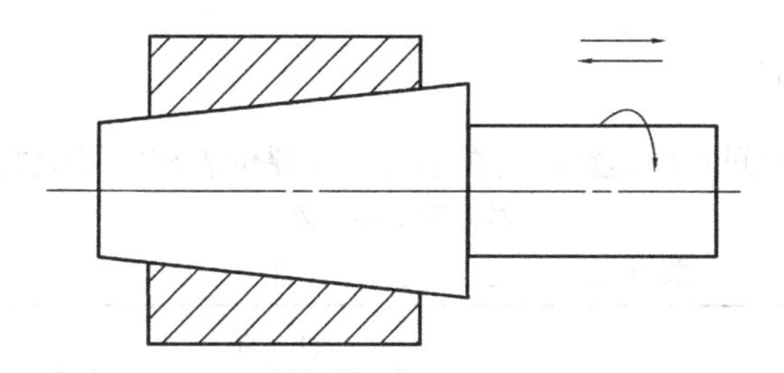

图9.11 圆锥面研磨

研磨时，一般在车床或钻床上进行，转动方向应与研磨棒的螺旋方向相适应，如图9.11所示。在研磨棒或研磨环上均匀地涂上一层研磨剂，插入工件锥孔中或套在工件的外锥表面旋转4~5圈后，将研具稍微拨出一些，然后再推入研磨。研磨到接近要求时，取下研具，并将研磨棒和被研磨表面的研磨剂擦干净，再重复研磨，起抛光作用，直到被加工的表面呈现银灰色或发光为止。有些工件是直接用彼此接触的表面进行配研来达到表面的贴合精度。如分配阀和阀门的研磨，就是以两者的接触表面进行研磨的。

活动3 研磨质量缺陷分析

研磨后工件表面质量的好坏，除与选用研磨剂及研磨的方法有关外，对能否注意研磨时的清洁工作，有直接影响。在研磨中往往是由于忽视了必要的清洁工作，使工件出现不应有的缺陷和废品。研磨质量缺陷分析见表9.2。

表9.2 研磨质量缺陷分析

缺陷形式	产生原因
表面粗糙度不合格	1.磨料太粗或不同粒度磨粒混合
	2.研磨液选用不当
	3.嵌砂不足或研磨剂涂得薄而不匀
	4.研磨时清洁工作未做好
平面呈凸形或孔口扩大	1.研磨剂涂得太厚
	2.研磨棒伸出孔口太长
	3.孔口多余研磨剂未及时清理
	4.研具工作面平面度差
孔的圆度和圆柱度不合格	1.研磨时没有更换方向
	2.研磨时没有用研磨棒的全长
薄形工件拱曲变形	1.工作发热温度高，使工件变形
	2.研具硬度不合适
	3.工件夹持过紧引起变形
表面拉毛	研磨时研磨剂中混入杂质

活动4　展示与评价

分组进行自评、小组间互评、教师评，在学习活动评价表相应等级的方格内画"√"。

学习活动评价表

学生姓名____________　教师____________　班级____________　学号____________

评价项目	自评			组评			师评		
	优秀	合格	不合格	优秀	合格	不合格	优秀	合格	不合格
研磨圆柱面的能力									
研磨圆锥面的能力									
分析研磨质量缺陷及提出解决办法的能力									
总评									

练习题

1. 什么是研磨？
2. 研磨有什么作用？
3. 常用的研具有哪几种？
4. 常用的磨料有哪3类？
5. 手工研磨的运动轨迹有哪几种形式？
6. 如何研磨外圆柱面？
7. 研磨内圆柱面时，如何操作？
8. 研磨的缺陷形式有哪些？它们产生的原因是什么？

项目 10 装配技术应用

按规定的技术要求,将若干工件结合成部件或若干个工件、部件装成一个机械的工艺过程,称为装配。本项目主要介绍螺纹联接装配、过盈联接装配、滑动轴承装配和滚动轴承装配的方法。

任务 10.1　螺纹联接装配

【知识目标】

★ 了解装配的基础知识。

★ 知道螺纹联接的预紧和防松方法。

【技能目标】

★ 能正确使用螺纹联接的工具。

★ 能进行螺纹联接装配。

【态度目标】

★ 树立相互协作的团队意识。

活动 1　了解装配的基础知识

装配工作是产品生产过程中的最后一道工序,产品质量的好坏除了取决于零件的加工质量以外,就是取决于装配质量。零件加工精度再高,装配不符合技术要求,零部件之间的相对位置不正确,配合零件过紧或过松,都会影响机器的工作性能,甚至无法工作。在装配过程中,不重视清洁工作,不按工艺要求装配,也不可能装配出好产品。装配质量差的机器,其精度低、性能差、功耗大、寿命短。相反,虽然有些零件精度并不很高,但经过仔细修配,仍有可能装配出性能良好的机器。由此可见,装配工作是一项非常重要的工作。

(1)装配组织形式

装配组织形式随着生产纲领及产品复杂程度和技术要求的不同而不同,下面仅从生产纲领的不同来说明装配组织的形式。

1)单件生产时装配组织形式

单件生产时,产品几乎不重复。装配工作多在固定的地点,由一个工人或一组工人独立完成整个装配工作。这种装配组织形式,对工人技术要求高,装配周期长,生产效率低。

2)成批生产时装配组织形式

成批生产时,装配工作通常分为部件装配和总装配。每个部件由一个工人或一组工人完成,然后进行总装配。这种装配工作常采用移动方式进行流水线生产,因此装配效率较高。

3)大量生产时装配组织形式

在大量生产中,把产品的装配过程划分为主要部件、主要组件,在此基础上进一步划分为部件、组件的装配。每一个工序只由一个工人来完成,只有当所有工人都按顺序完成了他们所担负的装配工序后,才能装配出产品。这种装配组织形式的装配质量好、效率高、生产周期短。

(2)装配工艺过程

产品的装配工艺过程一般由以下4个部分组成:

1)装配前的准备工作

①研究和熟悉装配图及其工艺文件、技术资料,了解产品结构、各零部件的作用、相互关系及联接方法。

②确定装配方法,准备所需的工具及材料。

③对装配零件进行清理和洗涤,检查零件加工质量,对有些零件进行必要的平衡试验或压力试验。

2)装配工作

对于比较复杂的产品,其装配工作常划分为部件装配和总装配。

3)调整试验

①调节零件或机构的相互位置、配合间隙、接合面的松紧等,使机构或机器工作协调。

②检验机构或机器的工作精度、几何精度等。

③对机构或机器运转的灵活性、密封性、工作温度、转速、功率等技术要求进行检查。

4)喷漆、涂油

喷漆可防止非加工表面生锈,并可使产品外表美观,涂油则是防止加工表面的生锈。

(3)装配工艺规程

1)装配工艺规程的作用

装配工艺规程是规定装配全部部件和整个产品的工艺过程,以及所使用的设备和工夹具等的技术文件。装配工艺规程是生产实践和科学实验的总结,是提高生产效率、提高产品质量的必要措施,是组织装配生产的重要依据。执行装配生产工艺规程,能使装配工作有条理地进行,降低生产成本。但是装配工艺规程所规定的内容应随着生产的发展不断改进。

2)装配工艺规程的编制

产品的装配工艺规程是在一定的生产条件下,用来指导产品的装配工作的文件。因而装配工艺规程的编制必须依照产品的特点和要求及工厂的生产规模和条件来编制。编制装配工艺规程通常按工序和工步的顺序编制。

①装配工序和工步

a.装配工序。由一个工人或一组工人在同一地点,利用同一设备的情况下完成的装配工作。

b.装配工步。同一个工人或一组工人在同一位置,利用同一工具不改变工作方法的情况下所完成的装配工作。

一个装配工序中可以包括一个或几个装配工步,而装配工作则是由若干个装配工序所组成。

②编制装配工艺规程需要的原始资料

编制装配工艺规程时,需要以下的原始资料:

a.产品的总装配图和部件装配图以及主要零件的工作图。

b.零件明细表。

c.产品的技术条件。

d.产品的生产规模。

③装配工艺规程的内容

a.规定所有的零部件的装配顺序。

b.对所有装配单元和零件规定出最经济、最快捷的装配方法。

c.划分工序,决定工序内容。

d.决定必需的工人技术等级和工时定额。

e.选择装配用的工夹具和设备。

f.确定验收方法和装配技术条件。

④编制装配工艺规程的步骤

a.分析装配图,了解产品的结构特点,确定装配方法。

b.决定装配的组织形式。

c.确定装配顺序。

d.划分工序。在划分工序时应考虑以下几个问题:在采用流水线装配时,整个装配工艺过程划分为多少工序,必须取决于装配节奏的长短。

组件的重要部分,在装配工序完成后必须加以检查,以保证质量。在重要而又复杂的装配工序中,不易用文字明确表达时,应画出局部的指导性装配图。

e.选择工艺设备。根据生产规模和产品结构特点,应尽可能选用相对先进的装配工具和设备。

f.确定检查方法。检查方法也是根据生产规模和产品结构特点,尽量选用先进的检查方法。

g.确定工人技术等级和工时定额。根据工厂的实际情况来确定工人的技术等级和工时定额。

h.编写工艺文件。

活动2　螺纹联接的预紧和防松

(1)螺纹联接的特点

螺纹联接是一种可拆的固定联接,它具有结构简单、联接可靠、装拆方便迅速、成本低廉等优点,因而在机械中得到普遍应用。

(2)螺纹联接的预紧和防松

1)拧紧力矩的确定

为了达到联接紧固可靠的目的,联接时必须施加拧紧力矩,使螺纹副产生预紧力,从而使螺纹副具有一定的摩擦力矩。

对有预紧力要求的螺纹联接,预紧力的大小可从装配工艺文件中查找。

2)控制螺纹预紧力的方法

控制螺纹预紧力有以下几种方法:

①测量螺栓的伸长量:螺栓在预紧力的作用下,长度会伸长,根据装配要求,测量螺栓拧紧后的伸长量,便可确定拧紧力矩是否合适。

②扭角法:其原理与测量螺栓的伸长相同,只是将伸长量折算成螺栓在原始位置上(各被联接件贴紧后)再拧转的角度。

③利用专门的工具:以上两种方法控制预紧力并不准确,实际应用时往往根据经验进行操作。而利用专门的装配工具控制预紧力比较准确、方便。常用工具有扭力扳手和定力矩扳手,如图 10.1 所示。

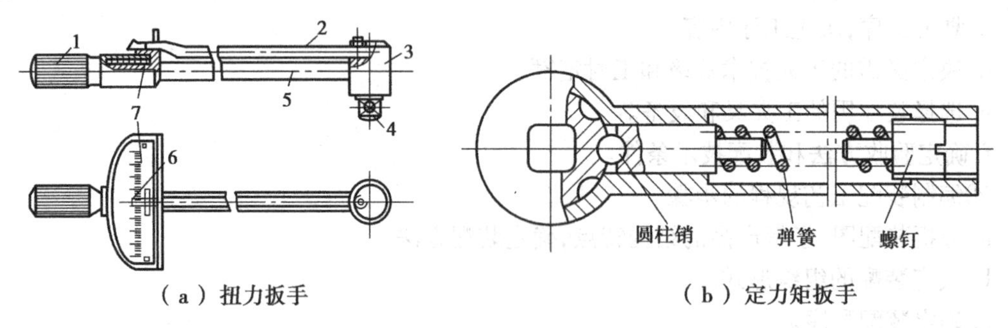

(a) 扭力扳手　　(b) 定力矩扳手

图 10.1　控制预紧力的专用工具

1—手柄;2—长指针;3—柱体;4—钢球;

5—弹性杆;6—指针尖;7—刻度板

3)防松装置

联接用的螺纹一般都有自锁能力,但在冲击、振动或变载荷作用下,以及温度变化较大的场合,很容易发生松脱,为了确保联接可靠,必须采取有效的防松措施。

螺纹的防松装置,按其工作原理分为利用附加摩擦力防松和机械法防松两大类。

①利用附加摩擦力防松装置

这类防松装置是利用螺母和螺栓的螺牙间产生附加摩擦力来达到防松的目的。利用附加摩擦力防松,结构简单,对联接件无特殊要求,但防松能力较弱。

A. 锁紧螺母

这种装置使用了主、副两个螺母,如图 10.2 所示。先将主螺母拧到预定位置,再拧紧副螺母。从图中可以看出,当拧紧副螺母后,在主、副螺母接触面间产生压力,使主、副螺母分别与螺杆螺牙的两面接触并产生挤压,从而产生附加摩擦力,即使当工件在变载荷等的作用下,使工件与主螺母接触面分离时,螺纹松脱必须克服这个摩擦力,因而可达到防松目的。

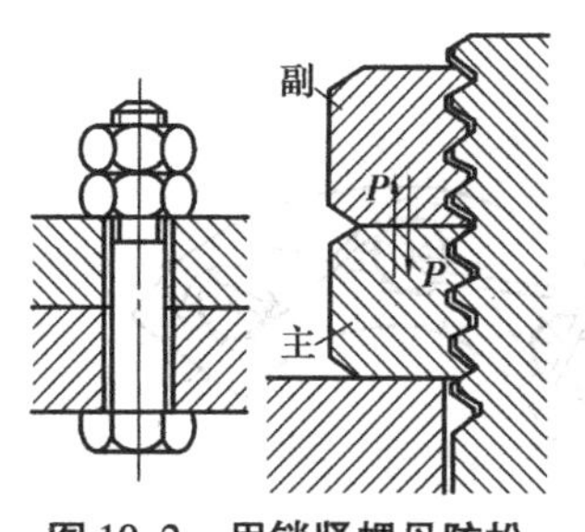

图 10.2 用锁紧螺母防松

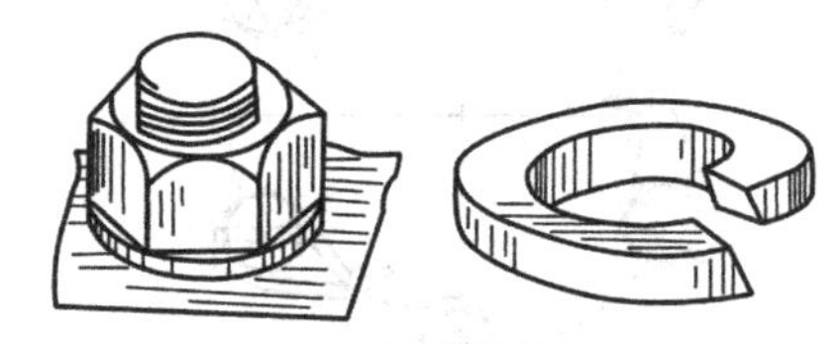

图 10.3 用弹簧垫圈防松

B. 弹簧垫圈

这种装置使用了弹性垫圈，如图 10.3 所示，垫圈开有 70°～80°斜口，并在斜面处上下拉开。弹簧垫圈的防松原理与锁紧螺母的防松原理相似，当拧紧螺母时，垫圈被压平，由于垫圈的弹性作用把螺母顶住，在螺母与螺杆的螺牙面间产生挤压，从而产生附加摩擦力，以达到防松的目的。同时由于斜口楔角（注意方向）抵住螺母和支承面，也有助于防止螺纹的松脱，但斜口容易刮伤螺母和支承面。

②机械法防松装置

这类防松装置是利用机械的方法，使螺母和螺栓，或螺母与被联接件互相锁牢，以达到防松的目的。机械法防松相对而言，对联接件或被联接件结构上有一定的要求，增加了成本，但机械法防松可靠，多用于变载、振动及工作温度变化较大的场合。

A. 开口销与带槽螺母

这种装置是把螺母直接锁在螺栓上，如图 10.4 所示。它防松可靠，但螺杆上的销孔位置不易与螺母最佳锁紧位置相吻合。

B. 止动垫圈

带耳止动垫圈可以防止六角螺母回松，如图 10.5 所示。当拧紧螺母后，将垫圈的耳边弯折，与零件及螺母的边缘贴紧。

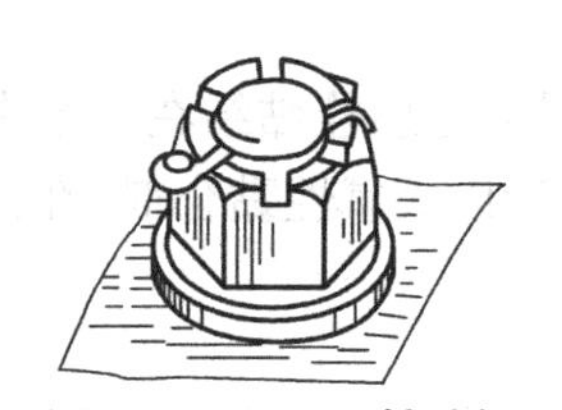

图 10.4 用开口销防松

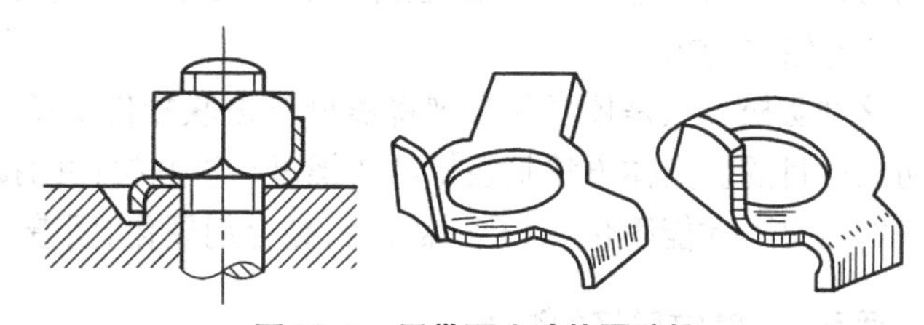

图 10.5 用带耳止动垫圈防松

C. 串联钢丝

这种装置是用钢丝穿过螺钉头部的小孔或螺栓与螺母的小孔，利用钢丝牵制作用来防止回松，如图 10.6 所示。它适用于布置较紧凑的成组螺纹联接。

装配时应注意：

用钢丝穿过螺母和螺栓的小孔时，可单独穿绕，但在穿过螺钉头部的小孔时，被穿绕的螺钉数应不少于两个。

钢丝穿绕方向应使螺纹联接趋于紧固，不能弄反，否则螺母或螺钉仍有回松的余地。对于右旋螺纹，如图 10.6(b)所示虚线的钢丝穿绕方向是错误的；但对于左旋螺纹的螺纹联接应按虚线方向穿绕，如图 10.6(b)所示。

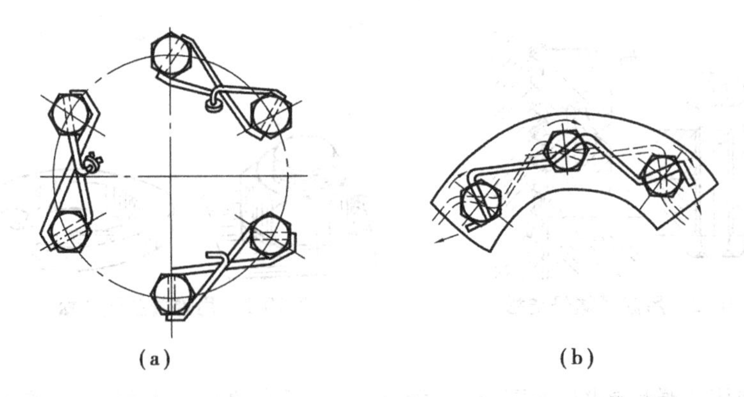

(a)　　　　　　　　　　(b)

图 10.6　串联钢丝防松

③点铆法防松

当螺钉或螺母拧紧后,也可用点铆的方法防松。如图 10.7(a)所示为点铆中心在螺钉头直径上。如图 10.7(b)所示为侧面点铆。

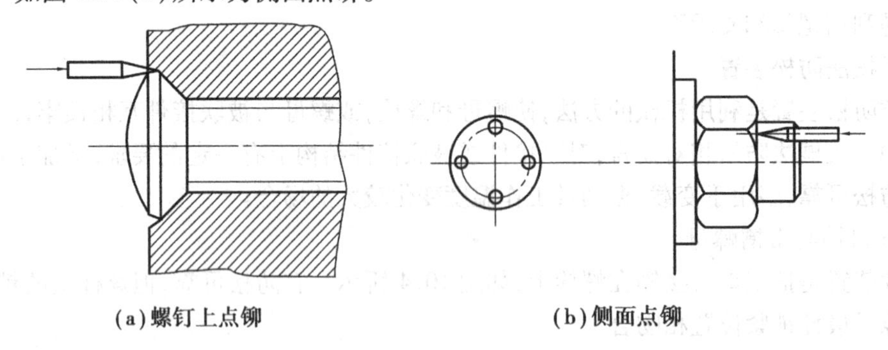

(a)螺钉上点铆　　　　　　(b)侧面点铆

图 10.7　点铆法防松

这种防松方法是靠破坏螺纹副间的啮合或使螺钉头部与被联接件在接触处产生毛刺来达到防松的目的。它防松可靠,但拆卸后联接零件不能再用。

④黏结法防松

这种防松方法是依靠黏合剂将螺母与被联接件的接触面或螺母与螺栓黏结在一起来达到防松的目的。具体方法是在螺纹或螺母与被联接件的接触面上涂以厌氧性黏合剂(在没有氧气的情况下才能固化),拧紧螺母后,黏合剂硬化、固着。

活动 3　螺纹联接的装配

(1)螺纹联接的装配工具

为了保证螺纹联接的装配质量和装配工作的顺利进行,合理地选择和使用装配工具也是很重要的。常用的工具有旋具、扳手等。

1)旋具

旋具主要是用来装拆头部开槽的螺钉。旋具的类型有以下 3 种:

①标准旋具

如图 10.8 所示,根据刀口形状又可分为一字旋具和十字旋具。标准旋具用刀体部分的长度代表其规格,常用的有 100 mm(4″),150 mm(6″),200 mm(8″),300 mm(12″)及 400 mm(16″)等几种,根据螺钉的直径或头部的槽子尺寸来选用。

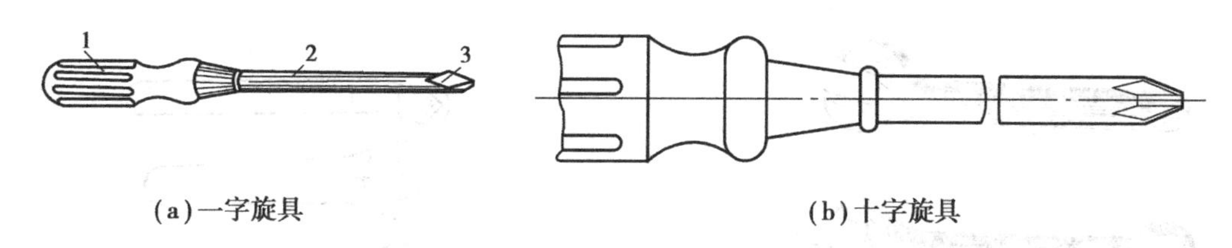

(a)一字旋具　　(b)十字旋具

图10.8　标准旋具

1—手柄；2—刀体；3—刀口

②快速旋具

如图10.9(a)所示，它用来装拆小螺钉。工作时，推压手柄，麻花杆通过来复孔而转动，装拆迅速。

③弯头旋具

如图10.9(b)所示，它用于螺钉顶部空间受限制的情况。

(a)快速旋具　　(b)弯头旋具

图10.9　其他旋具

2)扳手

扳手用来拧转六角形、正方形螺钉和各种螺母。扳手有通用扳手、专用扳手及特殊场合使用的特种扳手。

①通用扳手(活扳手)

如图10.10所示，它由固定钳口、活动钳口、螺杆及销4个部分组成。其开口尺寸能在一定范围内调整。使用活扳手时，应让固定钳口受主要作用力，扳手长度不可任意加大，以免拧紧力矩过大而损坏扳手或螺栓。活扳手的工作效率不高，活动钳口易歪斜，往往会损伤螺母或螺钉头表面。

图10.10　活扳手

②专用扳手

如图10.11所示，专用扳手只能扳动一种规格的螺母或螺钉。根据其用途的不同，可分为开口扳手(吊扳手)、整体扳手、成套套筒扳手、钳形扳手及内六角扳手。

③特种扳手

特种扳手是根据某些特殊要求制造的，如图10.12所示的棘轮扳手，它适用于空间狭窄的场合。工作时，正转手柄，棘爪就在弹簧的作用下进入内六角套筒的缺口内，套筒便跟着转动；反转时，棘爪就从套筒缺口的斜面上滑过去，因而螺母(或螺钉)不会随着反转。松开螺母时只需将扳手翻转180°使用即可。

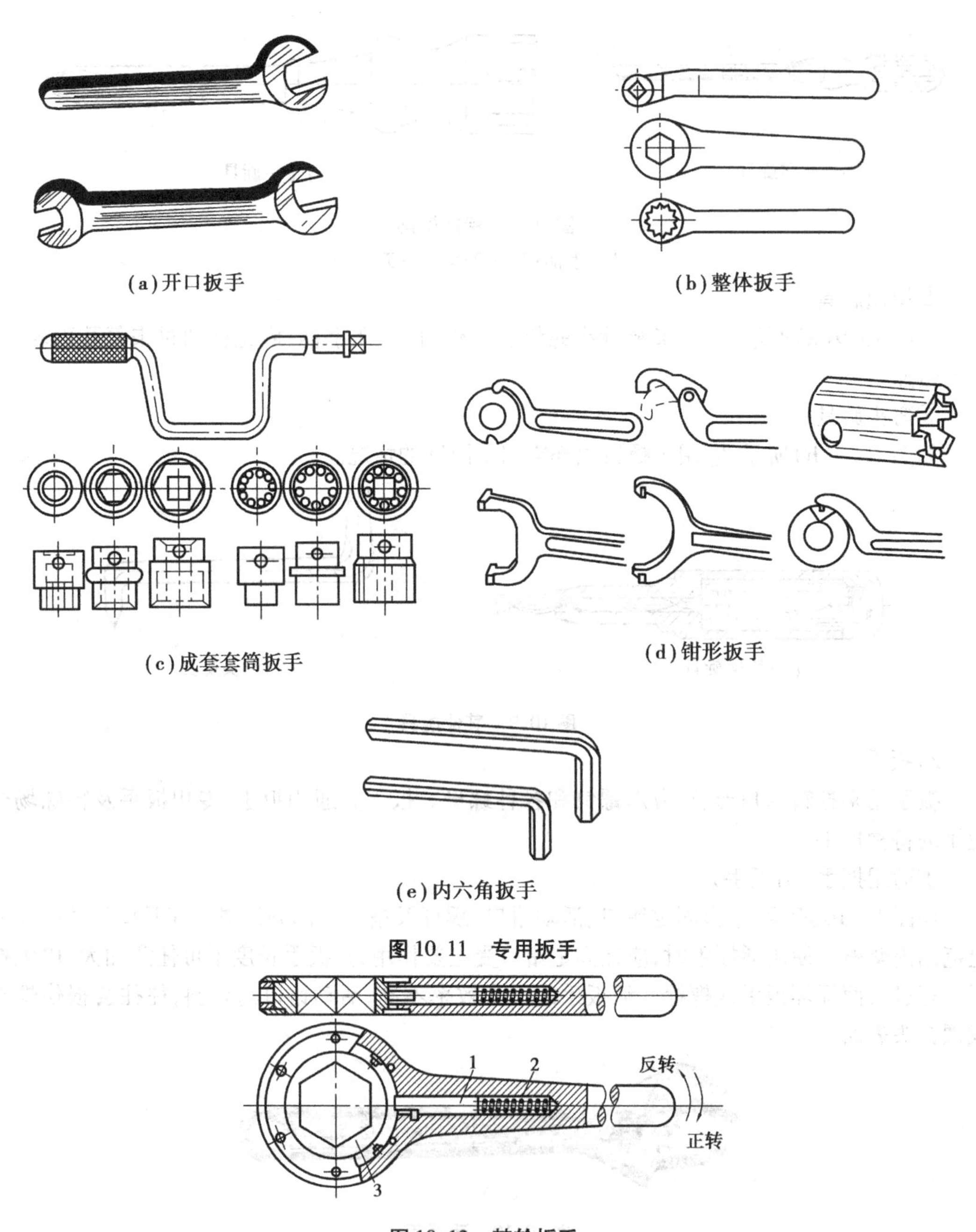

(a)开口扳手　(b)整体扳手　(c)成套套筒扳手　(d)钳形扳手　(e)内六角扳手

图 10.11　专用扳手

图 10.12　棘轮扳手

1—棘爪；2—弹簧；3—内六角套筒

(2)螺纹联接的装配方法

1)双头螺柱的装配要点

应保证双头螺柱与机体螺纹的配合有足够的紧固性。为此，可采用过渡配合，保证配合后中径有一定的过盈量；采用台肩形或最后几圈较浅的螺纹，如图 10.13 所示，以达到配合的紧固性。

双头螺柱的轴心线应与机体表面垂直。两者之间的垂直度可用角尺进行检验，检验时应从两个(成90°)或两个以上的方向进行检验。当双头螺柱的轴心线有较小的偏斜时,可把双头螺柱拧出,用丝锥校正螺孔。

装配时,必须用油润滑,以免拧入时产生咬合现象,同时也使以后拆卸更换较为方便。

拧紧双头螺柱的专用工具如图10.14所示。

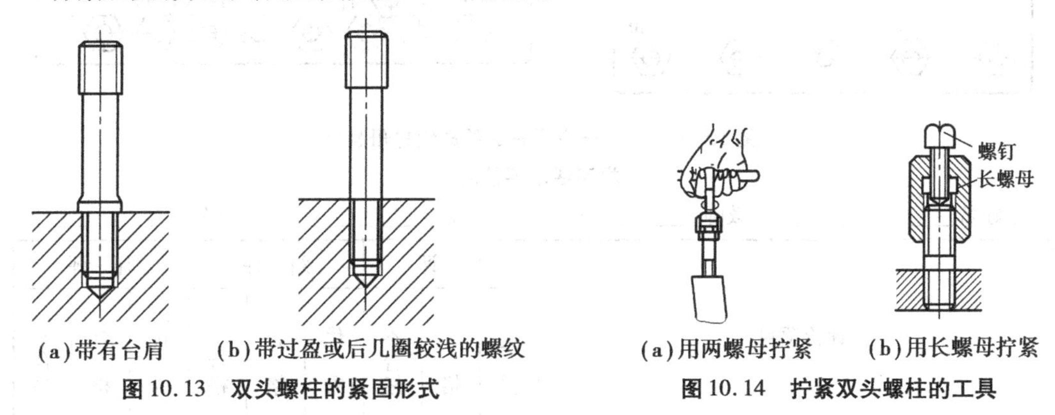

(a)带有台肩　(b)带过盈或后几圈较浅的螺纹

图10.13　双头螺柱的紧固形式

(a)用两螺母拧紧　(b)用长螺母拧紧

图10.14　拧紧双头螺柱的工具

①用两个螺母拧紧的方法。先将两个螺母相互锁紧在双头螺柱上,然后扳动上面一个螺母,把双头螺柱拧入螺孔中。

②用长螺母拧紧法。用止动螺钉来阻止长螺母和双头螺柱之间的相对运动,然后扳动长螺母,将双头螺柱拧入螺孔中。

拆卸双头螺柱的方法与用两个螺母拧紧的方法相同,即先将两个螺母相互锁紧在双头螺柱上,然后扳动下面一个螺母,就可将双头螺柱拆卸下来。

2)螺母和螺钉的装配要点

机体上与螺钉或螺母贴合的平面应经过加工,保证平面有足够的表面精度和形状精度,以防联接件的松动或使螺钉弯曲等。

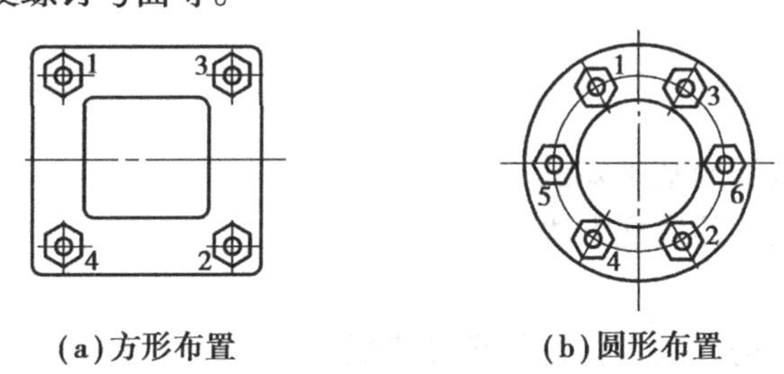

(a)方形布置　(b)圆形布置

图10.15　拧紧方形和圆形布置的成组螺母顺序

拧紧成组螺母时,为使被联接件及螺杆受力均匀一致,必须按一定顺序分次逐步拧紧。拧紧原则为从中间向两边对称地扩展,如图10.15、图10.16所示。拧紧时应按一定的拧紧力矩拧紧,必要时采用防松装置。

活动4　展示与评价

分组进行自评、小组间互评、教师评,在学习活动评价表相应等级的方格内画"√"。

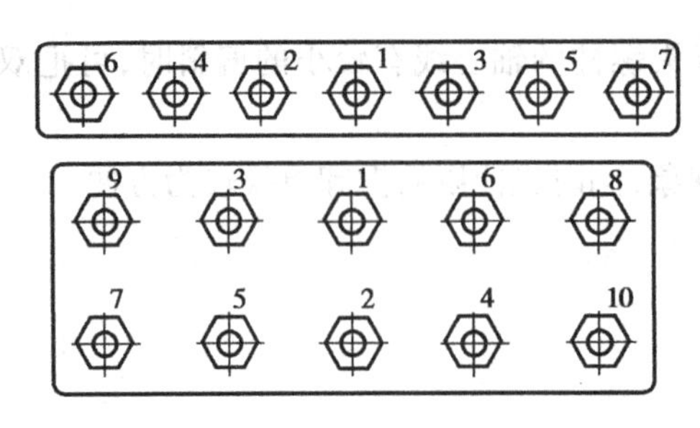

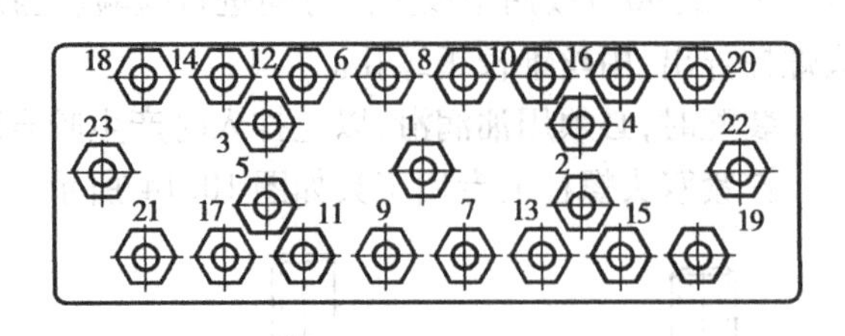

图 10.16　拧紧长方形布置的成组螺母顺序

学习活动评价表

学生姓名＿＿＿＿＿＿　教师＿＿＿＿＿＿　班级＿＿＿＿＿＿　学号＿＿＿＿＿＿

评价项目	自　评			组　评			师　评		
	优秀	合格	不合格	优秀	合格	不合格	优秀	合格	不合格
掌握螺纹联接防松方法的情况评价									
双头螺柱的装配技术									
螺母和螺钉的装配技术									
总　评									

任务 10.2　过盈联接装配

【知识目标】

★ 了解过盈联接装配的基础知识。

★ 知道过盈联接装配的装配方法。

【技能目标】

★ 能正确选用合适的方法进行过盈联接装配。

【态度目标】

★ 培养自信乐观、积极进取的态度。

活动 1　了解过盈联接装配的基础知识

(1) 过盈联接的概念

过盈联接是依靠包容件(孔)和被包容件(轴)配合后的过盈值达到紧固联接的目的。装配后,由于材料的弹性变形,在包容件和被包容件配合面间产生压力,依靠此压力产生的摩擦力传递扭矩和轴向力。过盈联接的对中性好、承载能力强,并能承受一定冲击力,但配合面的加工要求高。

(2)过盈联接的装配要点

①装配前,应对工件进行清理,并将配合表面涂上油润滑,以防装配时擦伤表面。

②压入过程应保持连续,速度也不宜过快。

③压合时应经常用角尺检查,以保证孔与轴的中心线一致。

④对于细长的薄壁零件,要特别注意检查其形状偏差,装配时最好垂直压入。

活动 2　过盈联接装配的装配方法

(1)压入法

如图 10.17(a)所示,用锤子加垫块敲击压入,其方法简便,但导向性不好,容易产生歪斜。它适用于配合要求较低或配合长度较短的过渡配合的联接件的单件生产。

如图 10.17(b)、(c)、(d)所示分别为螺旋压力机、专用螺旋的 C 型夹头和齿条压力机。用这些设备进行压合时,其导向性比敲入法好,适用于装配过渡配合和小过盈量的配合。

如图 10.17(e)所示为气动杠杆压力机,其压力范围大,配以一定的夹具,可提高压合的导向性,适用于装配过盈配合的联接件,并且多用于成批生产。

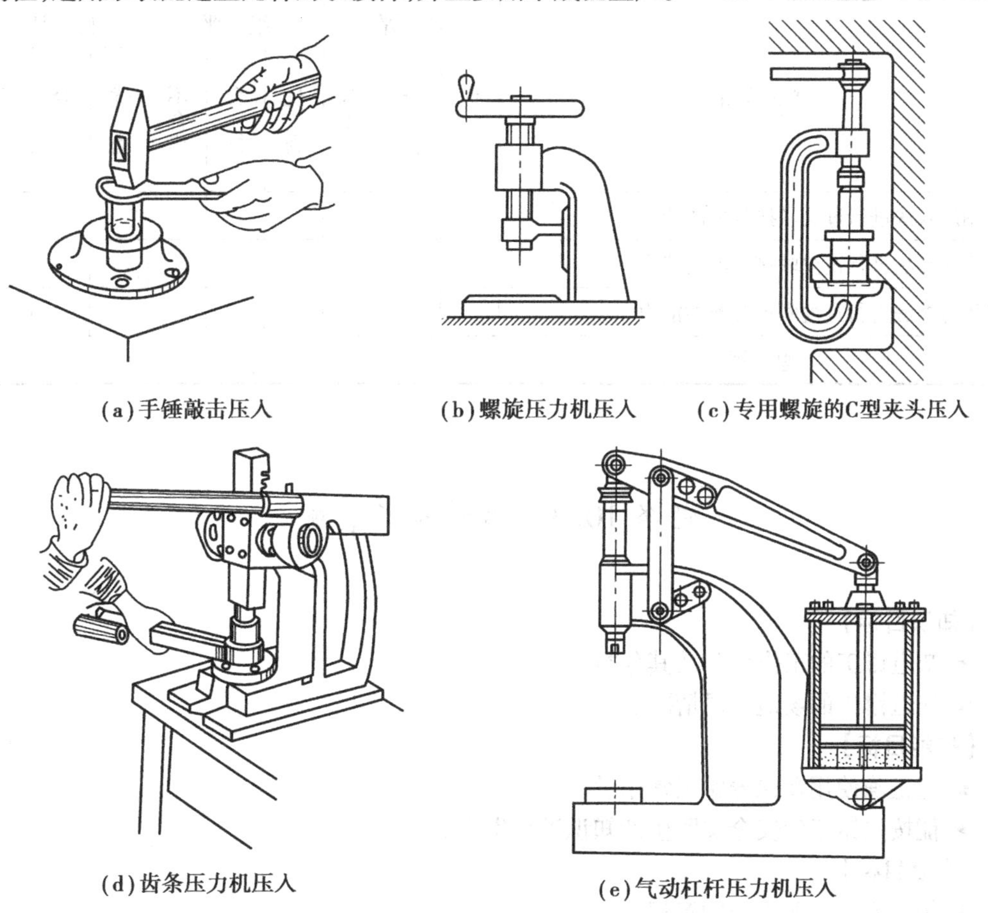

(a)手锤敲击压入　(b)螺旋压力机压入　(c)专用螺旋的C型夹头压入

(d)齿条压力机压入　(e)气动杠杆压力机压入

图 10.17　压入方法及设备

(2)热胀法

热胀法是利用物体受热膨胀的原理,将孔件加热,使孔径增大,然后将轴件套入孔中,待冷却后，轴与孔便紧固地联接在一起。

热胀法的加热方法应根据套入零件的尺寸大小来选择：一般中小型零件在燃气炉或电炉中进行加热，也可浸在油中加热；对于大型零件，可用感应加热器等加热。

(3)冷缩法

冷缩法是利用物体温度下降时体积缩小的原理将轴件冷却，使轴件尺寸缩小，然后将轴件套入孔中，当温度回升后，轴与孔便紧固联接。

冷缩法可采用干水冷缩（可冷至 -78 ℃），也可用液氮冷缩（可冷至 -195 ℃），其冷缩时间短，生产效率高。

冷缩法与热胀法相比，变形量小，多用于过渡配合，有时也用于小过盈配合。

活动3　展示与评价

分组进行自评、小组间互评、教师评，在学习活动评价表相应等级的方格内画“√”。

学习活动评价表

学生姓名__________　教师__________　班级__________　学号__________

评价项目	自评			组评			师评		
	优秀	合格	不合格	优秀	合格	不合格	优秀	合格	不合格
采用压入法进行过盈联接装配的能力									
采用热胀法进行过盈联接装配的能力									
采用冷缩法进行过盈联接装配的能力									
总评									

任务10.3　滑动轴承装配

【知识目标】

★ 知道钳工的工作任务及其分类。

★ 知道钳工的场地布局情况。

【技能目标】

★ 能正确使用及保养钳工常用设备。

★ 能按照钳工的安全文明生产知识进行生产。

【态度目标】

★ 树立安全文明生产的意识。

轴承是支承轴的部件，它引导轴的旋转运动，并承受轴传递给机架的载荷。轴承有时也用来支承轴上的旋转零件。根据轴承工作的摩擦性质不同，轴承可分为滑动轴承和滚动轴承两类。

活动1 了解滑动轴承装配的基础知识

滑动轴承工作平稳可靠、无噪声、承载能力高,并能承受较大的冲击载荷,因此多用于精密、高速、重载的转动场合。

(1)滑动轴承的工作原理

滑动轴承根据其润滑和摩擦状态不同,可分为液体润滑滑动轴承和半液体润滑滑动轴承。

1)液体润滑滑动轴承

液体润滑滑动轴承中的轴与轴颈处于液体润滑状态,而液体润滑又可分为动压液体润滑和静压液体润滑(利用压力油把接触面隔开)。其中动压液体润滑的摩擦系数为0.001~0.01,静压液体润滑的摩擦系数小于0.001。

轴颈在轴承中形成动压液体润滑的过程如图10.18所示。轴在静止时,在本身重力作用下处于最低位置,如图10.18(a)所示。此时润滑油被轴颈挤向两边,在轴颈和轴承的侧面形成楔形油膜;当轴颈旋转时,由于金属表面的附着力和油本身的黏性,轴颈就带着油层一起转动。在油层经过油楔缝时,油受到挤压,对轴产生压力。轴的转速高,产生的压力大;当轴的转速达到一定程度时,轴在轴承中逐渐浮起,如图10.18(b)所示。直至轴颈与轴承表面完全被油膜隔开而形成液体润滑(见图10.18(c))。

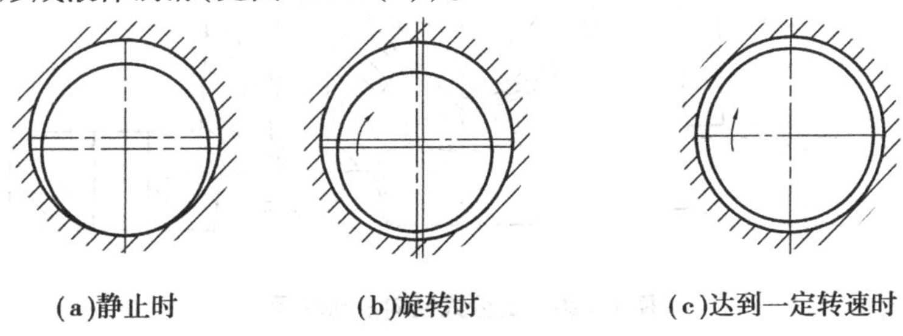

(a)静止时　(b)旋转时　(c)达到一定转速时

图10.18　形成液体动压润滑的过程

由上述过程可以看出,形成动压液体润滑的条件如下:

①轴颈与轴承配合应有一定的间隙(0.001~0.003)d。

②轴颈应具有一定的转速,以建立足够的油楔压力。

③轴颈、轴承应有准确的几何形状和较小的表面粗糙度值。

④轴承内应保持充足的具有适当黏度的润滑油。

2)半液体润滑滑动轴承

半液体润滑滑动轴承中的轴颈与轴承表面之间虽然有液体油膜存在,但不能完全避免金属表面凸起部分的直接接触,因此摩擦损失较大,摩擦系数为0.008~0.1,轴承容易磨损。但这种轴承在一般情况下能正常工作,结构简单,加工方便,常用于低速、轻载、间歇工作的场合。

(2)滑动轴承的结构形式

1)整体式径向滑动轴承

如图10.19所示为一种常见的整体式径向滑动轴承。轴承座用铸铁或铸钢制成,并用螺栓与机体联接。顶部设有装油杯的螺纹孔。轴承孔内装有轴套,并用紧定螺钉固定。简单的轴承也可以没有轴瓦。

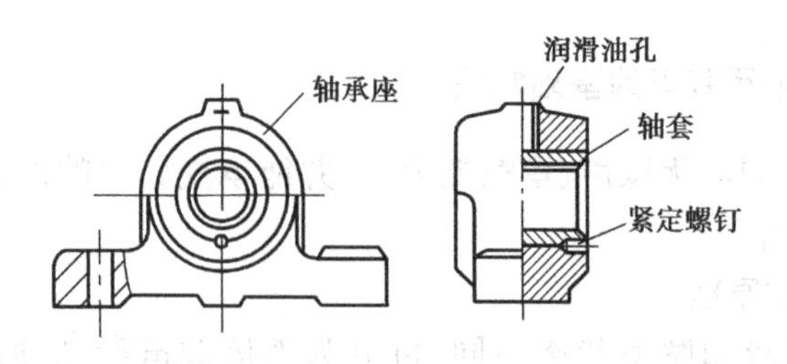

图 10.19　整体式径向滑动轴承

这种轴承结构简单、成本低,但装拆不便,并且无法调整磨损后的间隙,因此通常用于低速、轻载、间隙工作的机器上,如小型绞车、手摇起重机、农业机械等。

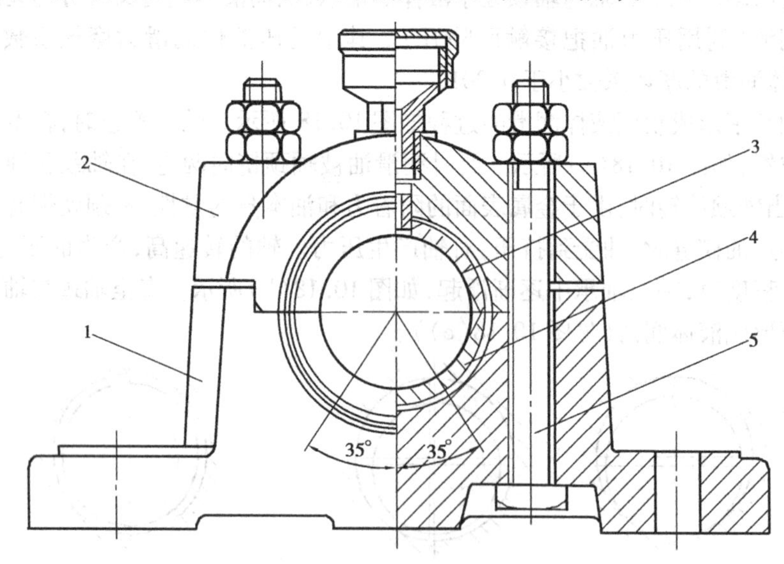

图 10.20　剖分式径向滑动轴承

1—轴承座;2—轴承盖;3—上轴瓦;4—下轴瓦;5—螺栓

2)剖分式径向滑动轴承

如图 10.20 所示为一种常见的剖分式径向滑动轴承,它由轴承座 1、轴承盖 2、剖分的上、下轴瓦 3,4 以及螺栓 5 组成。为了使轴承座和轴承盖便于对中,剖分面制成阶梯状。在剖分面上配置适当薄垫片,当轴瓦磨损后,可减小垫片厚度,以调整间隙。使用时,径向载荷方向与剖分面的垂线的夹角不应大于 35°,以免轴瓦承载区过小。剖分式轴承装拆方便,易于调整间隙,得到了广泛的应用。

3)自动调心式径向滑动轴承

当轴颈的长径比较大($L/d>1.5\sim1.75$),或轴的刚性较小以及由于装配和工艺原因所引起的轴颈的偏斜,使轴瓦两端与轴颈局部接触,如图 10.21(a)所示,这将导致轴瓦两端边缘急剧磨损。在这种情况下,可采用自动调心式滑动轴承,如图 10.21(b)所示。这种轴承的轴瓦和轴承座及轴承盖以球面接触,因而轴瓦可随轴在一定范围内偏转。

4)推力滑动轴承

推力滑动轴承主要承受轴向载荷,如图 10.22 所示。它由轴承座 1、衬套 2、轴瓦 3 和推力轴瓦 4 组成。推力轴瓦 4 的底部制成球形,并用销 5 和轴承座固定。润滑油用压力从底部注入,并从上部油管流出。

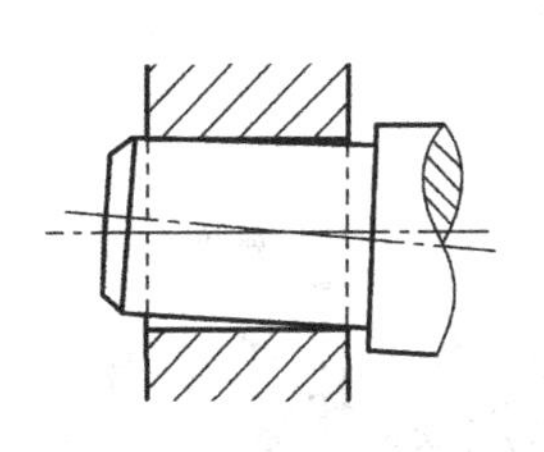

(a)轴颈在轴承孔中产生偏斜

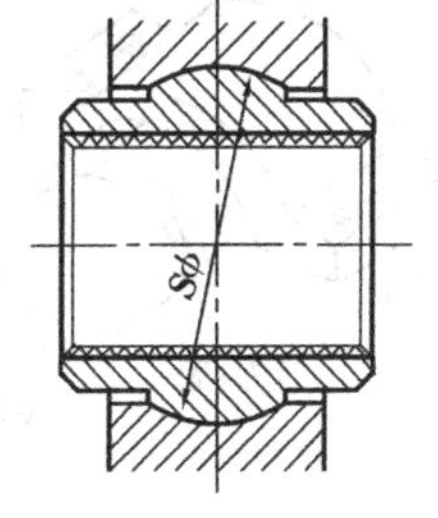

(b)自动调心式滑动轴承

图10.21　轴颈的偏斜及自动调心式滑动轴承

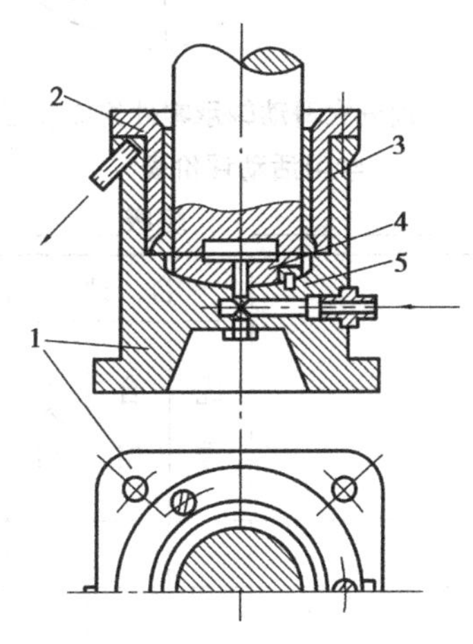

图10.22　推力滑动轴承

1—轴承座;2—衬套;3—轴瓦;4—推力轴瓦;5—销

活动2　滑动轴承的装配方法

对滑动轴承装配的要求,主要是轴颈与轴承孔之间获得所需要的间隙和良好的接触,使轴颈在轴承中运转平稳。

(1)整体式径向滑动轴承的装配

装配时应注意以下问题:

①将轴套和轴承孔去毛刺,并清理干净后在轴套外表面或轴承孔内涂油。

②根据轴套的尺寸和其与轴承孔的配合性质选择适当的方法,将轴套压入轴承孔内。

③轴套压入后,应用铰削、刮研等方法对轴套内孔进行修整,以保证轴颈与轴套间的配合。

(2)剖分式滑动轴承的装配

剖分式滑动轴承的装配顺序如图10.23所示。装配时应注意以下问题:

①上、下轴瓦与轴承座、轴承盖应有良好的接触,同时轴瓦的台肩应紧靠座孔的两端面。

②轴瓦在机体中,除了轴向依靠台肩固定外,周向也应固定。周向固定常用定位销固定。

③为了提高配合精度,轴承孔应进行配刮。配刮多采用与其相配的轴研点。

活动3　展示与评价

分组进行自评、组评、师评,在学习活动评价表相应等级的方格内画“√”。

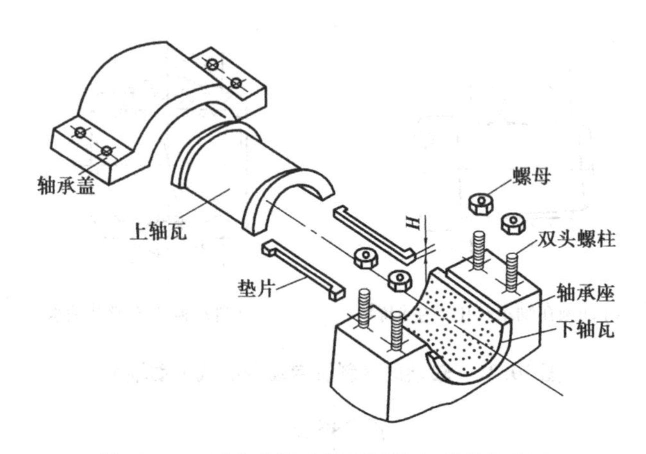

图10.23 剖分式滑动轴承零件组成装配顺序

学习活动评价表

学生姓名______________ 教师______________ 班级______________ 学号______________

评价项目	自评			组评			师评		
	优秀	合格	不合格	优秀	合格	不合格	优秀	合格	不合格
整体式径向滑动轴承的装配技术									
剖分式滑动轴承的装配技术									
总评									

任务10.4 滚动轴承装配

【知识目标】

★ 了解滚动轴承的基础知识。

★ 知道滚动轴承的游隙调整和预紧方法。

【技能目标】

★ 能正确装配滚动轴承。

★ 能正确拆卸滚动轴承。

【态度目标】

★ 培养敢于打破常规,勇于创造革新的精神。

活动1 了解滚动轴承的基础知识

(1)滚动轴承的结构及特点

滚动轴承是标准件,由专门工厂成批生产。一般来说,滚动轴承由外圈、内圈、滚动体和保持架4个部分组成。内、外圈分别与轴颈和轴承座孔相配合,工作时,滚动体在内、外圈的滚道上滚动，形成滚动摩擦。它具有摩擦小、效率高、轴向尺寸小，安装、维修方便，价格便宜等特点，因此，在机械行业中得到了广泛的应用。

(2)滚动轴承的润滑和密封

1)滚动轴承的润滑

为了降低摩擦阻力、减小磨损、防止锈蚀和均匀散热等，滚动轴承应维持良好的润滑。润滑剂一般采用润滑脂或润滑油。

①脂润滑：当轴颈圆周速度不大于4～5 m/s时，采用脂润滑为宜。脂润滑不易渗漏，易于维护和密封，不需经常添加或更换，并具有防尘能力，但其内摩擦大，过多的润滑脂会引起轴承发热，因此，填充量一般为轴承内腔的1/3～1/2。

②油润滑：油润滑一般用于转速较高的轴承。油润滑的内摩擦较小，在高速、高温条件下仍具有良好的润滑性能，并且散热条件好，能避免轴承的过热。对于重载、高温或低速条件下工作的轴承应选用黏度较大的润滑油，反之，应选用黏度较小的润滑油。油润滑的润滑方式一般有滴油润滑、油浴润滑、飞溅润滑等。油浴润滑时，油面高度不应超过最下方滚动体的中心；飞溅润滑时，溅油零件的圆周速度不应低于3 m/s，否则很难将油溅起。

2)滚动轴承的密封

为了防止润滑剂的流失以及外界杂质的侵入，滚动轴承必须采用适当的密封装置，如图10.24所示。密封可分为接触式和非接触式两大类。

①接触式密封

A.毡圈密封

如图10.24(a)所示，密封圈由羊毛毡制成，毛毡密封结构简单，价格低廉，但不能防止油的泄漏，并且摩擦和磨损较大，主要用于轴颈圆周速度不大于4～5 m/s，工作环境比较干净的脂润滑的密封。

B.皮碗式密封

如图10.24(b)所示，密封圈用耐油橡胶制成，借本身的弹性可压紧在轴上，密封效果较毛毡圈为好，适用于轴颈圆周速度不大于6～7 m/s的油润滑或脂润滑的密封。

②非接触式密封

A.间隙式密封

如图10.24(c)所示，它是利用轴与轴承孔间细小的环形间隙中充满的润滑脂来实现密封的，适用于脂润滑的轴承。

B.迷宫式密封

如图10.24(d)所示，它是利用旋转密封零件与固定零件之间的曲折而又复杂的小间隙(间隙内充满润滑脂)完成密封作用。迷宫式密封装置结构复杂，但密封效果良好，主要用于油润滑的轴承。

C.垫圈套式密封

如图10.24(e)所示，这种密封垫圈与轴一起旋转，由于离心力作用，可甩掉杂物，防污能力强，但低速时防漏油能力较差，故常需与其他密封装置联合使用。

有时，为了得到经济、可靠的密封效果，常将两种或多种密封方法综合使用。

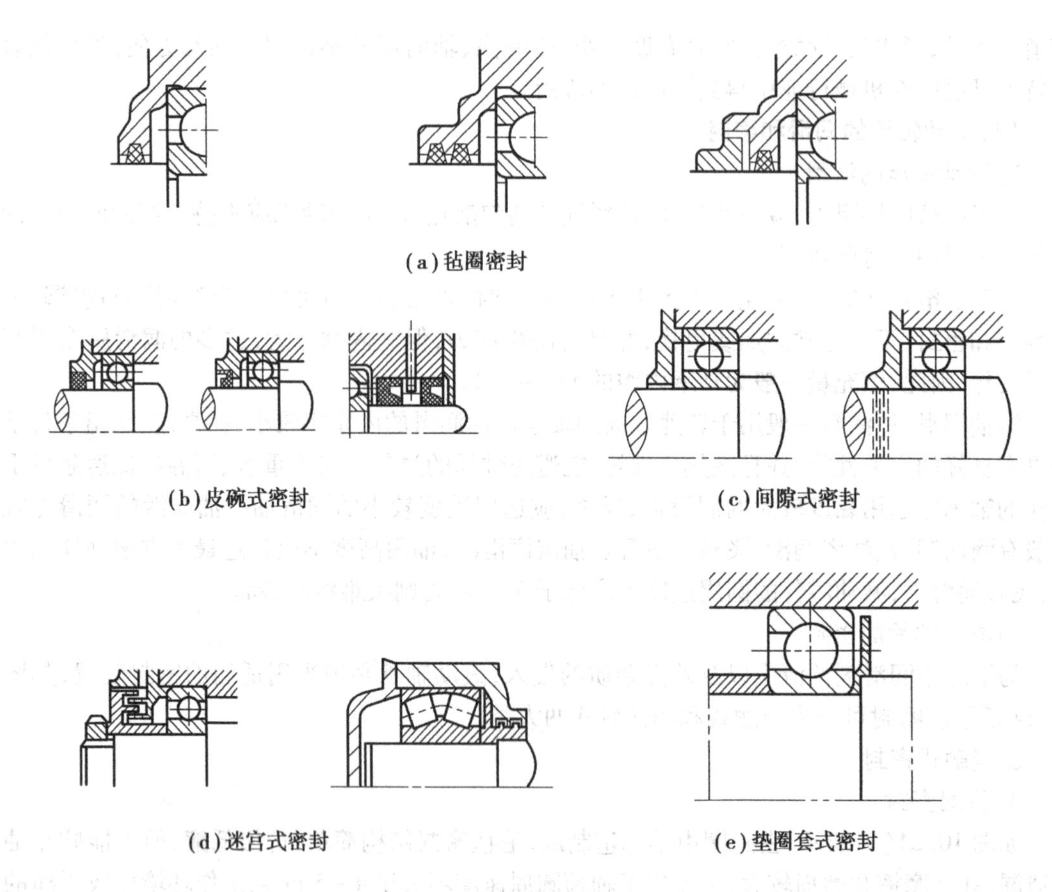

(a)毡圈密封

(b)皮碗式密封

(c)间隙式密封

(d)迷宫式密封

(e)垫圈套式密封

图 10.24　滚动轴承的密封装配

活动 2　滚动轴承的游隙调整和预紧方法

(1)滚动轴承的游隙

所谓滚动轴承游隙,是指将外圈(或内圈)固定后,内圈(或外圈)在径向或轴向的最大位移量。径向上的位移称为径向游隙,轴向上的位移称为轴向游隙。

(2)滚动轴承游隙的调整

一般来说,滚动轴承在工作过程中允许有适当的游隙。游隙过大,会使同时承受载荷的滚动体数目减少,易使滚动体与套圈产生弹性变形,降低轴承寿命,同时还将降低轴承旋转精度,产生径向跳动,从而引起振动和噪声;游隙过小,则工作时阻力增大,轴承容易磨损,同时阻力增大使轴承特别是滚动体易发热变形,发热后又会进一步增大运动阻力而形成恶性循环。因此,许多轴承在装配过程中都需要控制和调整游隙。调整游隙的方法是使轴承内、外圈作适当的相对轴向位移。

(3)滚动轴承的预紧

有时在装配轴承时,需要对轴承预紧,即给轴承内、外圈以一定的轴向预载荷,使内、外圈发生相对位移,消除内、外圈与滚动体的游隙,从而产生初始的接触弹性变形。预紧后轴承能控制内、外圈的正确位置从而提高了轴的旋转精度,但在高速旋转中易发热和磨损。轴承常见的预紧方法如图 10.25 所示,图示为角接触球轴承预紧方法。

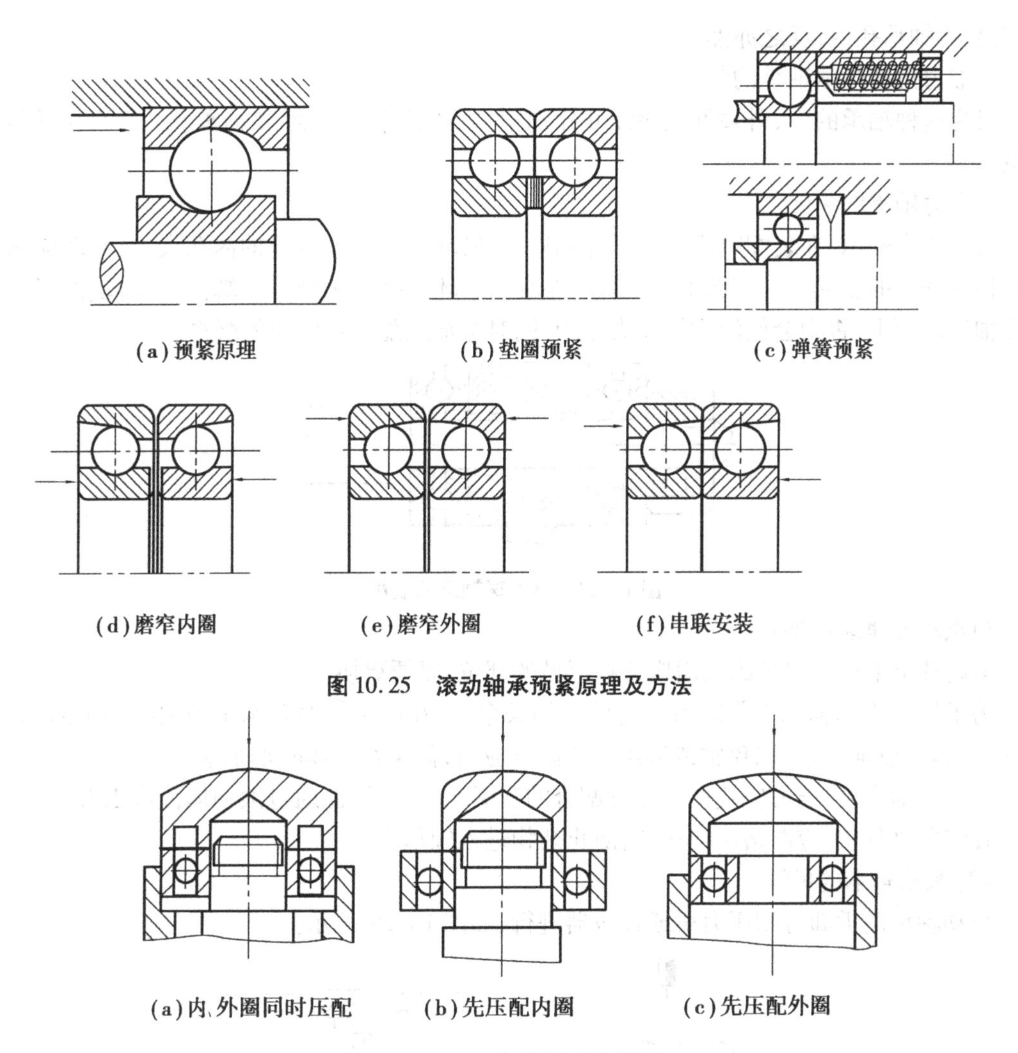

图10.25　滚动轴承预紧原理及方法

图10.26　深沟球轴承的装配

活动3　滚动轴承的装配与拆卸方法

(1)滚动轴承的装配

1)装配前的准备工作

按所装的轴承准备好所需工具和量具。将与轴承相配合的零件去毛刺,并清理或清洗。如轴承用防锈油封存的可用汽油或煤油清洗;如用原油或防锈脂封存的,用矿物油加热溶解清洗(温度不超过100 ℃)后再用汽油或煤油清洗;对于两面有防尘盖、密封圈或涂有防锈润滑两用油脂的轴承不需清洗。

2)滚动轴承的装配方法

滚动轴承的装配方法应根据轴承的结构尺寸和轴承的配合性质而定。

①深沟球轴承的装配

装配方法如图10.26所示,用装配套筒的端面同时压紧轴承的内圈和外圈,把轴承压入轴颈和轴承孔中。如果轴承与轴颈为紧配合,而与轴承孔为松配合时,可将轴承先压入轴颈后,再装入轴承孔内,反之亦然。

②推力角接触球轴承的装配

因为这种轴承的内、外圈可分离,可分别把内、外圈装入轴颈和轴承孔内,然后再调整游隙。

③推力轴承的装配

对于推力轴承,在装配时应区分紧环和松环,松环的内孔比紧环的内孔大,故紧环应靠在与轴相对静止的表面上。如图 10.27 所示左端的紧环应靠在圆螺母的端面上,右端的紧环应靠在轴肩端面上,否则会使滚动体丧失作用,同时会加速配合零件间的磨损。

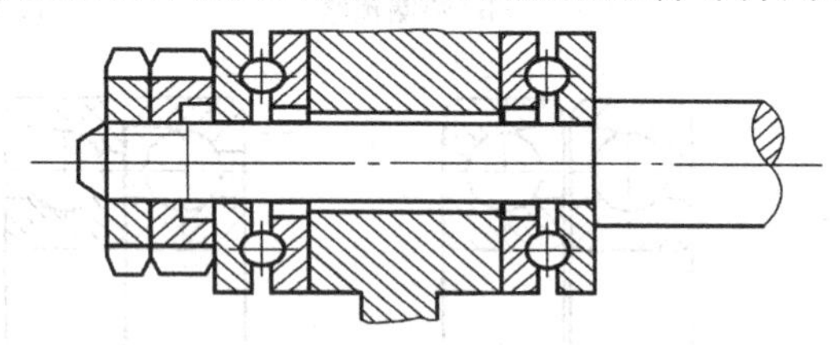

图 10.27　推力球轴承的装配

3)滚动轴承装配要点

滚动轴承上标有代号的端面应装在可见的部位,以便更换。

为了保证滚动轴承工作时有一定的热伸长余地,在同轴的两轴承中必须有一个内圈(或外圈)可以在轴向移动,以免轴或轴承产生附加应力,甚至在工作时轴承卡住。

在装配轴承时,压力应直接加在待配合的套圈端面上,不能通过滚动体传递压力。

在装配过程中,应严格保持清洁,防止杂物进入轴承内。

(2)滚动轴承的拆卸

滚动轴承的拆卸可用压力机或顶拔器进行,如图 10.28 所示。

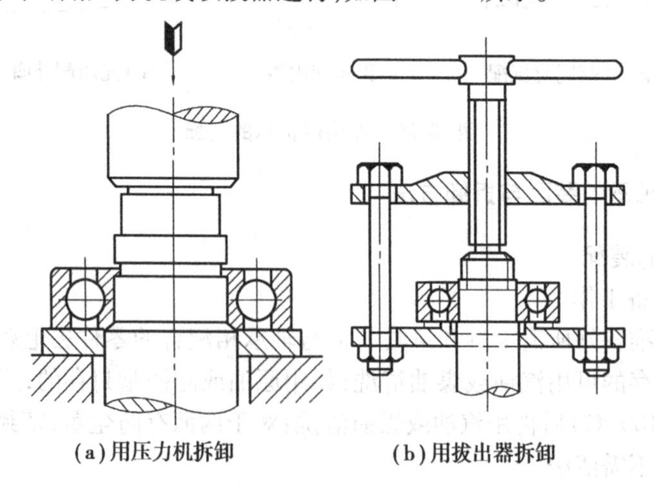

(a)用压力机拆卸　　(b)用拔出器拆卸

图 10.28　滚动轴承的拆卸

活动 4　展示与评价

分组进行自评、小组间互评、教师评,在学习活动评价表相应等级的方格内画"√"。

学习活动评价表

学生姓名＿＿＿＿＿＿　教师＿＿＿＿＿＿　班级＿＿＿＿＿＿　学号＿＿＿＿＿＿

评价项目	自评			组评			师评		
	优秀	合格	不合格	优秀	合格	不合格	优秀	合格	不合格
滚动轴承的预紧技术									
深沟球轴承的装配技术									
推力球轴承的装配技术									
滚动轴承的拆卸技术									
总评									

练习题

1. 什么叫装配?
2. 产品的装配工艺过程一般由哪几个部分组成?
3. 什么叫装配工序? 什么叫装配工步?
4. 螺纹为什么要采取有效的防松措施?
5. 螺纹的防松装置有哪些具体的方法?
6. 简述双头螺柱的装配要点。
7. 简述过盈联接的装配要点。
8. 过盈联接装配的装配方法有哪些?
9. 简述轴颈在轴承中形成动压液体润滑的过程。
10. 滑动轴承的结构形式有哪4种?
11. 剖分式滑动轴承装配时应注意哪些问题?
12. 滚动轴承由哪几部分组成?
13. 滚动轴承什么时候用油润滑? 什么时候用脂润滑?
14. 滚动轴承的密封有哪些具体的方式?
15. 角接触球轴承的预紧方法有哪些?
16. 简述滚动轴承装配要点。
17. 滚动轴承如何拆卸?

项目 11
综合实训

任务 11.1　初级钳工技能实训

(1)实训要求

制作 90°角尺。

(2)毛坯及制作时间

毛坯为 105 mm×75 mm×6 mm 的板料；制作时间为 180 min。

(3)工件图样

工件图样如图 11.1 所示。

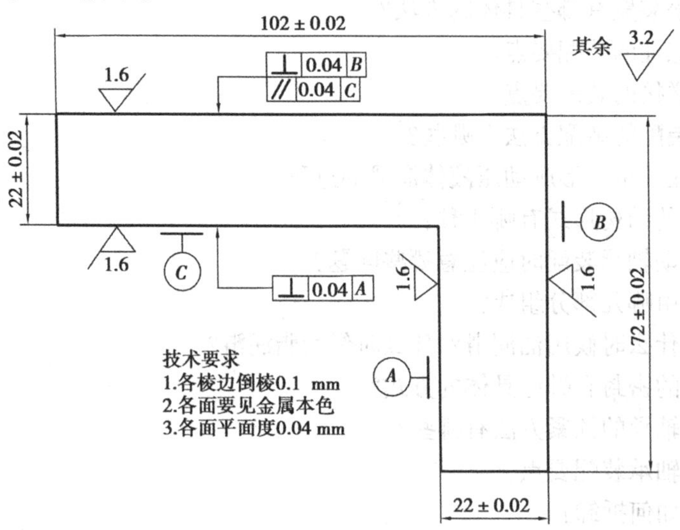

图 11.1　90°角尺制作图样

(4)90°角尺评分表(总分:100 分)

90°角尺制作评分表见表 11.1。

表11.1 90°角尺制作评分表

姓名:______________ 工件编号:______________

项目	序号	技术要求	配分	评分标准	测量值	测量人签字	扣分	实际得分
基本尺寸(共40分)	1	102 ±0.02	10	超差0.02 mm扣1分				
	2	72 ±0.02	10	超差0.02 mm扣1分				
	3	22 ±0.02(两处)	20	超差0.02 mm扣1分				
形位公差(共31分)	4	上垂直度0.04	5	超差0.02 mm扣1分				
	5	上平行度0.04	5	超差0.02 mm扣1分				
	6	下垂直度0.04	5	超差0.02 mm扣1分				
	7	平面度0.04(共8个面)	16	超差0.02 mm扣1分				
表面粗糙度(共16分)	8	R_a1.6(4处)	8	超差1处扣1分				
	9	R_a3.2(4处)	8	超差1处扣1分				
其他(共13分)	10	安全文明生产规范	13	违反钳工操作规程,1处扣1分				
合计总分								

复查人签字:____________ 时间:________年______月______日

(5)所需工、量、夹、辅具

台虎钳,标准平板,方箱,高度游标尺,钢直尺,划针,样冲,手锤;锯条,锯弓;粗、中、细、油光锉刀,铜皮,整形锉;塞尺,刀口形直尺,90°角尺,百分表,磁性表座,游标卡尺,千分尺,粗糙度样板。

(6)常用形位公差的检测方法

1)光隙法测量刀口尺直线度

刀口尺也称为刀口直尺、刀口平尺等。光隙法是凭借人眼观察通过实际间隙的光隙量多少来判断间隙大小的一种基本方法。光隙法测量是将刀口尺置于被测实际线上(如置于标准平板上),使刀口尺与标准平板一直保持紧密接触,转动刀口直尺,然后观察刀口尺与标准平板之间的最大光隙,此时的最大光隙即为直线度误差。

①当光隙值较大时,可用量块或塞尺测出其值。

②光隙值较小时,可通过与标准光隙比较来估读光隙值大小。若间隙大于0.002 5 mm,则透光颜色为白光;间隙为0.001 ~0.002 mm时,透光颜色为红光;间隙为0.001 mm时,透光颜色为蓝光;刀口尺与被测线间隙小于0.001 mm时,透光颜色为紫光;刀口尺与被测线间隙小于0.000 5 mm时,则不透光。

2)用透光法和塞尺检查平面度,垂直度

一般是用直角尺,用直角尺靠在产品上看缝隙大小。平面度还可用刀口尺检查。

①钳工加工工件的平面度检测:用刀口尺在被检测平面的两对角线方向利用光隙法,分

别观察刀口尺与被测平面间的透光是否均匀,若有光隙,则用塞尺确定光隙大小,如果使用塞尺的尺寸大于公差,就为不合格。

②钳工加工工件的垂直度检测:用刀口直角尺宽边沿基准面移动至刀口边接触到被测边,利用光隙法观察刀口尺与被测平面间的透光是否均匀,若靠刀口直角尺宽边有光隙则小于90°;反之,则大于90°;再用塞尺确定光隙大小,如果使用塞尺的尺寸大于公差,就为不合格。

3)用百分表检测圆跳动、圆度、平面度

①用百分表测圆跳动,需要把要测量的工件的两端用顶尖顶住,然后把百分表的测量头接触在圆形工件的圆柱表面上,用手转动圆形工件,可测量圆形工件的跳动量。

②将圆形工件架在V形铁上,用百分表的测量头接触在圆形工件的圆柱表面上,转动圆形工件,可测量出圆形工件的圆度。

③将要测量平面度的工件放在平板上,用百分表的测量头接触在要测量的工件的平面上,移动工件,就可测量出工件的平面度。

4)线对线平行度的近似简单测量法

用游标卡尺或千分尺,在测量线和基准线的两条线上测量若干个点的长度值,最大值与最小值之差即为线对线平行度公差值。

任务11.2 初级钳工技能考核

(1)考核要求

制作90°刀口直尺。

(2)所需工、量、夹、辅具

台虎钳,砂轮机;标准平板,方箱,高度游标尺,钢直尺,划针,样冲,手锤;$\phi 2$中心钻,$\phi 4$麻花钻,钻夹头,钻床;锯条,锯弓;粗、中、细、油光锉刀,铜皮,整形锉;塞尺,刀口形直尺,90°角尺,百分表,磁性表座,游标卡尺,千分尺,粗糙度样板。

(3)毛坯图

90°刀口直尺毛坯图如图11.2所示。

(4)工件图

制作如图11.3所示的90°刀口直尺。材料厚度以现场提供的毛坯为准。考试时限:210 min。

(5)参考加工步骤

①先锉削两外直角面(作为划线基准),达到直线度、垂直度的技术要求。

②划线(上刀口、下刀口的加工界线暂时不划)。

③冲$\phi 4$圆心的样冲眼,然后钻孔。

④锉削两内直角面及端面,达到尺寸和直线度、垂直度、上、下刀口平行度的要求。

⑤锯槽2 mm×2 mm。

⑥划上刀口、下刀口的加工界线。

⑦加工4个刀口斜面,达到刀口两侧斜面对称、平整,交线清晰、平直。

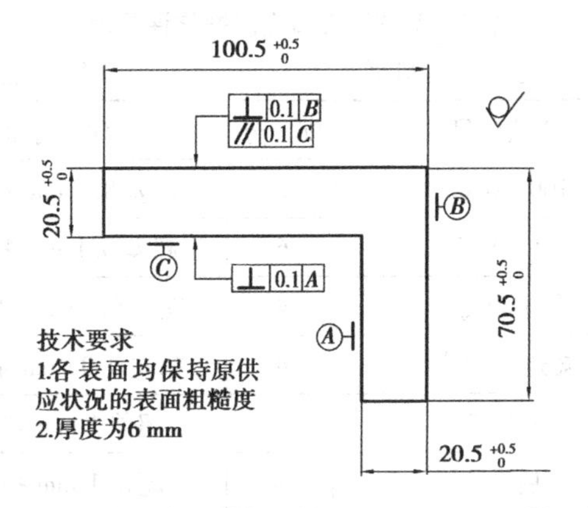

图11.2　90°刀口直尺毛坯图

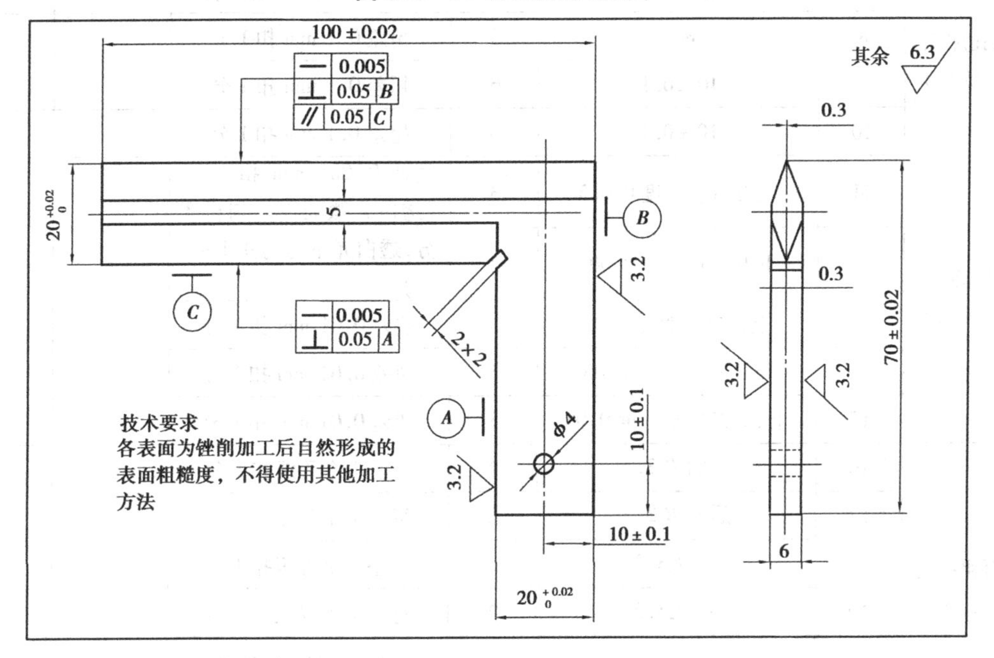

图11.3　90°刀口直尺工作图

⑧用铜皮包住钳口，用细锉或油光锉精锉各表面达到纹理整齐和表面糙度要求。

⑨倒棱。

(6)评分表(总分为100分)

90°刀口直尺制作评分表见表11.2。

表11.2　90°刀口直尺制作评分表

编号:____________　　姓名:____________　　成绩:____________

项　目	序　号	考核项目	配　分	评分标准	测量值	扣　分
基本结构(共28分)	1	100±0.02	6	超差0.1 mm扣1分		
	2	70±0.02	6	超差0.1 mm扣1分		
	3	长边$20^{+0.02}_{0}$	4	超差0.05 mm扣1分		
	4	短边$20^{+0.02}_{0}$	4	超差0.05 mm扣1分		
	5	前面5	4	超差1 mm扣1分		
	6	后面5	4	超差1 mm扣1分		
槽、孔加工(共23分)	7	槽2×2	5	深度超差1 mm扣1分		
	8	$\phi 4$	6	超差0.1 mm扣1分		
	9	10±0.1	6	超差0.1 mm扣1分		
	10	10±0.1	6	超差0.1 mm扣1分		
形位公差(共15分)	11	上刀口直线度0.005	3	超差0.005 mm扣1分(透白光微弱而均匀得3分,透白光不均匀扣1~2分)		
	12	下刀口直线度0.005	3			
	13	上刀口垂直度0.05	3	超差0.01 mm扣1分		
	14	下刀口垂直度0.05	3	超差0.01 mm扣1分		
	15	上、下刀口平行度0.05	3	超差0.01 mm扣1分		
表面粗糙度(共20分)	16	前面$R_a3.2$	2	每差1个等级扣1分		
	17	后面$R_a3.2$	2	每差1个等级扣1分		
	18	左$R_a3.2$	2	每差1个等级扣1分		
	19	右$R_a3.2$	2	每差1个等级扣1分		
	20	$R_a6.3$(共6个面)	12	每个表面锉削纹理不整齐1处扣1分		
安全文明生产(共14分)	21	导致自己或别人受伤	2	1次扣1分		
	22	戴手套钻孔	2	1次扣1分		
	23	完工后清洁卫生没做	2	扣2分		
	24	完工后工、量、夹具未整理	2	扣2分		
	25	超时(时限:210 min)	6	扣6分		
总扣分						

考评员:____________

任务11.3　中级钳工技能实训

(1)实训要求

制作四方内配半圆件。

(2)零件图

1)生产实习图

生产实习图如图11.4所示。

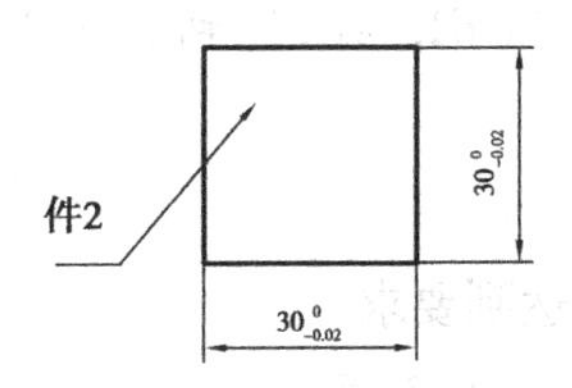

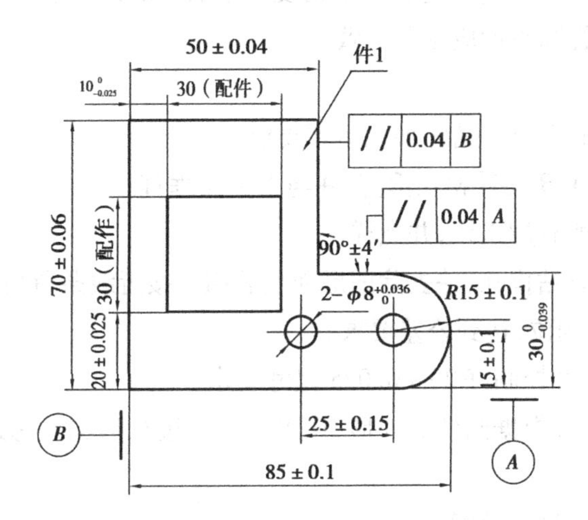

图11.4　生产实习图

2)组合图

组合图如图11.5所示。

(3)技术要求

①材料的厚度为8 mm。

②配合后两侧需平齐。

③件1与件2应左右各一次配合，配合互换间隙为≤0.06 mm。

(4)示范及操作步骤

1)备料

①检查来料尺寸。

②准备一块85 mm×70 mm尺寸的材料,留有0.5~1 mm锉削加余量。

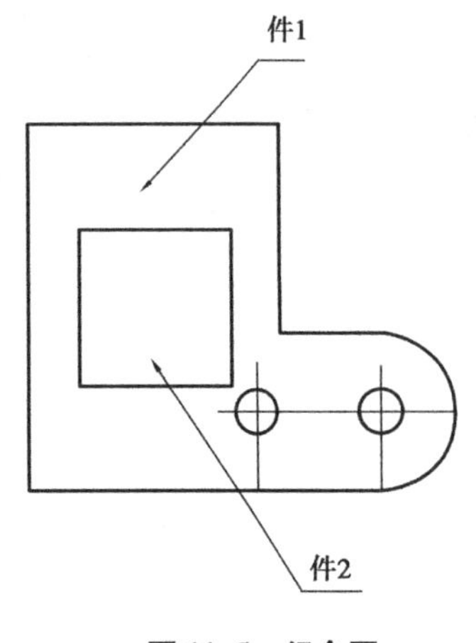

图 11.5　组合图

③锉削加工好基准面和相邻垂直面。注意加工余量和垂直度要求。

2)划线

①以基准面 A 划出 30 和 20 尺寸线。

②以垂直面 B 划出 10 和 30 尺寸线,以及 50 寸尺加工线。达到线条清晰。并在圆弧及钻孔中心点样冲。达到线条清晰准确无误。并在必要的位置点样冲。

③注意划线应准确无误。

④注意划线前应认真看懂图纸。

⑤划圆弧 $R15$ 线,达到连接正确自然,并在必要位置点样冲。

3)加工件 2(凸件)

①将件 2 的基准面和垂直面精锉加工达到要求。

②修整外形基准面使其相互垂直,并与大平面垂直。

③加工件 2 的外形尺寸 $30_{-0.02}^{0}$达到尺寸精度要求,以及表面粗糙度要求。保证平行度、垂直度的要求。两尺寸锉削精度应尽量一致。

4)加工件 1(凹件)

①将件 1 的基准面和垂直面精锉加工达到要求。

②修整外形基准面 A,B 使其相互垂直,并与大平面垂直。

③按图样要求划出所有加工线,并点样冲。

④用钻头按划线位置钻排孔,并去除凹形面然后粗锉接近线条留精修余量。

⑤精锉加工 $30_{-0.039}^{0}$到位,达到公差要求。

⑥以底面为准,锉削并控制好 20 ± 0.025 尺寸要求。

⑦细锉两侧垂直面,并根据凸件的外形 30 实际尺寸进行加工。每边留 0.1 ~ 0.2 mm 作为锉配加工余量。

⑧用件 1 形面与件 2 进行锉配。

⑨加工圆弧:锯四角余料,粗、细锉两端 $R15$ 圆弧,达到图样要求,且与两侧面连接圆滑。并用圆弧样板(R 规)检查弧面外轮廓线。平面与圆弧面应相切连接,才能使该处获得良好配合。

5)锉配

①两件试配,进行适当修整,逐渐下压。

②修整压痕,直到完全配入。

③用凸件进行试配,使两端角部较紧塞入,且形体位置准确。并保证相关垂直度和平行度要求。

④用透光法和涂色法进行检查,逐步进行整体修锉,使凸件形体推进推出松紧适当。

⑤转位试配,用透光法和涂色法修整,达到互换配合间隙要求。

⑥作配合间隙检查，其最大间隙处用0.06 mm塞尺作间隙检查，塞入深度不超过料厚的1/3。

⑦各锐边倒角去毛刺，检查配合精度。

6）孔加工

①划出中心距，边距，孔径，并定中心。

②先用$\phi 3$小钻头钻出孔，并认真检查两孔的距离，再用$\phi 8$钻头进行钻孔达到要求。

③钻孔、铰孔达到边距、中心距的精度要求及表面粗糙度要求。

7）交检

①全部尺寸进行复查，整理工件，去毛刺，交检。

②清理工件去毛刺，复查各尺寸要求。

③各棱边倒角$0.5 \times 45°$。

④打印编号。

（5）指导及注意事项

①应注意检查划线是否准确。

②应注意划线前清理毛刺，然后再划线。

③应注意划线要清晰，尺寸要检查，要精确外形，要垂直。

④因基准面是划线、加工、测量的基准，应尽量控制好，保证正确。

⑤锉削时应注意随时检查尺寸要求。

⑥加工锉削各配合面应注意与大平面垂直。

⑦修整工件时要从工件的整体情况进行认真分析，找出原因，加以正确地修整。

⑧要认真巡回指导及检查各操作方法是否正确，包括加工步骤，工、量具的使用，安全文明生产要求。

⑨配合间隙的修整面要控制好，以保证配合要求及配合尺寸要求。

⑩加工时适当留有精修余量，以便两件配合后作为精修加工余量。

⑪各配合面的内直角部分要注意认真清角，以保证配合到位。

⑫锉配时的修锉位置，应用透光法或涂色法检查后再从整体情况考虑，合理确定。

⑬当整体试配时，凸件的轴线必须垂直于锉件的大平面，否则不能反映正确修整部位。

⑭注意掌握内直角的修锉，防止修成圆角或锉坏相邻面。

⑮圆弧的锉削要认真，注意圆弧连接要求。

⑯推锉圆弧面时要注意锉刀要作些转动，防端部塌角。

⑰注意测量方法及量具的使用。

⑱要正确掌握及控制好钻孔时中心距、边距、孔径尺寸精度的控制方法。

⑲钻孔时要将工件夹平、夹紧，防止事故发生。

（6）工件的测量

工件评分表见表11.3。

表 11.3　工件评分表

项　目	序　号	技术要求	配　分	评分标准
件 1	1	85 ±0.10	5	超差无分
	2	70 ±0.06	5	
	3	$30^{\ 0}_{-0.039}$	5	
	4	50 ±0.04	5	
	5	20 ±0.025	5	
	6	$10^{\ 0}_{-0.025}$	5	
	7	R15 ±0.1	5	
	8	90° ±4′	5	
	9	//0.04A	4	
	10	//0.04B	4	
件 2	11	$30^{\ 0}_{-0.02}$	5 ×2	
孔加工	12	25 ±0.15	4	
	13	15 ±0.1	4 ×3	
	14	2-$\phi 8^{+0.036}_{\ 0}$	2 ×2	
	15	R_a3.2	4	
	16	5-ϕ3	2 ×5	
配　合	17	配合间隙≤0.06	2 ×4	

任务 11.4　中级钳工技能考核

(1)考核要求

制作方块三件组合配。

(2)零件图

1)考核零件图

考核零件图如图 11.6 所示。

2)组合图

组合图如图 11.7 所示。

(3)技术要求

①件 1 与件 2、件 3 配合间隙为≤0.06 mm。

②配合后两侧需平齐。

③件 1 与件 2、件 3 应左右各一次配合，互换间隙为≤0.06 mm。

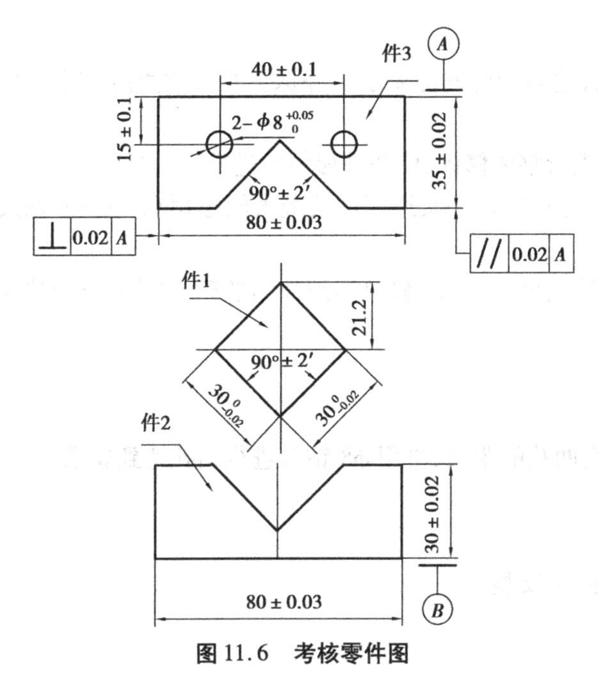

图 11.6　考核零件图

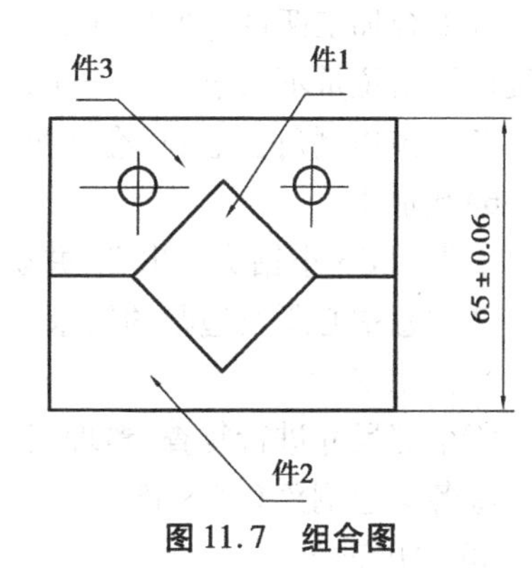

图 11.7　组合图

(4)示范及操作步骤

1)备料

①检查来料尺寸。

②准备3块30 mm×30 mm,80 mm×35 mm,80 mm×30 mm尺寸的材料,留有0.5～1 mm锉削加余量。

③注意加工余量和垂直度要求。

④锉削外形垂直基准面,达到垂直度要求及平面度和表面粗糙度要求。

2)划线

①以基准面 *A* 划出35尺寸加工线。

②根据图纸要求划出90°角加工线。并在必要的位置点样冲。

③划出边距尺寸线15中心距40,要求准确无误并用样冲定准中心。

3)加工件1(凸件)

①将件1的基准面和垂直面精锉达到垂直度要求,以及表面粗糙度要求。

②加工件1的外形尺寸 $30_{-0.02}^{\ 0}\times30_{-0.02}^{\ 0}$ 达到尺寸精度要求,以及表面粗糙度要求。

③加工90°角度达到要求,两尺寸锉削精度应尽量一致,以保证互换精度要求。

4)加工件2(凹件)

①将件2的基准面和垂直面精锉加工达到要求。

②锯割凹槽多余的材料。

③锉削加工件2,达到90°±2′的要求。

④用角度样板或量角器进行测量加工90°角。

⑤用件1形面与件2进行锉配。

5)组合加工锉配

①两件试配,进行适当修整,逐渐下压。

②修整压痕,直到完全配入。

③两件互换180°修配,直到完全配入,达到配合间隙要求。并保证相关垂直度和平行度要求。

④用透光法和涂色法进行检查,逐步进行整体修锉,使凸件形体推进推出松紧适当。

⑤正反两面进行互换修整,达到配合间隙要求,松紧适当。其最大间隙用0.06 mm塞尺检查。

⑥配合加工两件外形尺寸65 ±0.06 达到尺寸要求, 修整达到外侧平齐,并控制好错位量保证两侧错位量不大于0.06 mm。

⑦各锐边倒角去毛刺,检查配合精度。

6)孔加工

①先用ϕ3 小钻头钻出孔,并认真检查两孔的距离,再用ϕ8 钻头进行钻孔达到要求。

②注意中心距及边距的要求。

7)测量交检

①全部尺寸进行复查,整理工件,去毛刺,交检。

②各棱边倒角0.5 ×45°。

③打印编号。

(5)指导及注意事项

①应注意划线要清晰,尺寸要检查,要精确外形,要垂直。

②锯取90°时,要算好尺寸,防止失误。

③要按照加工步骤进行操作。

④尺寸要锉削准确、控制好,对工件要细致测量,并检查量具的准确性。

⑤各配合面锉削应达到平面度及表面粗糙度的要求,并与大平面垂直。

⑥锉削时应注意随时检查尺寸要求。

⑦修整工件时,要从工件的整体情况进行认真分析,找出原因,加以正确地修整。

⑧要学会分析工件的质量原因。

⑨工件中的基准面A是划线、加工、测量的基准,因此,在加工时要注意达到一定的精度要求。

⑩注意90°两角的修正准确,以保证互换。

⑪注意控制好外形尺寸35 ±0.02,30 ±0.02 及尺寸80 ±0.03,以保证配合后外形两侧平齐要求,并使错位量控制在最小范围内。

⑫锉削加工90°两角时要对称加工,以保证对称度要求。

⑬各配合面的内直角部分要注意认真清角,以保证配合到位。

⑭锉配时的修锉位置,应用透光法或涂色法检查后再从整体情况考虑,合理确定。

⑮注意掌握内直角的修锉,防止修成圆角或锉坏相邻面。

⑯认真观察及指导操作方法及步骤是否正确,要按步骤进行加工,发现问题及时纠正。

⑰操作时要细致、锉削方向要一致,注意各尺寸的测量及公差要求。

⑱要正确掌握及控制好钻孔时中心距、边距、孔径尺寸精度的控制方法。

⑲注意安全及文明生产。

(6)工件的测量

工件的测量及评分要求见表11.4。

表11.4 工件评分表

项　目	序　号	技术要求	配　分	评分标准
件1	1	$30_{-0.02}^{0}$	5	超差无分
	2	$30_{-0.02}^{0}$	5	
	3	90° ±2′	5	
	4	$R_a3.2$	4	
件3	5	30 ±0.02	5	
	6	80 ±0.03	5	
	7	⊥0.02*A*	6	
	8	//0.02*A*	8	
	9	$R_a3.2$	4	
件2	10	30 ±0.02	5	
	11	80 ±0.03	5	
孔加工	12	40 ±0.10	4	
	13	15 ±0.10	4	
	14	2-ϕ8 +0.05	2×2	
组合加工	15	65 ±0.06	5	
	16	配合≤0.06	4×6	
	17	错位≤0.06	2	

任务11.5 高级钳工技能实训(共9个课题)

序 号	课题内容	材 料	备 注
1	课题1 凹凸工字镶配	板料	课题中图形尺寸,根据材料实际尺寸可改变
2	课题2 8字形锉配	板料	
3	课题3 斜置凸凹整体配	板料	
4	课题4 后贴正六方配	板料	
5	课题5 双燕尾锉配	板料	
6	课题6 Y形内配	板料	
7	课题7 燕尾锉配	板料	
8	课题8 通孔、螺孔组合加工	板料	
9	课题9 双燕尾盲配	板料	

课题1 凹凸工字镶配

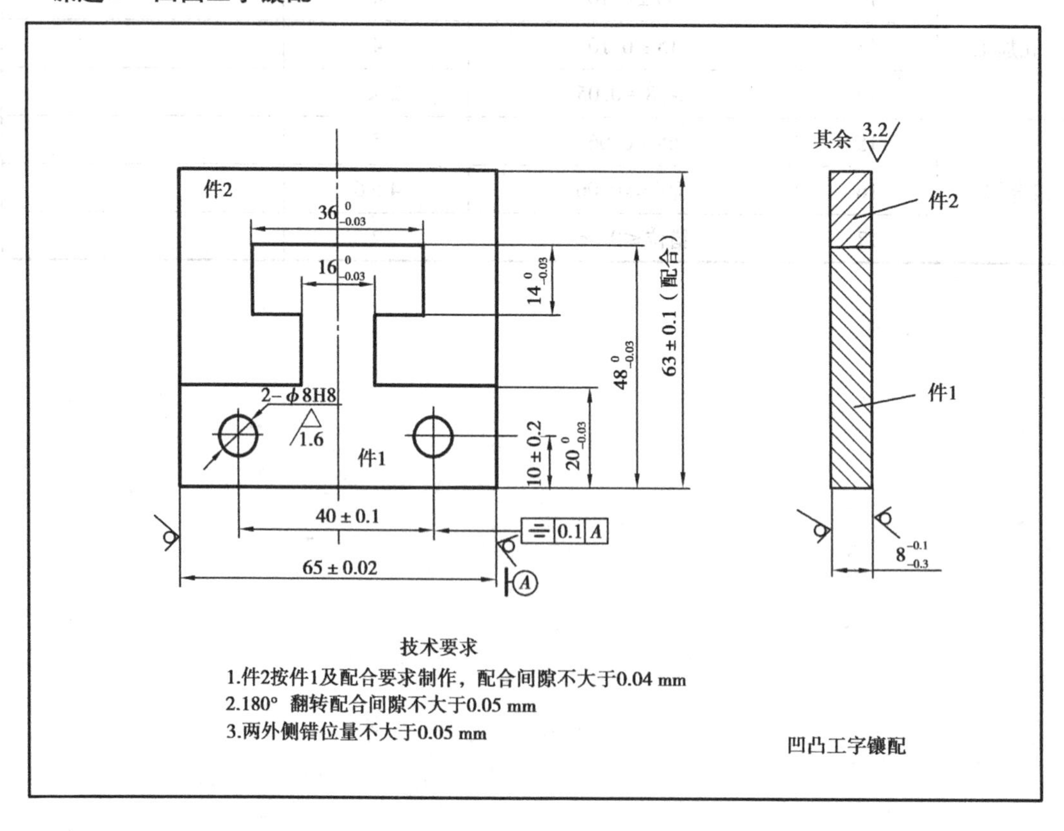

课题2 8字形锉配

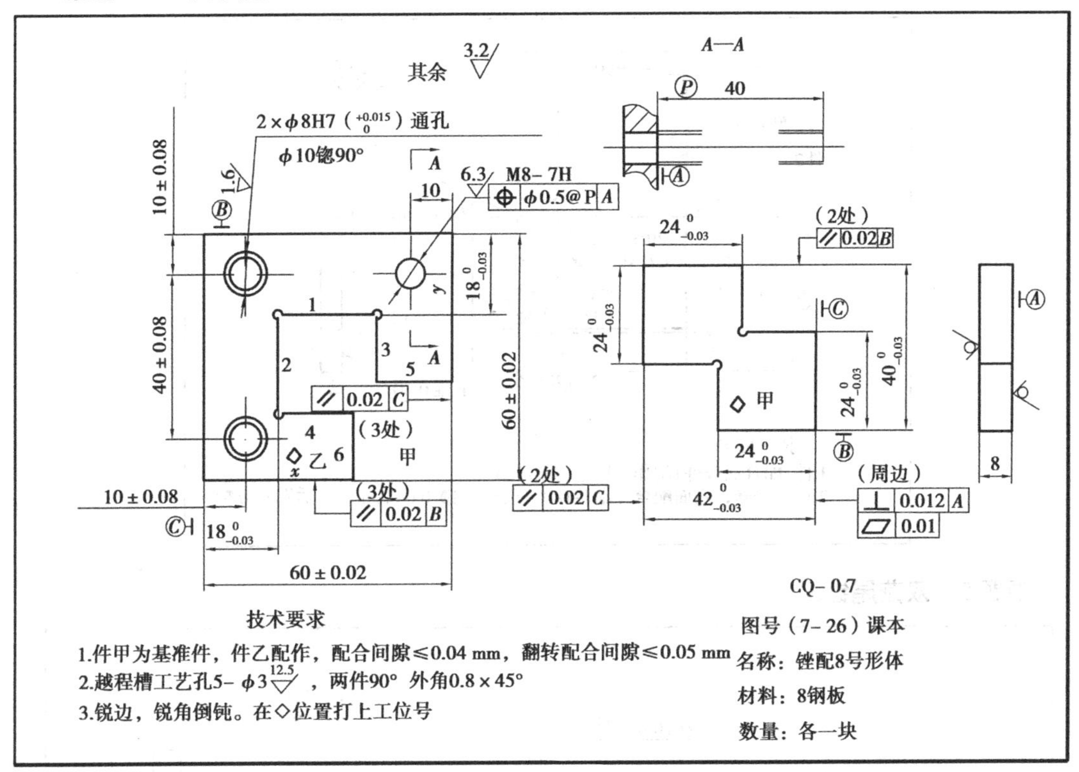

课题3 斜置凸凹整体配

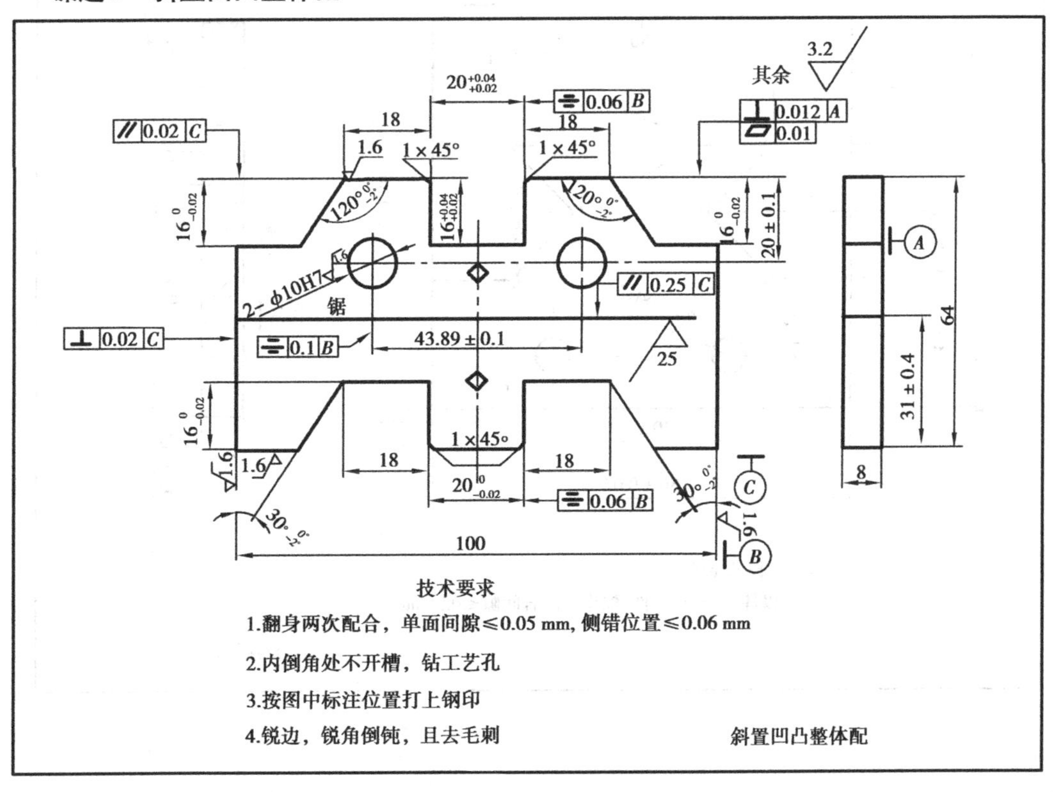

课题4　后贴正六方配

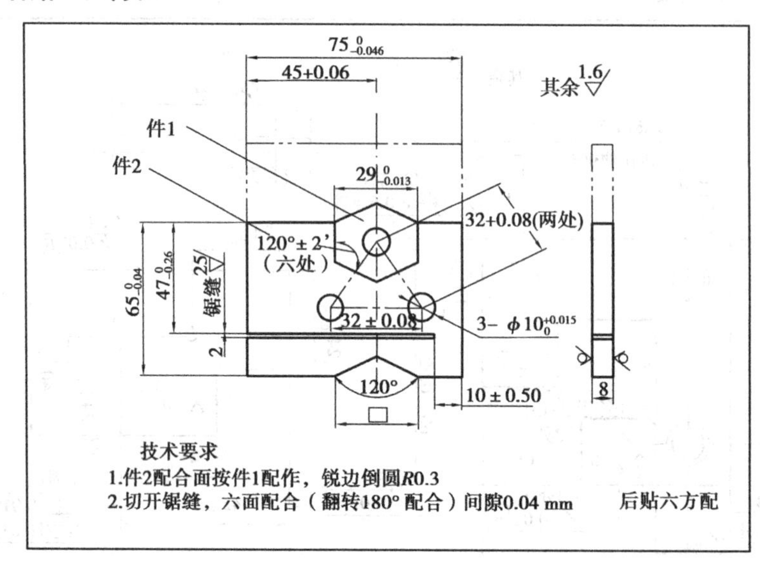

课题5　双燕尾锉配

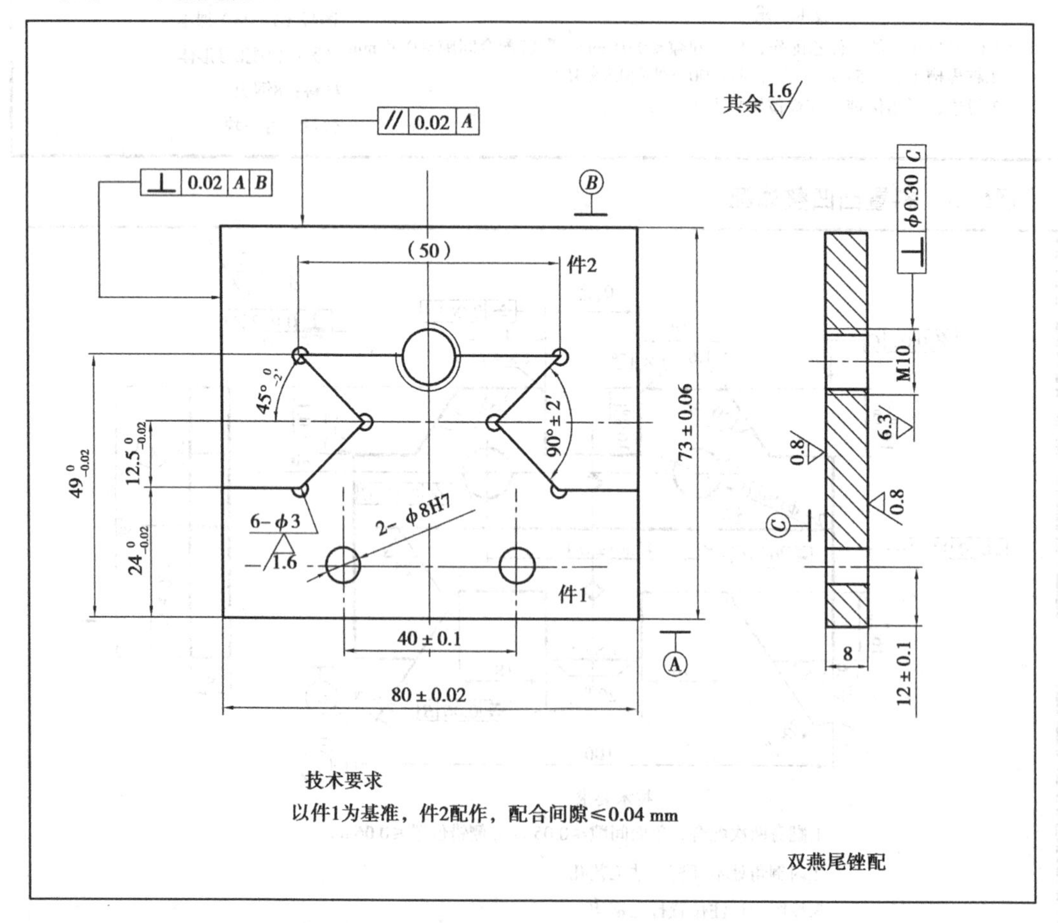

课题 6　Y 形内配

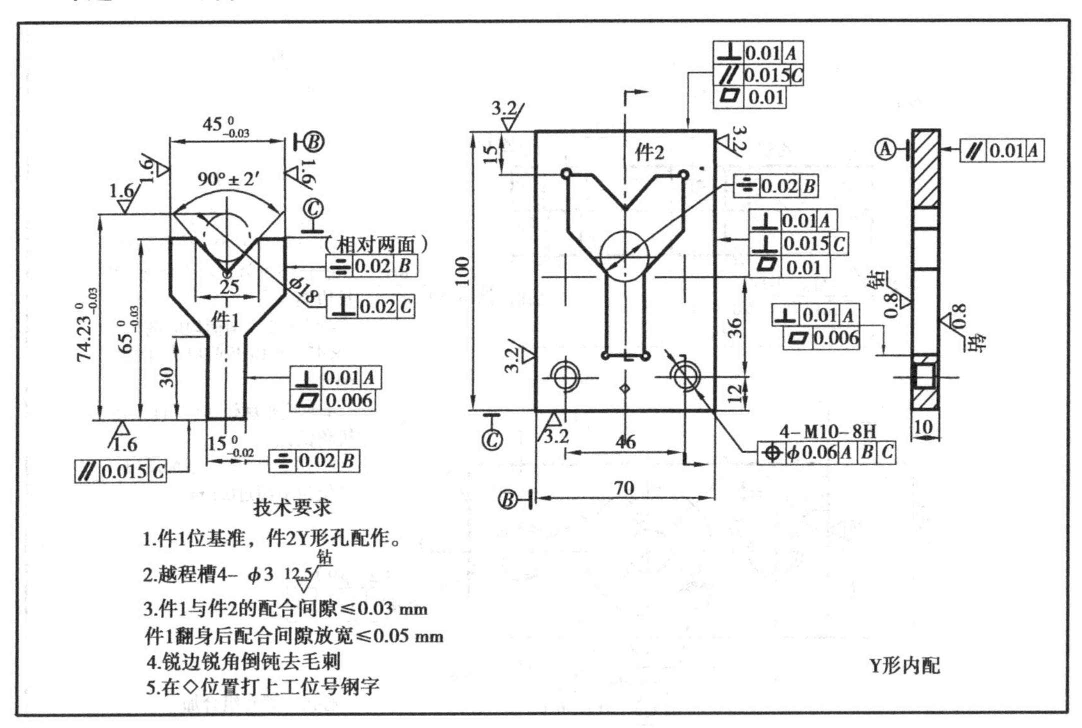

课题 7　燕尾锉配

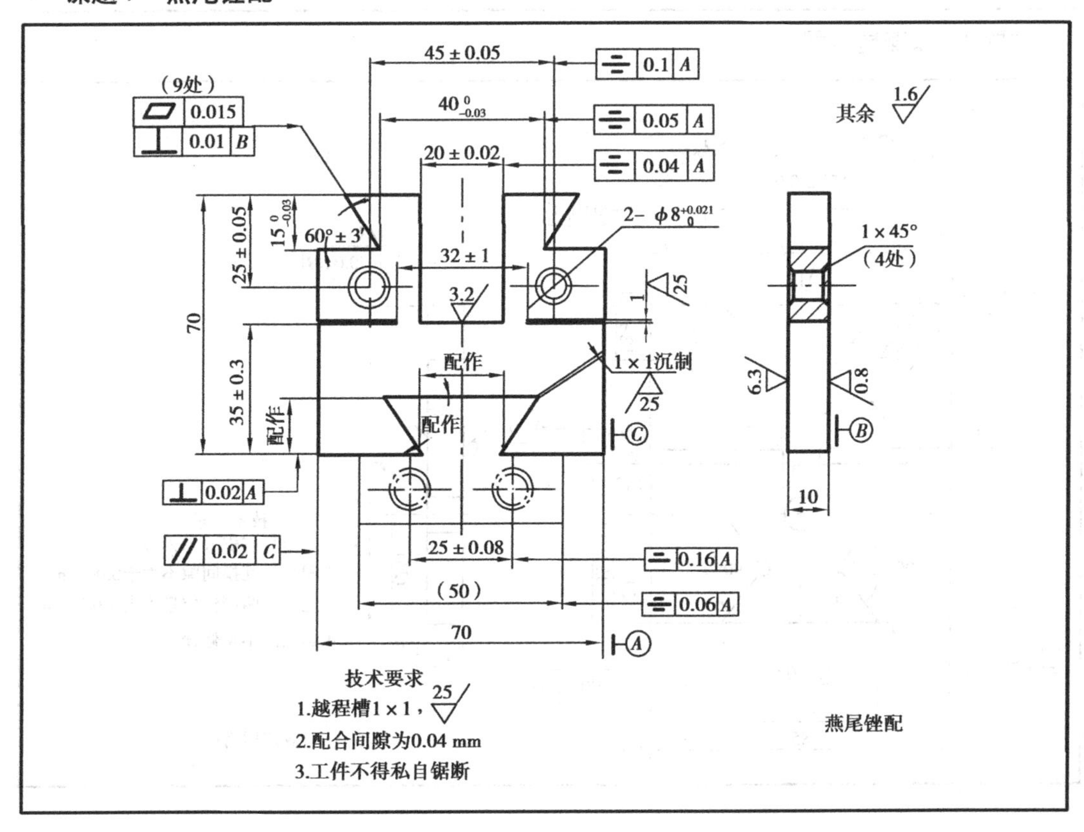

课题8　通孔、螺孔组合加工

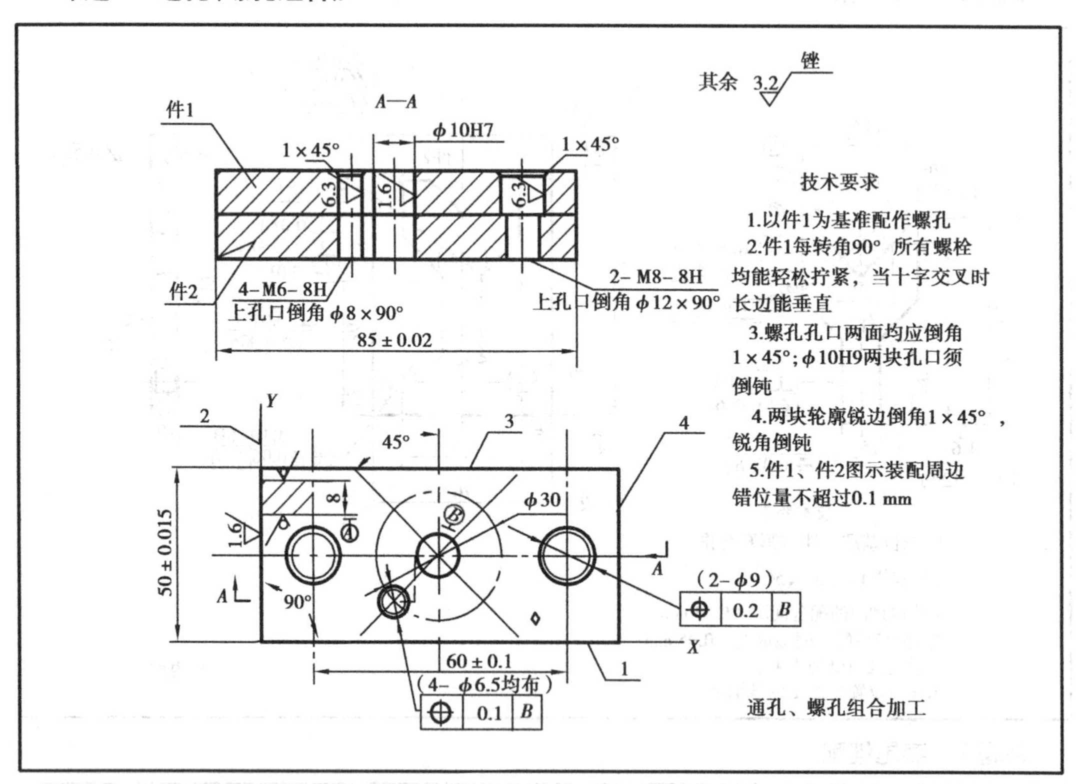

课题9　双燕尾盲配

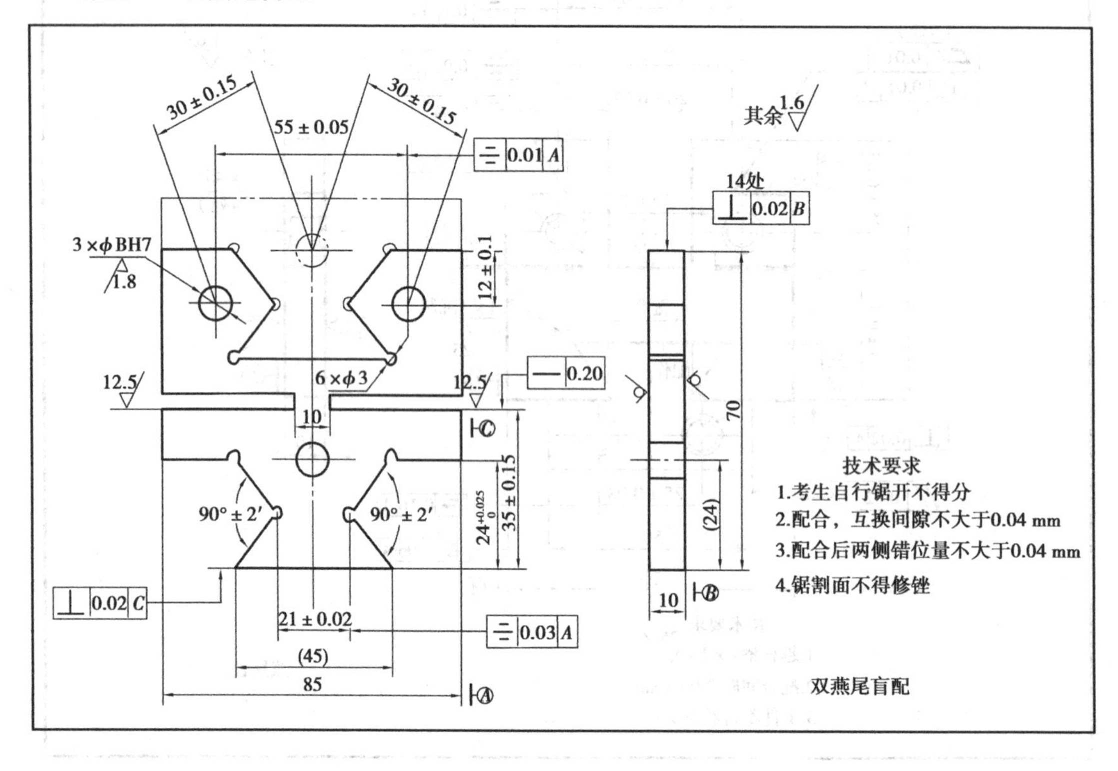

任务11.6 高级钳工技能考核

注意事项

一、本试卷依据《工具钳工》国家职业标准命制。

二、请根据试题考核要求,完成考试内容。

三、请服从考评人员指挥,保证考核安全顺利进行。

四、试题题目:工艺装备零件的加工

根据下图的要求进行零件的加工:

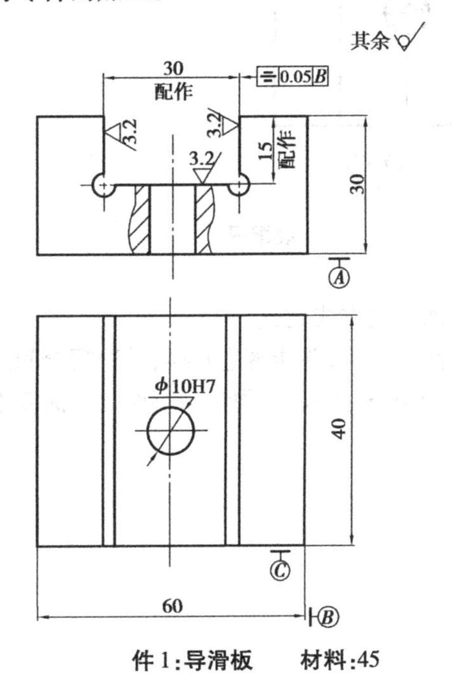

件1:导滑板　　材料:45

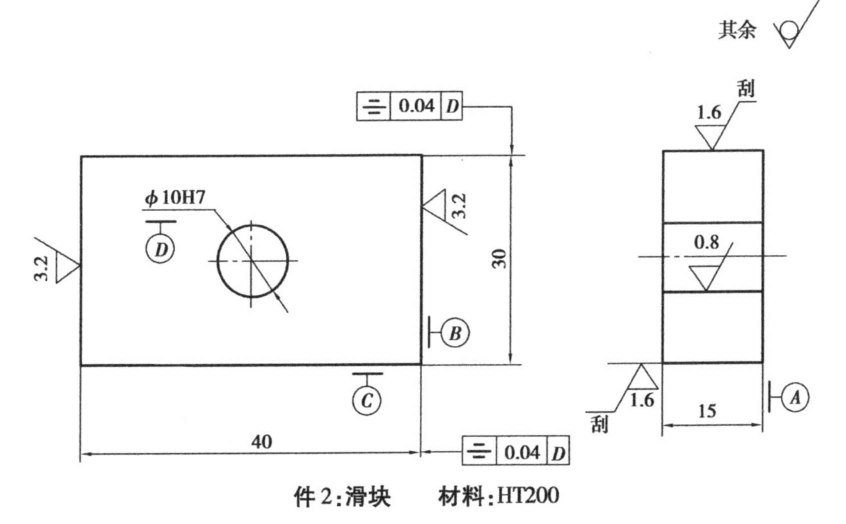

件2:滑块　　材料:HT200

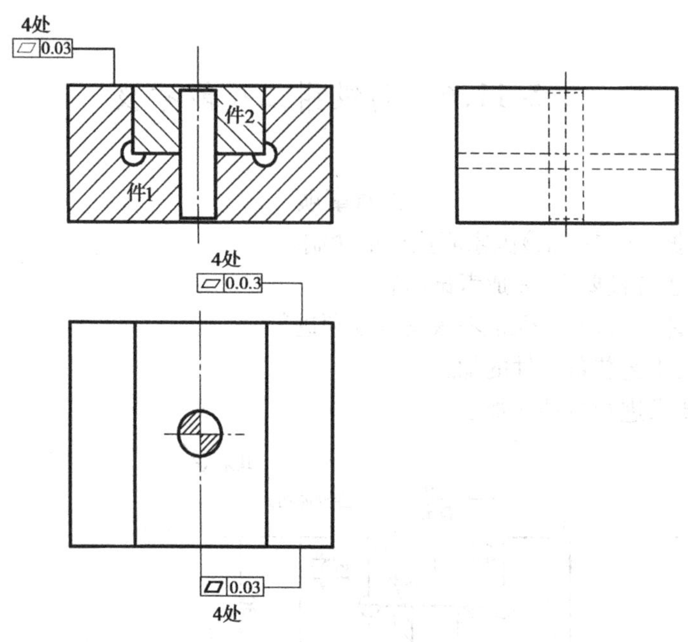

装配图

技术要求：

1. 整个组件用铣床和钳工加工的方式完成。
2. 滑块在导滑槽内滑动灵活无阻滞，并能翻边互换，单边配合间隙不大于 0.03 mm。
3. 每次翻边用 ϕ10 h7 柱销能顺利插入，并测量与端面的平面度不大于 0.03 mm。
4. 锐边去毛刺，孔口倒角。
5. 加工时间：4 h。

附 录

化工检修钳工(中级)操作技能考核试卷

考件编号:________________________

注意事项

①请考生仔细阅读试题的具体考核要求,并按要求完成操作。

②操作技能考核时要遵守考场纪律,服从考场管理人员指挥,以保证考核安全顺利进行。

制作"半十字镶配"

①本题分值:100 分。

②考核时间:420 min。

③考核形式:实操。

④具体考核要求:

a. 按图样要求制作"半十字镶配"。

- 熟悉图样,分析技术要点,确定加工工艺。
- 进行划线、锯削加工、锉削加工、钻、铰孔加工及测量。

b. 精度要求:

- 锉削 IT10—IT8 级。
- 形位公差按图样要求加工。
- 表面粗糙度:锉削 $R_a3.2$ μm、铰孔 $R_a1.6$ μm。

c. 安全文明生产。

图样:半十字镶配(件Ⅰ操作图样)

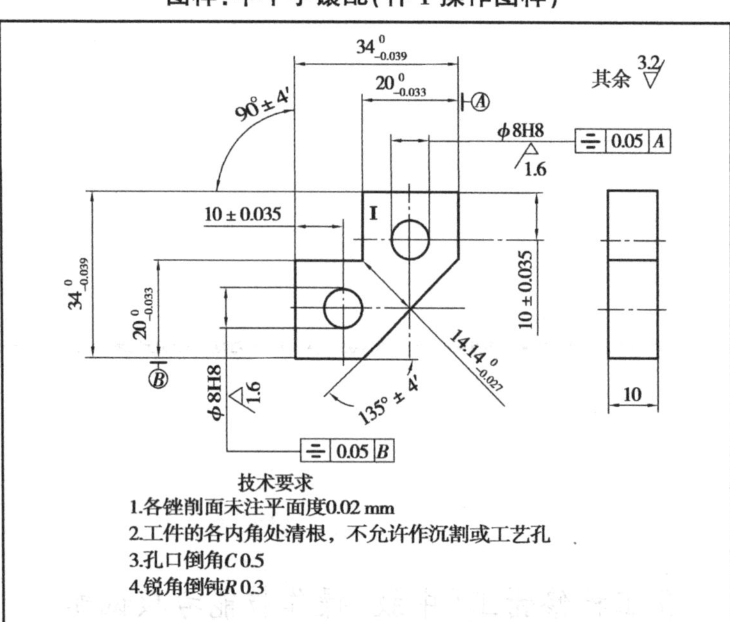

图样:半十字镶配(件Ⅱ操作图样)

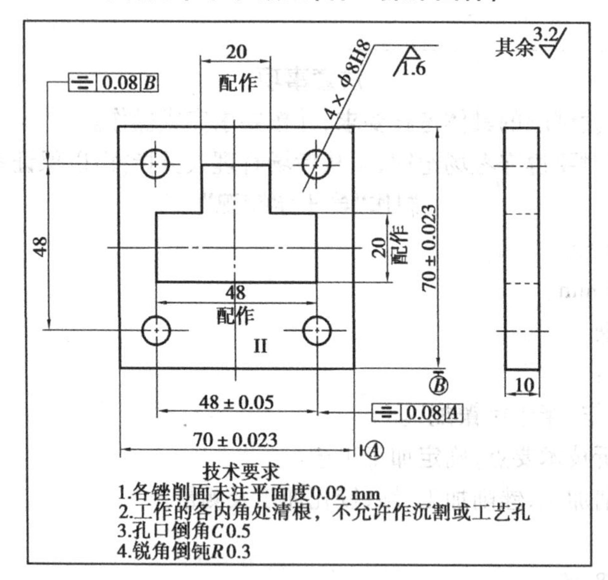

图样:半十字镶配(装配图样)

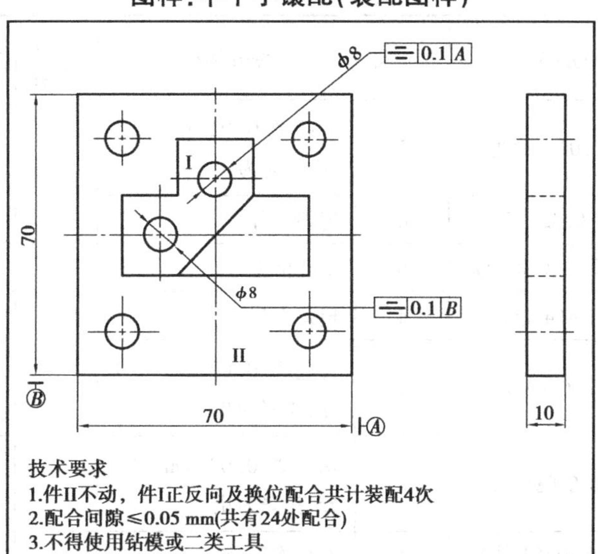

⑤否定项说明:若考生严重违反安全操作规程,造成人员伤害或设备损坏,则应及时终止其考试,考生该题成绩记为零分。

化工检修钳工(中级)操作技能考核评分记录表

考件编号:________ 姓名:__________ 单位:________________________ 得分:________

试题:制作“半十字镶配”

序 号	考核项目	评分要素	配 分	评分标准	实测结果	扣 分	得 分	备 注
1		$20^{0}_{-0.033}$(两处)	4	每超差 0.02 mm 扣 1 分,扣完为止				
2		$34^{0}_{-0.039}$(两处)	4	每超差 0.02 mm 扣 1 分,扣完为止				
3		$14.14^{0}_{-0.027}$	1	每超差 0.02 mm 扣 1 分,扣完为止				
4		平面度 0.02(7 处)	3.5	超差无分				
5	件 I	R_a3.2 μm(7 处)	3.5	不合格无分				
6		$90^{0}\pm4'$	1	超差无分				
7		$135°\pm4'$	1	超差无分				
8		ϕ8H8(两处)	2	超差无分				
9		10 ±0.035(两处)	4	每超差 0.02 mm 扣 1 分,扣完为止				
10		对称度 0.05(两处)	4	超差无分				
11		R_a1.6 μm(两处)	2	不合格无分				

续表

序　号	考核项目	评分要素	配　分	评分标准	实测结果	扣　分	得　分	备　注
12	件Ⅱ	70 ±0.023(两处)	2	每超差 0.02 mm 扣 1 分,扣完为止				
13		平面度 0.02(12 处)	6	超差无分				
14		R_a3.2 μm(12 处)	6	不合格无分				
15		ϕ8H8(4 处)	4	超差无分				
16		48 ±0.05(4 处)	8	每超差 0.02 mm 扣 1 分,扣完为止				
17		对称度 0.08(4 处)	8	每超差 0.02 mm 扣 1 分,扣完为止				
18		R_a1.6 μm(4 处)	4	不合格无分				
19	配合	配合间隙≤0.05(24 处)	24	超差无分				
20		对称度 0.1(8 处)	8	超差无分				
21	安全文明生产	1. 做到有关规定的标准 2. 工作场地整洁;工、量具摆放合理		按违反操作规定程度从考生该题总分中酌情扣 1 ~5 分				
22	考核时限	在规定时间内完成		超时停止操作				
合　计			100					
否定项说明:若考生严重违反安全操作规程,造成人员伤害或设备损坏,则应及时终止其考试,考生该题成绩记为零分。								

评分人:＿＿＿＿＿　＿＿年＿＿月＿＿日　　核分人:＿＿＿＿＿　＿＿年＿＿月＿＿日

化工检修钳工(中级)操作技能考核准备通知单(考场)

试题:

①材料准备(材料的准备数量为一个工位的用量,实际准备数量需根据考生具体人数确定):

序　号	名　称	规　格	数　量	尺寸及要求
1	材料	45#	1	见图1
2	材料	45#	1	35×35×10

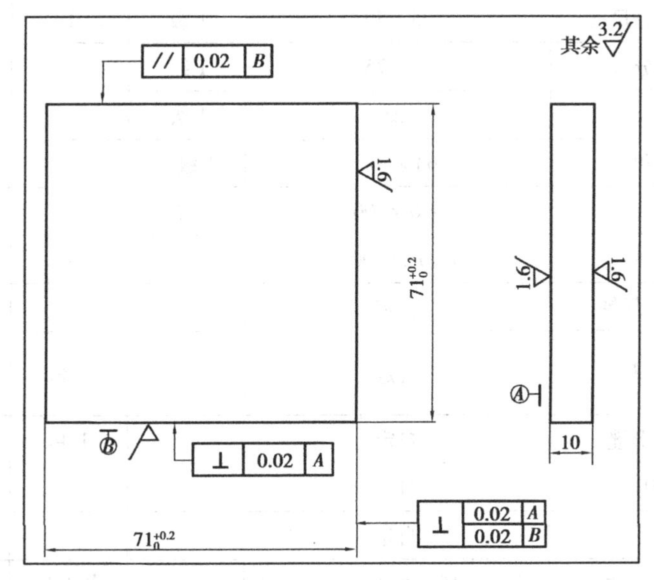

②设备设施准备(以下各种设备、设施的准备数量均为一个工位的用量,实际准备数量需根据考生具体人数确定):

考场准备清单

序　号	名　称	规　格	精　度	数　量	备　注
1	钻床	Z412		1	
2	台虎钳			1	
3	平板		1级	1	
4	工作台灯			1	
5	机油			若干	
6	8%乳化液			若干	
7	工艺墨水			若干	
8	砂轮机			1	

说明:a. 钳工工作台高度应符合要求,并对特殊情况应备有脚踏板。

b. 台钻的配备数量应不低于5人1台的要求。

c. 提供部分共用平板。

化工检修钳工(中级)操作技能
考核准备通知单(考生)

姓名:__________ 准考证号:______________ 单位:________________________

序号	名称	规格	精度	数量	备注
1	高度游标卡尺	0~300		1	
2	游标卡尺	自定		1	
3	外径千分尺	0~25	1级	1	
4	外径千分尺	25~50	1级	1	
5	外径千分尺	50~75	1级	1	
6	刀口尺	125	1级	1	
7	刀口直角尺	63×100	1级1		
8	平板	300×300	1级	1	
9	测量棒	$\phi10\pm0.005$		1	测量用
10	V形铁或靠铁	自定		1	划线用
11	划线工具	自定		1套	钢直尺、划规、划针、样冲、手锤等
12	什锦整形锉	自定		1套	
13	锉刀	自定			
14	中心钻	自定		1	
15	直柄麻花钻	$\phi3,\phi4,\phi5,\phi6,\phi7,\phi7.8,\phi10$		各1只	
16	铰刀	$\phi8H8$		1副	机用、手用均可
17	铰杠	200		1	
18	手锯			1	
19	锯条			若干	
20	平行垫铁	自定		1副	
21	软钳口	自定		1副	
22	锉刀刷			1	
23	毛刷	自定			
24	科学计算器			1	
25	防护眼镜			1副	
26	平口钳	自定		1	

参考文献

[1] 张利人. 钳工技能实训[M]. 北京:人民邮电出版社,2006.
[2] 徐冬元. 钳工工艺与技能训练[M]. 北京:高等教育出版社,2008.
[3] 胡胜. 机械常识与钳工技能[M]. 重庆:重庆大学出版社,2010.
[4] 黄春永,许宝利,程美. 钳工工艺与技能训练[M]. 北京:人民邮电出版社,2012.
[5] 傅为良. 钳工基础[M]. 北京:高等教育出版社,1995.
[6] 张洪喜,马喜法. 钳工[M]. 北京:机械工业出版社,2011.
[7] 胡云翔. 普通钳工与测量基础[M]. 重庆:重庆大学出版社,2007.
[8] 张松生,杨建. 钳工[M]. 北京:化学工业出版社,2010.
[9] 阳海红,谢贤. 装配钳工国家职业技能鉴定指南:初级、中级/国家职业资格五级、四级[M]. 北京:电子工业出版社,2012.
[10] 龙清华,陈晓娥. 装配钳工国家职业技能鉴定教程:初级、中级/国家职业资格五级、四级[M]. 北京:电子工业出版社,2012.
[11] 曾尚良,刘紫阳. 装配钳工国家职业技能鉴定指南:高级、技师、高级技师/国家职业资格三级、二级、一级[M]. 北京:电子工业出版社,2012.
[12] 陈向云,戴乐. 装配钳工国家职业技能鉴定教程:高级、技师、高级技师/国家职业资格三级、二级、一级[M]. 北京:电子工业出版社,2012.